低碳城市物质流
优化机制与对策研究

李 虹 著

国家社会科学基金项目（批准号：12BGL128）资助

科学出版社

北 京

内 容 简 介

在改革开放40年中,中国经济快速发展,成为全球碳排放量大国,在成为全球经济强国的过程中理应承担相应的碳减排责任。从"创新、协调、绿色、开放、共享"的五大发展理念到着力生态环境监管体制改革,推进绿色发展,建设美丽中国,彰显了我国发展低碳环保经济、促进绿色低碳城市、建设绿色中国和实现全球碳减排的决心。本书以物质流分析理论为基础,以低碳试点省市为研究对象,根据不同城市系统的物质代谢特征,剖析城市经济系统中的物质转化和循环机理,明确物质代谢的动力机制及物质流优化的调节机制,针对碳减排的关键环节,寻找出操作性强、适合我国低碳城市建设的发展对策。

本书适合高等院校、科研院所、政府机构及宏观经济管理部门人员阅读。

图书在版编目(CIP)数据

低碳城市物质流优化机制与对策研究/李虹著. —北京:科学出版社,2020.6

ISBN 978-7-03-060206-0

Ⅰ. ①低… Ⅱ. ①李… Ⅲ. ①城市建设-低碳经济-研究-中国
Ⅳ. ①X321.2 ②F299.2

中国版本图书馆 CIP 数据核字(2018)第 292216 号

责任编辑:王丹妮 / 责任校对:贾娜娜
责任印制:张 伟 / 封面设计:无极书装

科 学 出 版 社 出版

北京东黄城根北街 16 号
邮政编码:100717
http://www.sciencep.com

北京盛通商印快线网络科技有限公司 印刷

科学出版社发行 各地新华书店经销
*

2020 年 6 月第 一 版 开本:720×1000 B5
2020 年 6 月第一次印刷 印张:16 1/2
字数:333 000

定价:152.00 元
(如有印装质量问题,我社负责调换)

前　　言

　　国务院于 2016 年印发了《"十三五"控制温室气体排放工作方案》，明确提出到 2020 年，单位 GDP（gross domestic product，国内生产总值）二氧化碳排放比 2015 年下降 18%，碳排放总量得到有效控制。目前，我国超过 75%的碳排放源于工业、交通运输业、建筑业相对集中的城市，因此实现低碳目标成为社会普遍关注的问题。物质流作为城市经济系统运行的重要载体，能够对城市经济活动中的物质流动进行定量分析，掌握经济体系中物质的流向、流量，并综合考虑所带来的资源消耗、污染排放等环境影响因素，引导城市低碳制度的建立。但是，在已有的城市经济系统的物质流分析中，鲜有结合城市结构、建立统一标准的物质流分析框架与指标体系的研究，导致城市之间碳排放控制结果的可比性差，不仅缺少普适性，也不利于碳排放权交易市场化的形成。

　　因此，本书试图在物质流分析的理论基础上，克服物质流分析方法在城市经济系统中运用的不足，建立物质流优化手段，扩展物质流分析的研究思路，提出"物质流优化"这一新的理念，尝试对城市物质流进行优化管理。本书以低碳试点省市为研究对象，根据不同城市系统的物质代谢特征，剖析城市经济系统中的物质转化和循环机理，明确物质代谢的动力机制及物质流优化的调节机制，针对碳减排的关键环节，寻找出操作性强且适合我国低碳城市建设的发展对策。

　　本书共 11 章，第 1 章为绪论，包括对低碳城市的概念界定及物质流优化的理论综述及文献梳理；第 2 章为城市子经济系统物质流分析框架构建；第 3 章为低碳试点省市经济系统物质流分析基础；第 4 章为城市经济系统物质流分析；第 5 章为城市经济系统能源消费及碳足迹现状评析；第 6 章为低碳城市能源结构优化问题研究；第 7 章为低碳城市工业经济低碳发展问题研究；第 8 章为试点省市低碳发展态势预测；第 9 章为碳交易及碳税视域下低碳城市减排路径选择；第 10 章为基于 MFCA（material flow cost accounting，物质流成本会计）微观视角下城市物质流优化机制研究；第 11 章为建设低碳城市的机制对策。

　　全书由李虹教授主持拟定撰写、统稿并修订，其中，谢垚负责第 9 章撰写，原潇倩负责第 10 章撰写。在本书的数据搜集、信息的持续更新、技术处理和校对等工作中，研究团队付出了较多的精力，在此表示衷心的感谢。

由于笔者水平和撰写时间有限，书中难免有不妥之处，恳请读者批评指正。

李　虹

2018 年 11 月

目　　录

第1章 绪 论

在以生产为导向的发展观驱使下，人类社会经历了经济的蓬勃发展。盲目追求 GDP 增长会带来自然资源的过度耗费和社会环境的巨大破坏。1972 年，罗马俱乐部发表了《增长的极限》一文，预言未来自然资源的紧缺会是抑制经济可持续增长的主导因素。1997 年，在日本签订的《京都议定书》对发展中国家和发达国家的减排责任进行界定，共同致力于温室气体减排。过去 40 多年的经济快速发展使中国成为全球碳排放量大国，在成为全球经济强国的过程中理应承担相应的碳减排责任。2015 年 10 月召开的十八届五中全会提出"创新、协调、绿色、开放、共享"的五大发展理念，绿色生产方式将成为中国新的经济引擎。2015 年 12 月 12 日，《联合国气候变化框架公约》近 200 个缔约方在巴黎气候变化大会上一致同意通过《巴黎协定》，这是继《京都协议书》之后第二份有法律约束力的气候协议。2016 年 9 月 4 日至 5 日，二十国（G20）集团峰会在中国杭州举行，中国宣布碳中和项目正式启动。碳中和项目是指通过植树造林的方式，全部吸收由于 G20 峰会的举行而产生的所有温室气体，显示了中国坚持可持续发展、绿色发展的目标已经付诸行动。世界资源研究所发布的全球碳计划的数据显示，1960~2016 年，全球碳排放累计达到 12 483.64 亿吨，其中，中国的碳排放总量达到 1 905 亿吨，约占总量的 15.26%。中国、欧盟和美国是全球温室气体排放量最大的 3 个国家和地区，其温室气体排放量占全球排放总量的一半以上。国际能源署（International Energy Agency，IEA）在 2018 年宣称，2017 年，中国二氧化碳水平上升 1.4%，达到 325 亿吨的历史最高点。节能减排刻不容缓，人类必须站在解决生态危机的视角，改变经济增长方式，适度利用自然资源，寻找经济可持续发展的有效途径[1]。

发展至今，"以人为本"的理念逐渐凸显并深化，人们开始追求与自然和谐相处、经济利益与生态利益有机统一的发展方式。因此，人们开始对肆意索取自然资源的行为进行规制，并降低在环境方面的过分干预，改变现行的粗放型发展模式，从而有效降低经济增长下的不可逆代价。而转变经济增长模式的价值诉求就是以经济的可持续增长为最终导向，构建环境友好型、资源节约型社会。在全球气候变暖的背景下，在温室气体排放控制方面的阻碍是全世界亟待解决的。早在 2003 年，英国政府就发布了白皮书《我们能源的未来：创建低碳经济》，初次提出人类获得可持续发展的根本途径便是发展低碳经济的观点[2]。自此，低碳理念逐渐被各国政府采纳，并试图通过制定配套政策来降低经济增长的环境压力。自党的十八大以来，生态文明建设始终摆在治国理政的重要战略位置。2016 年 11 月，国务院发布了《"十三五"控制温室气体排放工作方案》，强调低碳发展是我国经济社会发展的重大战略和生态文明建设的重要途径。党的十九大报告明确提出，"加快生态文明体制改革，建设美丽中国"[3]。因此，在建设生态文明大背景下，发展低碳环保经济、促进绿色低碳城市的实现对于建设绿色中国和实现全球碳减排具有现实意义。

1.1　低碳城市概念界定

城市低碳化发展，不仅是城市发展形态在生态文明下的变革，而且体现了经济理论与时代同步发展的价值。对于低碳城市的概念，国内外表述不一（图 1-1）。这些表述主要从以下几个层面进行阐述：第一，低碳城市基于以人为核心的理念，城市发展依靠的主体及其目的归根结底是人；第二，低碳城市以构建人与自然的和谐关系为最终导向，实现经济效益与环境效益的融合发展；第三，全面推进城市低碳生产和低碳生活是低碳城市的实践导向，以清洁发展机制（clean development mechanism，CDM）为代表的低碳生产夯实城市的建设基础，以满足生态需要为表征的低碳生活彰显低碳城市的精神实质。

综上，本书界定了低碳城市的基本理念：以低碳经济、低碳生活、低碳社会为指引，在生产、生活、管理等经济和生活环节践行低碳发展，在合理的范围内，最大限度地控制温室气体排放，将大量消费、大量生产和产生大量废弃物的高碳经济模式逐步摒弃，构建节能高效、资源循环利用、结构合理优化的注重人的发展的城市经济运行体系，通过生产方式的低碳、节约及生活方式的健康，逐步向社会经济可持续发展的新型城市发展模式转变。

2008 年 1 月 28 日，建设部与世界自然基金会联合推出"低碳城市"试点（包括上海和保定）。自此，继 20 世纪末的"山水城市"、"花园城市"和 21 世纪初的"文明城市"等之后，低碳城市成为又一最热目标。2010 年 7 月 19 日，国家发展和改革委员会（以下简称国家发改委）在《国家发展改革委关于开展低碳省区和低碳城市试点工作的通知》中确定了国家低碳试点范围，这是我国开展低碳工

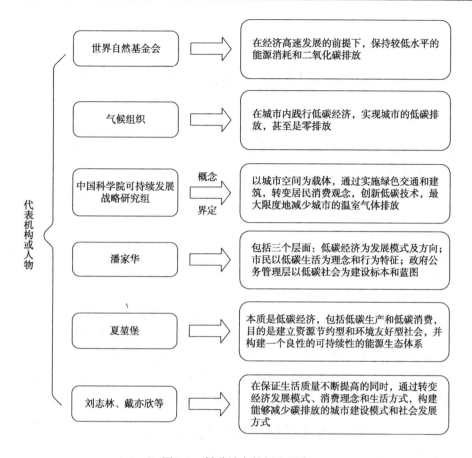

图 1-1　低碳城市的概念界定

作的首批省市，包括广东、辽宁、湖北、陕西、云南五省和天津、重庆、深圳、厦门、杭州、南昌、贵阳、保定八市。2012 年 4 月，国家发改委决定在第一批试点的基础上，进一步稳步推进低碳试点示范，下发了《关于组织推荐申报第二批低碳试点省区和城市的通知》，确立了北京、上海、海南和石家庄等 29 个第二批低碳试点省市。2016 年 11 月，国务院发布的《"十三五"控制温室气体排放工作方案》强调低碳发展是我国经济社会发展的重大战略和生态文明建设的重要途径，并针对区域低碳发展确定了省级碳排放强度下降目标，同时，将国家低碳城市试点扩大到 100 个城市。2017 年，国家发改委发布《国家发展改革委关于开展第三批国家低碳城市试点工作的通知》，确定在乌海等 45 个城市（区、县）开展第三批低碳城市试点。因此，分析低碳城市的发展现状对探求可持续发展出路具有里程碑的意义。鉴于信息的可获取性和可比性，本书选取低碳试点中的五个省份和一个直辖市（即广东、辽宁、湖北、陕西、云南和天津）展开研究工作。

1.2 中国的低碳减排现状及未来挑战

2012 年荷兰环境评估署与欧洲委员会联合研究中心公布的《全球二氧化碳排放趋势》年度报告称，尽管 2008 年以来全球经济增速放缓，温室气体排放量降低，但在 2011 年，全世界二氧化碳排放量仍继续保持上升态势，年末排放量上升至 340 亿吨，增长了 3%，创十年来历史新高。1850~2013 年，人类处于工业时期，化石能源大规模消耗，导致碳排放量沉积。1950 年之前主要是发达国家的工业经济推高碳排放。1950 年之后，发展中国家开始步入工业化进程，碳排放量增长势头更加迅猛。2017 年 9 月 28 日，荷兰环境评估署发布的《全球二氧化碳和温室气体排放总量的趋势》报告显示，受非二氧化碳温室气体（甲烷、一氧化氮、氟化气体）排放水平上升的影响，2016 年全球温室气体排放总量略有升高。2016 年温室气体排放量达到了 49.3 亿吨二氧化碳当量，比 2015 年升高了 0.5%。非二氧化碳温室气体排放量在全球温室气体排放总量中的占比约为 28%。2016 年全球非二氧化碳温室气体排放量增加了 1%，这是 2016 年全球温室气体排放总量略有升高的主要原因[①]。2008~2017 年全球碳排放统计表见表 1-1。

表1-1　2008~2017年全球碳排放统计表（单位：万吨）

国家	2008 年	2009 年	2010 年	2011 年	2012 年	2013 年	2014 年	2015 年	2016 年	2017 年
美国	5 704.0	5 295.8	5 508.3	5 374.7	5 168.6	5 309.1	5 360.1	5 214.4	5 129.5	5 087.7
中国	4 351.8	7 680.7	8 104.9	8 792.3	8 966.3	9 204.2	9 206.5	9 163.2	9 113.6	9 232.6
德国	806.5	751.0	779.9	761.0	337.3	795.1	749.4	753.5	765.5	763.8
英国	560.2	513.0	529.0	494.2	510.9	479.4	455.7	435.7	410.4	398.2
日本	1 273.1	1 110.7	1 182.4	1 192.1	1 284.5	1 274.6	1 231.8	1 196.9	1 180.5	1 176.6
印度	1 466.9	1 594.4	1 661.8	1 737.2	1 850.5	1 930.9	2 084.6	2 146.3	2 251.0	2 344.2
法国	371.1	356.2	361.5	335.9	337.3	337.7	304.2	309.2	314.8	320.3
加拿大	545.9	502.1	525.7	532.1	513.6	529.1	538.0	529.3	543.0	560.0
意大利	448.1	405.1	410.9	401.0	381.5	350.9	325.9	339.1	339.7	344.0
南非	447.5	446.7	449.3	440.7	435.2	437.0	435.2	420.4	425.1	415.6
墨西哥	431.2	433.0	442.2	465.4	473.7	474.0	461.7	457.4	488.7	473.4

资料来源：《2018 年 BP 世界能源统计年鉴》

---

① PBL：2016 年全球温室气体排放量略有升高[EB/OL]. http://m.sohu.com/a/202217120_100011535[2017-11-03].

从表 1-2 可以看出，1995~2015 年中国主要能源消耗导致的碳排放总量绝对值基本表现为增长的态势。受国家宏观政策（如改革开放等）的影响，中国经济飞速发展，刺激了能源的消费，直接导致碳排放的迅猛增长。1995~2002 年中国碳排放总量保持在 43 亿吨上下，自 2003 年开始，中国的碳排放量持续大幅增长，2011 年已突破 100 亿吨。从其增长率来看，1998~2006 年最高增长率高达 15.86%；2007~2012 年，中国的碳排放量增速明显放缓，增长率在 5% 左右；2013 年又高达 15.28%，2014 年表现为负增长。这些趋势与之前中国粗放型的经济发展方式及当前重视节能减排的决心及政策措施密不可分。

表1-2　1995~2015年中国主要能源碳排放量统计表（单位：万吨）

年份	煤炭	焦炭	原油	汽油	柴油	煤油	燃料油	天然气	电力	合计
1995	259 624.68	29 801.18	64 229.68	12 522.85	19 494.17	2 274.04	16 730.02	510.18	325.22	405 512.02
1996	272 933.30	30 003.05	68 452.09	13 696.94	21 164.20	2 466.72	16 148.09	531.66	349.25	425 745.30
1997	262 587.68	30 361.68	74 933.48	14 254.65	23 868.84	3 027.16	17 429.86	562.03	366.13	427 391.51
1998	244 190.14	30 781.92	75 054.81	14 326.27	23 830.67	2 981.42	17 341.12	582.54	376.32	409 465.21
1999	238 293.71	29 055.58	81 760.09	14 550.64	28 111.11	3 659.94	17 819.06	618.11	399.25	414 267.49
2000	248 919.26	29 008.53	91 608.86	15 085.11	30 558.98	3 861.54	17 541.14	704.55	437.09	437 725.06
2001	254 576.61	30 562.38	92 086.62	15 484.69	32 066.29	3 953.28	18 188.75	788.81	474.79	448 182.22
2002	267 023.48	34 298.09	97 256.92	16 138.68	34 586.79	4 081.74	17 546.21	839.25	534.23	472 305.39
2003	319 129.66	40 300.04	107 529.90	17 525.94	37 936.73	4 092.44	19 116.37	975.10	617.49	547 223.67
2004	365 074.04	47 977.99	124 043.43	20 210.51	44 637.42	4 710.79	21 666.18	1 140.86	712.87	630 174.09
2005	408 685.83	65 591.01	129 811.83	20 888.57	49 497.16	4 781.75	19 213.89	1 377.85	809.21	700 657.10
2006	480 990.18	77 502.64	139 127.00	22 563.89	53 390.05	4 994.45	19 785.81	1 614.46	927.55	800 896.03
2007	514 331.09	81 046.32	146 834.71	23 754.12	56 372.93	5 522.79	18 830.84	2 028.05	1 061.35	849 782.20
2008	530 077.19	83 080.56	153 162.76	26 450.27	61 045.95	5 746.10	14 662.27	2 337.79	1 120.71	877 683.60
2009	557 867.82	88 498.09	164 511.82	26 567.20	62 056.70	6 391.75	12 808.17	2 574.35	1 201.53	922 477.44
2010	588 800.60	93 604.67	184 989.01	29 638.19	66 013.60	7 744.61	17 021.49	3 075.33	1 360.59	992 248.09
2011	646 719.10	106 040.18	189 697.55	31 832.11	70 530.54	8 067.21	16 590.20	3 753.69	1 524.97	1 074 755.60
2012	665 004.92	109 401.64	201 403.56	35 038.37	76 534.46	8 688.36	16 683.01	4 207.19	1 614.58	1 118 576.10
2013	800 362.07	127 403.66	209 917.37	40 312.70	77 367.20	9 609.64	17 909.02	4 904.18	1 758.66	1 289 544.50
2014	776 200.98	130 274.15	222 407.45	42 077.42	77 433.28	10 370.52	19 931.38	5 374.56	1 829.40	1 285 899.10
2015	748 669.94	122 422.01	233 372.41	48 929.76	78 312.98	11 828.35	21 115.95	5 555.18	1 832.04	1 272 038.60

作为世界上人口最多的国家，2011 年，中国人均碳排放量达到 7.2 吨，中国与印度碳排放量合计约占全球碳排放总量的 2/3。全球碳计划组织（The Global

Carbon Project，GCP）于 2017 年发布的科学研究报告《2017 年全球碳预算报告》（*Global Carbon Budget 2017*）显示，中国煤炭消费自 2014 年起连续三年呈负增长，但是，预计 2017 年，煤炭消费量将出现回升。与此同时，世界各国也积极采取一系列政策措施并逐步完善相应的政策体系来应对碳排放量增长造成的全球气候变暖，如图 1-2 所示，但相较高速增长的全球碳排放量，这些措施对于减缓环境恶化起到的作用依然有限。为缓解碳排放量增长所带来的影响，政府应优先发展低碳经济，通过技术创新、产业升级等多种手段，减少温室气体排放量，实现人与自然的和谐发展。

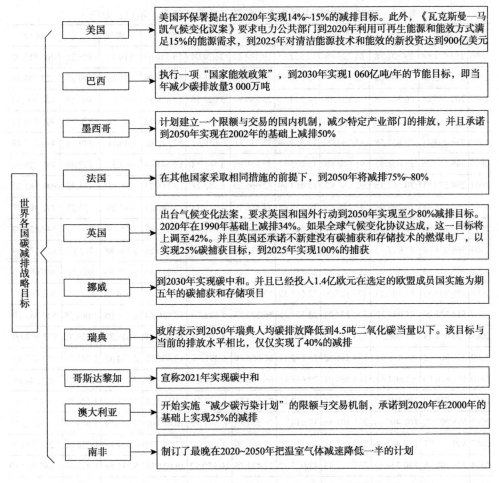

图 1-2　国外应对气候变化的碳减排战略目标

资料来源：中国碳排放交易网

1.3　物质流优化

　　物质流分析源自社会代谢论（society's metabolism），该理论最初被称为社会代谢分析[4]。社会代谢论认为：在整个经济系统的运行过程中，人类从自然界不断获取资源能量，用于维持人类生存的基本生产消费过程。与此同时，将产生的废弃物返回到自然中去。若将这一过程类比生物体代谢过程，则人类社会物质的生产和消费过程可以明确划分成五个关键环节，分别是资源开采、加工制造、产品消费、循环回用、废物处置。所以，这一过程也被定义为社会代谢。而从社会代谢论引申到物质流分析的过程并非一蹴而就，其间经过了许多学者的不断探索和实践[5]（图1-3）。

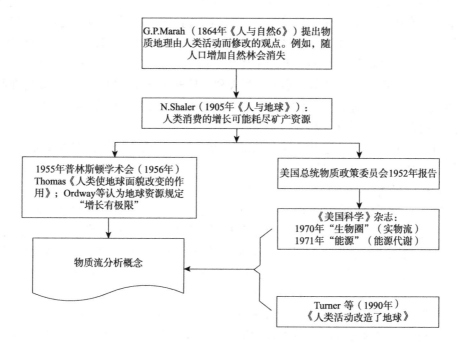

图 1-3　从代谢论到物质流分析的发展历程

　　20世纪七八十年代，经济系统中使用物质流分析研究的基础理论不仅有物质平衡（physical balance，PB）理论，还有工业代谢（industrial metabolism，IM）分析等其他理论。物质流分析概念可以这样阐释：用物理单位衡量物质的开采、生产、转换、消费、回收利用及其存量和流量在整个过程中的最终处置。在研究系统内，各类能源、产品、生产的废弃物，甚至是某种元素都可以作为物质流分析的物质；而某个行业或者环境——经济系统（如单个城市、整个国家等）也可以作为物质流分析的对象[6]。

21世纪以来，欧盟和经济合作与发展组织先后发布了关于物质流分析的指导文件，对物质流的概念特征和应用目标等做了详细介绍。近年来，国外物质流的研究范围不断扩大，Krausmann等利用物质流分析方法衡量全球可持续发展前提下物质与经济的关系[7]；Ayuni等通过对马来西亚3个城市新陈代谢的物质流分析，帮助城市进行宏观管理和资源优化配置[8]。此外，物质流分析法还可应用在材料和工程研究方面，用来度量生产过程中物质流动对环境的影响。

1. 国外研究概况

Ayres和Kneese于1969年首次提出通过"物质平衡原理"来观察并考量经济系统中物质的流动，这也是学术界可追溯的关于物质流的最早研究。同时，它也是第一次在国家层面上基于经济学观点进行的物质流分析[9]。自此之后，尤其是在全球经济继续发展和国际经济危机频发的背景下，越来越多的国家参与到运用物质流分析法开展经济系统研究的工作中。截至目前，已经或正在涉足该领域的国家有美国、奥地利、日本、德国、意大利、丹麦、委内瑞拉、智利、玻利维亚、新加坡、菲律宾、葡萄牙、泰国、波兰、哥伦比亚、捷克、匈牙利、瑞典、法国、英国、巴西、澳大利亚、芬兰。

自Ayres等学者建立物质流分析的雏形之后，物质流分析框架逐步完善，研究层次也从国家层面向以城市为中心的区域层面展开。其中比较典型的区域产业部门有德国汉堡市、瑞士圣加仑市、日本爱知县、印度尼科群岛的Trinket岛、西班牙巴斯克地区、加拿大多伦多市。日本对不锈钢企业，荷兰对冶金、造纸、塑料等行业，英国对钢铁和铁矿部门分别开展行业物质流研究；美国耶鲁大学则对铜、锌、钢铁、镍、银等多种金属开展了全球区域及城市尺度上的存量与流量研究。物质流分析研究主要集中在城市经济与环境之间的关系等方面。瑞典环保署资助了一项五年研究计划，主要评估生物圈和城市中金属的流量和存量产生的环境影响；Lindqvista和von Malmborg通过瑞典3个不同城市的镉代谢案例的比较分析，探究地方政府决策中物质流分析的辅助作用程度[10]；耶鲁大学的JIE杂志为现有研究进一步拓宽了视野，其对国家、城市等区域物质流分析进行了专项研究。

2. 国内研究进展

国内的物质流分析起步较晚，早期有宋永昌等在食物代谢、水循环、氧平衡、能量收支等方面研究了上海等城市生态系统的生态平衡[11]。国内最早开始进行物质流分析研究的是由北京大学陈效述教授所带领的团队。他们基于物质流理论方法在国家层面开展专项研究工作，测算了 1989~1996 年中国经济系统的物质需求总量、物质消耗强度和物质生产力[12, 13]。2001 年，该团队与德国 Wuppertal 研究所进行合作，统计分析 1990~1996 年输入中国经济系统的物质流，初步评估了中国经济的物质生产效率，并进行国际比较（主要是美国、日本、荷兰等发达国家）。2003 年，该团队进一步全方位地对 1985~1997 年我国经济系统的物质投入与产出进行了研究。虽然在 1986 年崔学增等就对唐山市的物质流与能量流进行了分析[14]，但是直到 21 世纪，区域层次的物质流分析才得到广泛开展。其中，以清华大学、南京大学、中山大学的研究最具代表性。

随着物质流实证研究范围的扩大及研究程度的加深，学者们也逐渐开始在技术层面上寻求新的突破。石磊和楼俞借鉴"欧盟国家物质流分析导则"，建立了"输入—经济系统—输出"的城市尺度物质流分析框架[15]。吴小庆等采用物质流分析与生态效率理论相结合的方法，从三个维度建立了区域生态效率的物质流评价指标[16]。黄晓芬和诸大建利用物质流的理论和分析方法，分析上海市经济—环境系统的物质总需求和资源生产率等主要指标，提出了上海市发展循环经济的重点是减少物质化输入[17]。

近年来，学者对物质流分析方法的拓展应用为城市经济系统物质流优化的研究提供了更多理论与方法支撑。徐一剑和张天柱的区域物质流分析模型构建在三维物质投入产出表的基础之上，能用于识别区域经济系统的物质代谢过程与结构特征[18]，可为城市子系统边界划分提供路径。肖序和熊菲建立了一种新的理论和方法体系，其以资源价值流动为核心，以物质流分析为基础，从理论上为物质流在经济系统内部的优化提供支持[19]。赵博等在分析定西市物质输入输出总量及其结构的基础上，引入物质生产力和利用强度指标，然后利用 STIRPAT 模型，以定西市为例，研究物质流动在生态经济系统中的规律，进而探究在环境规制下投入产出效率的驱动机制[20]，为低碳城市机制与对策研究提供借鉴。仇方道等从社会、经济、人口、环境和资源等子系统结合物质流分析的基本思路，选取主要因素作为 DEA（data envelopment analysis，数据包络分析方法）模型的输入和输出指标，对东北地区矿业城市的经济发展能力的可持续性特征及影响因素进行了初步探讨[21]，为城市物质流 DEA 有效性剖析奠定了基础。张利等系统分析了新疆碳排放总量、结构、强度的变化，利用对数平均迪氏指数法探究影响碳排放总量的要素，并对各因素在其中的影响程度定量化[22]，对城市物质流驱动因素的分析具有借鉴意义。戴铁军等选取了京津冀中经济核心城市北京市作为研究对象，运用物质流分析方法对社会经济发展与资源耗费、环境污染之间的关系进行了研究，结果表明北京市 1992~2014 年物质输入和输出总体呈上升趋势[23]。王红运用物质流分析方法，对 2000~2013 年中国直接物质投入与其经济特征的关系进行了研究，结果显示，中国在 2000~2013 年直接物质投入总体呈现上升趋势，单位 GDP 直接物质投入先上升后下降[24]。肖序和熊菲基于"物质流—价值流"的二维视角，探讨环境管理会计的核算标准，建立与之相对应的 PDCA 循环①模式，拓展了资源流转中的核算、评价等方面的实际应用指南[25]。王达蕴等探讨了资源价值流会计的标准化问题，通过生命周期理论对物质流、价值流及组织进行系统分析，并构建了资源价值流会计的概念体系和核算标准[26]。

1.4　小　　结

　　由上一节文献研究可知，物质流分析可以通过定量分析城市经济活动中的物质流动，把握物质在经济体系中的流量和存量的动态，并将影响环境的污染排放、资源耗费等因素考虑在内，引导城市低碳制度的建立。但是，在已有的城市经济系统的物质流分析中，鲜有结合城市结构，建立统一标准的物质流分析框架与指标体系的研究，导致城市之间碳排放控制结果的可比性差，不仅缺少普适性，也不利于碳排放权交易市场化的形成。

　　因此，本书试图在物质流分析的理论基础上，克服物质流分析方法在城市经济系统中运用的不足，建立物质流优化手段。根据不同城市系统的物质代谢特征，剖析城市经济系统中物质转化和循环的机理，明确物质代谢的动力机制及物质流优化的调节机制，针对碳减排的关键环节，寻找出操作性强且适合我国低碳城市建设的发展对策。目前，国内外关于物质流分析的理论已比较成熟，但对城市物质流进行优化的研究较少。本书将立足于低碳城市的建设，结合物质流分析方法，对城市物质流进行优化管理，提出了"物质流优化"这一新的理念，能够扩展物质流分析的研究思路。

　　本书契合"十三五"低碳目标，以低碳试点城市为研究对象，通过物质流优化，提出低碳城市的建设对策。能够协调城市各方利益，统筹城市环境经济发展，有利于政府对低碳城市保障政策的制定。

　　基于以上研究意义，本书将对以下内容展开研究（图 1-4）。

　　首先，明晰低碳城市物质流优化的理论基础。本书将依据物质流分析理论的起源、发展、研究框架及指标体系，并参照欧盟统计局发布的《物质流分析手册》

---

① PDCA 循环的含义是将质量管理分为四个阶段，即计划（Plan）、执行（Do）、检查（Check）、处理（Act）。

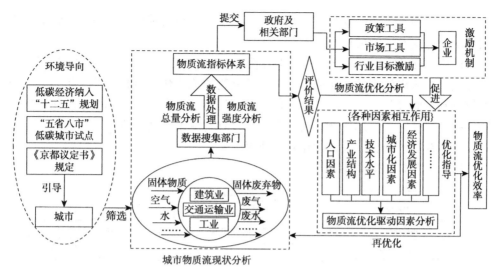

图 1-4 低碳城市物质流现状分析及优化模型

中推荐的 12 个子账户，利用三维投入—产出表对城市物质流子系统划分边界，并建立城市子系统下的物质流分析研究框架，为后续研究提供理论基础。

其次，通过整理测算，进行低碳城市物质流现状分析。以我国"五省一市"低碳试点城市为研究客体，利用物质流总量和强度分析模型，分析样本城市的交通运输业、建筑业和工业物质总输入、输出，及各子系统的物质使用与消耗强度等。然后通过建立城市物质流评价指标体系，对低碳城市物质流现状进行评价。本书进一步立足于碳排放，分工业、建筑业及交通运输业三个部门，集中追踪试点城市的能源消费和碳足迹。通过人均能源消费量、人均碳排放量、碳排放强度等效率指标评价试点城市的低碳发展现状。从而，寻找低碳发展的缺口，为进一步寻求低碳发展途径夯实基础。

再次，进行低碳城市物质流优化机理分析。本书中的物质流优化是指在宏观经济目标导向下，遵循以经济因素为首要，文化、政治、自然等影响因素并重的演变规律，基于对经济系统的物质流分析，通过宏观经济或市场等手段对经济系统物质流动模式进行调控的过程。因此，基于低碳视角，第一，采用信息熵和测度模型进行城市能源结构优化机理分析。信息熵方法用于试点城市能源生产及消费的演化分析，以评价城市能源结构是否合理。而以效率值指标为主的测度模型，用于实证考察城市能源结构总体趋势及综合评价值。第二，基于工业经济的主导地位，采用解耦因素分析法，结合物质流循环过程分析，对工业经济进行解耦，找寻工业低碳模范试点城市。第三，利用系统动力学方法，仿真模拟样本城市2012~2020 年物质流代谢驱动因素的调节变动对城市物质流的影响，为建设低碳城市提供参考建议。然后，基于历史测算数据，运用灰色关联进行城市未来低碳发展态势预测。第四，立足历史与未来，基于碳交易及碳税等手段，探索适用于试点城市低碳发展的最优路径。

最后，根据物质流优化驱动因素分析的结果，分析低碳城市物质流输入效率、循环效率、输出效率的优化调整策略，建立物质流优化的科技支撑机制、激励与考核机制、监督与控制机制、环境信息共享机制、公众参与机制及市场化运作机制，并且对新能源使用比例进行下限约束，针对城市交通运输业、建筑业、工业主要耗能领域的低碳化提出优化对策建议。

图 1-5 为本书技术路线图。

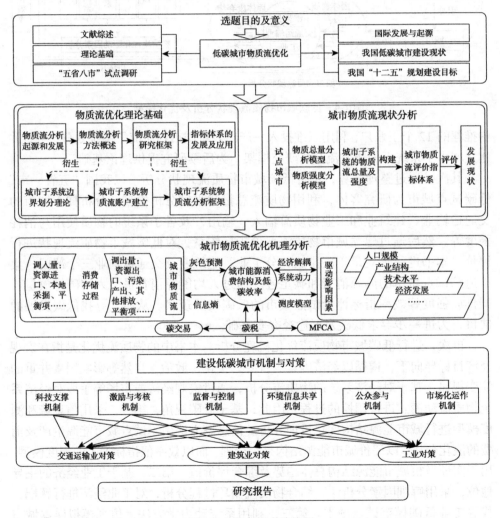

图 1-5 本书技术路线图

参 考 文 献

[1]卢婧. 中国低碳城市建设的经济学探索[D]. 吉林大学博士学位论文，2013.

[2]曹桂香. 低碳试点城市的绿色 GDP 核算研究[D]. 中国地质大学（北京）硕士学位论文，2013.

[3]习近平. 决胜全面建成小康社会　夺取新时代中国特色社会主义伟大胜利——在中国共产党第十九次全国代表大会上的报告[M]. 北京：人民出版社，2017.

[4]Fiseher-Kowalski M. Soeiety，smetabolism，the intelleetual his tory of materials flow analysis[J]. Journal of Industrial Eeology，1998，2（1）：61-78.

[5]陶在朴. 生态包袱与生态足迹——可持续发展的重量及面积观念[M]. 北京：经济科学出版社，2003.

[6]李虹，黄丹林，理明佳. 基于物质流分析的城市工业经济脱钩问题研究——以天津市2001-2012 年面板数据为例[J]. 地域研究与开发，2015，34（1）：111-116.

[7]Krausmann F，Schandl H，Eisenmenger N，et al. Material flow accounting：measuring global material use for sustainable development[J]. Annual Review of Environment&Resources，2017，42（1）：647-675.

[8]Ayuni S F，Dasimah O，Subramaniam K，et al. Urban-scale material flow analysis：Malaysian cities case study[J]. International Journal of Environment and Sustainability，2016，5（2）：1927-9566.

[9]Ayres R U，Kneese A V. Production，consumption and externalities[J]. The American Economic Review，1969，59（3）：282-297.

[10]Lindqvista A，von Malmborg F B. What can we learn from local substance flow analyses? The review of cadmium flows in Swedish municipalities[J]. Journal of Cleaner Production，2004，12（8~10）：909-918.

[11]宋永昌. 建设生态城市迈向 21 世纪[J]. 上海建设科技，1994，（4）：13-14.

[12]陈效逑，乔立佳. 中国经济—环境系统的物质流分析[J]. 自然资源学报，2000，15（1）：17-23.

[13]陈效逑，赵婷婷，郭玉泉，等. 中国经济系统的物质输入与输出分析[J]. 北京大学学报（自然科学版），2003，39（4）：538-547.

[14]崔学增，张凤岗，张连华. 唐山城市生态系统能流物流的分析[J]. 生态学杂志，1986，5（4）：41-45.

[15]石磊，楼俞. 城市物质流分析框架及测算方法[J]. 环境科学研究，2008，（4）：196-200.

[16]吴小庆，王远，刘宁，等. 基于物质流分析的江苏省区域生态效率评价[J]. 长江流域资源与环境，2009，18（10）：890-895.

[17]黄晓芬，诸大建. 上海市经济—环境系统的物质输入分析[J]. 中国人口·资源与环境，2007，（3）：96-99.

[18]徐一剑，张天柱. 基于三维物质投入产出表的区域物质流分析模型[J]. 清华大学学报（自然科学版），2007，（3）：356-360.

[19]肖序，熊菲. 循环经济价值流分析的理论和方法体系[J]. 系统工程，2010，28（12）：64-68.

[20]赵博，陈兴鹏，王国奎，等. 基于 MFA 和 STIRPAT 的定西市物质输入输出及环境压力[J]. 兰

州大学学报（自然科学版），2011，47（5）：42-47.

[21]仇方道，李博，佟连军. 基于 MFA 和 DEA 的东北地区矿业城市可持续发展能力评价[J]. 资源科学，2009，31（11）：1898-1906.

[22]张利，雷军，张小雷. 1952 年-2008 年新疆能源消费的碳排放变化及其影响因素分析[J]. 资源科学，2012，34（1）：42-49.

[23]戴铁军，刘瑞，王婉君. 物质流分析视角下北京市物质代谢研究[J]. 环境科学学报，2017，37（8）：3220-3228.

[24]王红. 基于物质流分析的中国减物质化趋势及循环经济成效评价[J]. 自然资源学报，2015，30（11）：1811-1822.

[25]肖序，熊菲. 环境管理会计的 PDCA 循环研究[J]. 会计研究，2015，（4）：62-69，96.

[26]王达蕴，肖妮，肖序. 资源价值流会计标准化研究[J]. 会计研究，2017，（9）：12-19，96.

第2章 城市子经济系统物质流分析框架构建

  城市系统是由多个子系统共同构成的一个复杂系统,作为城市子系统的经济系统是促进人类社会发展的重要前提,因此城市的发展离不开经济系统与自然界之间的物质流动与循环。人类的活动势必会给自然环境带来影响,主要的决定因素来自经济系统的数量和质量。经济系统从自然界获取资源时,必然引起自然资源的枯竭,破坏生态环境;经济系统在向自然界释放物质时,污染物会引起自然环境污染的问题。

  物质流分析的实质就是通过对经济系统的输入物质和输出物质的测算与分析,揭示整个经济系统中物质的组成种类及物质之间的流向与流量,综合反映出经济活动与生态系统之间的动态关系。利用物质间的关系,可以找到优化环境的对策,有针对性地改善物质流动的方向和流量,改善消费模式和生产模式,提高资源利用率,减少污染物排放,实现环境友好型、资源节约型发展。物质流分析是经济与环境可持续发展的一条纽带。

  本书的物质流分析从宏观物质流总量和微观物质流平衡两方面进行:前者主要从国家层面或者区域层面的经济系统进行分析,后者主要对微观层面的原材料、产品等进行核算,在微观层面的元素分析是指同一元素在不同生产阶段的流向和表现出的不同形态对环境的潜在影响[1]。物质流分析的主要类型及亚类见表2-1。

表2-1 物质流分析的主要类型及亚类

大类	亚类		
	第一类型	第二类型	第三类型
宏观物质流总量分析	企业:单个工厂、大中型企业等	行业:生产部门、化工部门、建筑部门等	地区:生产总量、主要产品产量、物质总需求、物质流平衡等
微观物质流平衡分析	元素:Cd、Pb、C、N、P等	原料:木材、能源、生物质等	产品:一次性尿布、汽车、电池等

资料来源:EUROSTAT 欧盟指导手册,2018

2.1 城市子经济系统边界的确定

系统是物质流分析调查的真实物体。一个系统被一组元素、元素间的交互作用及这些元素和其他元素在时间与空间的边界所定义,这些实物成分以一种特定的方式形成了一个整体单位。物质流分析中的实物成分犹如一个个程序,它们之间通过物质流相连。一个单独的程序或几个程序的联合可看作一个系统[2]。

系统边界可分为时间系统边界和空间系统边界。时间系统边界依赖于被调查系统类型及所探讨的实际问题,是系统调查的时间跨度。空间系统边界可以通过物质流过程所在的地理范围设定,如公司、城镇、地区、国家等。当物质流分析应用于经济系统的特定部分时,这些抽象的区域也可以作为系统边界的定义[3]。

区域的经济—环境系统的物质流分析,需要从两个方面对系统边界进行定义:第一,明确物质代谢主体与自然环境之间的分界;第二,确定该区域系统分析对象的时间边界及空间边界[4]。基于前文所述,以区域为研究范围,根据区域物质代谢的流动特点,以及研究的整体性和数据的可得性,将区域经济系统划分为五个子系统,分别为农业子系统、工业子系统、生活子系统、交通运输子系统及建筑子系统[5]。本书研究以对城市碳排放影响较大的工业子系统、交通运输子系统和建筑子系统为主要的研究对象。

本书研究中,经济系统是环境系统的一个附属,通过物质和能量的相互交换,进而与环境系统产生联系(图 2-1)。为了简化研究,我们从宏观方面进行初步研究,将整个环境系统看作一个可以独立运行的"黑箱",只考虑总输入与总输出,而对其内部如何运作不予研究[6]。

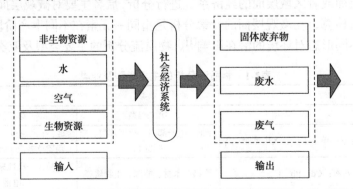

图 2-1 经济系统的输入输出物质流

2.1.1　物质代谢主体与自然环境的分界

1. 物质代谢理论

人离不开自然界，并与自然界发生着社会代谢的关系，从自然界获取水、空气、生物质与非生物质，然后通过一定的运行系统，将代谢产生的固体废弃物、气体废弃物、液体废弃物排放到自然界中。

本书涉及的物质流研究主要就是研究物质代谢，这种代谢过程被称为社会代谢。人类的社会代谢包括五个主要过程，即原材料开采过程、加工生产过程、消耗过程、循环利用过程、废物处理过程。人类社会经济系统的物质代谢存在两方面主要特征：其一，人类与自然界不断地进行着物质输入与输出；其二，人类从自然界中获取一定的原材料、能源等，其中一部分被排放到自然界中，另一部分被暂时储存在人类的社会经济系统中，但是最终还是要排放到自然界中[7]。社会代谢理论也是物质流动过程中投入、产出、净存量分析的基础，因而，代谢主体的明确对于进行物质流动分析非常重要。

2. 代谢主体

本书研究的代谢主体可从宏观层面和微观层面表述，具体情况如下所示：

在宏观层面上，代谢主体被看作研究的经济系统，是一个同生物体一样具有物质代谢的有机体，在环境与经济系统中起着桥梁的作用。代谢所需的一切资源都来自自然界，那么代谢主体对自然环境的影响就可以用其从自然界中摄取和向自然界中排放的物质组成进行衡量[2]。

在微观层面上，代谢主体就是一个个独立存在的个体，是衡量物质输入与输出的基本单位，包括动物与机器，但这里不包括植物，因为植物与动物、机器的代谢不同，它们停留在矿物质层次，属于物质投入层面。上面所说的动物包括人类和人类饲养的动物，但是不包括野生动物，野生动物只能算作物质输入。当然，人类生产过程中使用的肥料、机器排放的尾气等都属于物质输出[8]。

在社会经济圈中，人类为代谢的主体部分，原则上人体的存量也体现在物质流分析的平衡计算中，但这些存量与其他存量如建筑物、机器等相比变化较小，并且在一段时间内的变化不大，可以忽略不计。

3. 系统库存

反复生产的过程可被当作社会代谢的物质输入阶段，这个过程就是物质流通过社会化活动以存量的形式存在于经济系统中，这些存量主要体现为机器设备、建筑物、生产生活必需品、垃圾等。生物体也可算作存量，以人类为主，总人口变动都可看作存量的变化，一个区域内的物质流交换主要是通过调入与调出表现，不同于整体经济系统的物质流表现形式[9]。

2.1.2　城市物质流分析对象的界限划分

本书借鉴陶在朴关于物质流系统的边界界定方法，一是从在自然界环境中开采的物质进行界定；二是从排放到自然界环境中的物质进行界定。

从区域层面上定义的城市物质流分析对象界限的划分包括空间界限和时间界限。空间边界有两方面含义：一方面是自然界系统与社会系统的边界。自然界系统中未被生产加工的原材料通过物质流系统边界进入社会系统，而经济活动排放产生的物质（废水、废气、废物等）则通过该边界进入自然环境系统，该分界的主要特点是区分了物质的开采、排放及投入、产出的方向。另一方面是人为划定的行政边界。一个行政区域的自然资源与生产产品通过行政边界进入另一个行政区域，保证了每个行政区域自然与社会经济系统的平衡，行政边界可以区分出输入物质与本地物质的存量变动过程[10]。

除空间界限的定义之外，还存在时间界限的定义，具体做法为根据研究的需要对物质流分析所需要的时间跨度进行选取，可以是一年，也可以是数年。但是所选取的时间要具有一定的连续性，不同时间跨度的物质流不能放在一个系统中进行分析。

2.1.3　城市物质流子经济系统划分及统计假设确定

1. 物质流子经济系统划分框架

区域经济系统的运转离不开农业的支持，农业是区域食品加工原材料的唯一供应系统，广义的农业已经不仅仅局限于种植业，还包括畜牧业、渔业和农产品加工业。它从自然界中获取矿物质和部分生物质，生产出社会经济系统所需的生物质，是一种必不可少的生产方式，既是开采部门也是生产供应部门。

工业作为本书研究的主要环节，它从自然界中开采化石燃料和金属等原材料，也从农业部门中获取原材料，以这些为基础，通过内部生产，制造出人类所需的工业产品。一部分产品或原料供部门内部使用，一部分通过物质流系统流转到其他部门。工业部门为社会经济系统的运转提供了一定的物质基础[11]。

除去农业和工业部门，其余部门多是以消费者的身份存在于区域经济系统中，建筑部门在建筑施工的过程中向农业部门获取木材等生物质，向工业部门获取金属、水泥等建筑工业材料。交通运输部门主要向工业部门获取能源燃料，以及汽车、火车等交通运输工具。生活部门向农业部门获取食物，向工业部门获取能源、生活必需品等。

一定行政区域与外部的进出口过程保证了区域内物质补给与多余物质输出达到平衡。物质流的分析中，一种元素会流转至许多部门，进出口环节是物质流动的初始与终止，在区域内的流动会涉及多个部门，在每个部门的物质流分析中都会有所体现。

基于上述分析，城市物质流子经济系统围绕工业、建筑业、交通运输业三方面划分的框架如图 2-2 所示。

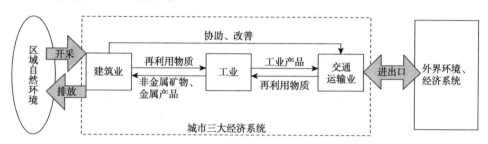

图 2-2　城市物质流子经济系统划分框架

2. 城市物质流子经济系统统计假设

为深入区域经济系统开展物质流分析，城市各子经济系统物质流动关系的辨识显得尤为重要，要求把城市物质流动"暗箱"趋向透明化作为最基础的目标。因此，基于全面分析与方便统计，用于区域环境—经济系统物质流分析的物质流动过程包含了以下几个假设：

（1）其余部门所需的生物质资源全部由农业部门从自然界获得，而能源燃料则全部由工业部门从自然界获取，其余部门都不参与这项过程。

（2）在一个区域内的物质无法查明其来源时，根据优先性原则，本书首先考虑从区域内部获取，区域内部不存在这种物质的生产能力的，认为是输入；当区域内的物质开采和生产大于消耗与储存时，就按照输出处理。

（3）当待研究区域作为中转系统时，所涉及的物质不进入物质流分析过程中。

（4）工业非金属材料和建材等物质在开采和运输使用的过程中质量方面的变化不大，因此可以忽略开采、加工制造和存储的消耗。

（5）统计核算过程需全面考虑废弃物、循环利用、或有成本等二次影响，经济系统的经济发展与环境成本、生态包袱的关系及脉络要理清，发展过程中对环境的影响要定量化和可视化。

　　基于以上假设，厘清研究中所涉及的各部门物质流进程，通过数据分析得出物质流动情况，在进一步的分析中可以依据整体社会经济系统绘制出所需研究区域的物质流图景（图 2-3），以研究从局部到整体的环境与经济系统物质流。

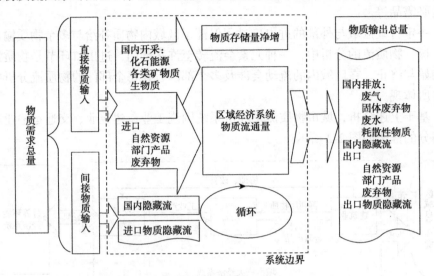

图 2-3　城市经济系统内物质流动的平衡框架（不含空气和水）

　　此外，城市经济系统物质流框架还应从城市系统对自然资源依赖与资源效率、城市系统输出、城市系统废物循环三个方面进行分析：①城市系统对自然资源的需求来自城市自身的资源输入及边界外资源的输入。②城市系统输出污染物，进一步破坏了环境系统，直接对环境造成了压力。③城市系统废物循环分为内部的废物循环和与其他系统间的废物循环。内部废物循环系统是提升城市可持续发展能力的重要保障，对此，应鼓励城市进行废物循环利用。系统之间的废物循环利用主要包括两个方面：一方面是城市吸收处理其他系统排放出的废物，消解环境压力，同时还可以提升城市废物循环系统的环境绩效，反映城市可持续发展现状；另一方面是本系统向环境中排放废物，说明城市自身的废物代谢程度不够，从积极方面看，这也为提升城市可持续发展能力提供了契机[12]。

2.2　城市子经济系统物质流账户体系构建

　　目前，欧洲已经对物质流账户进行了深入研究，并积极将物质流账户应用于实践。本节借鉴欧盟发布的《经济系统物质流分析方法的指导手册》中物质流账户的分类体系，基于我国的物质流状况，构建了适用于分析我国城市经济系统的物质流账户，并为后文中城市经济系统的物质流评价和效率分析模型的实证研究奠定了基础。

2.2.1　城市经济系统物质流分析的理论基础

1. 物质流账户体系

物质流账户体系所研究的内容主要是社会代谢，以社会代谢理论为依据，主要组成为代谢主体。物质流账户主要测度输入经济系统中的物质量、流出经济系统的物质量以及留在经济系统中的物质存量。它客观地反映了社会、经济系统的代谢规模——物质吞吐量，既体现了经济活动创造的物质财富，又体现了经济活动对生态环境造成的压力，能定量地测度经济系统运行中的物质投入、输出和存量。通过对物质流账户衍生指标的分析，从而广泛服务于国家政策。

物质流账户分析中，要运用到物理学中的质量守恒定律，在社会经济系统中物质的投入总量等于物质的输出总量，分别对其进行量化，建立各自的分析账户。对比研究物质输入与物质输出对环境的影响程度，以及经济增长对生态系统的损害程度。物质流账户作为人类经济系统与生态系统的桥梁，在分析经济增长是否主要影响环境中发挥着重要的作用。质量守恒定律如下：

物质的投入量=物质的产出量+物质存量的净变化量

物质流账户中的"物质"不仅仅局限于微观层面上的物质概念，即投入的原材料、能源燃料等，还包括产出品，这里的产出品是指半成品及废弃物等，这些物质都可以通过物质流账户研究。

2. 城市经济系统物质流分析的物质范围

环境与经济系统的物质流分析涉及物质的核算，其主要从两个方面进行：一是区域系统从自然界中获取或系统内部自身加工生产供应的物质；二是区域从外部其他区域获得的本身所不具备或不能满足区域系统平衡的物质。核算的物质可以从不同方面进行分类。

（1）直接物质与间接物质。直接物质是没有经过生产加工或者只是进行了简单的生产加工就用来满足系统平衡的物质。间接物质是工业、农业等部门内部生产加工产品所消耗的物质（或者全部资源）。

（2）使用物质与未使用物质。使用物质是指有使用价值的物质，可以是经过农业、工业等部门加工的产品的原材料，也可以是直接投入经济系统使用的原材料。未使用物质就是在开采自然资源的过程中产生的废物，没有利用价值的物质（残留成分）。

（3）区域内物质与区域外物质。区域内物质是本区域内开采生产的物质，其余的物质属于区域外物质（前提是可以进入经济系统维持经济系统平衡的物质）。

3. 物质流账户核算的基本概念

（1）生态包袱（隐藏流）。

生态包袱（ecological rucksack）的概念由魏兹舍克（Weizsaecker）最先提出。生态包袱是经济系统物质代谢的重要组成部分，是人类为获得有用物质和生产产品而动用的没有直接进入交易和生产过程的物料，在物质流账户中又被称为隐藏流或非直接流。

一件产品含有的和生产中消耗的各种物质的重量 W_i，乘以各自的生态包袱系数 γ_i 再求和就是该产品的物质投入总重量，再减去产品自身的重量 W 就是该产品的生态包袱 R。

计算公式：

$$R = \sum_{i=1}^{n} (\gamma_i + 1) W_i - W \qquad (2\text{-}1)$$

隐藏流系数为

$$\gamma = \frac{1}{W} \sum_{n=1}^{1} (\gamma_i + 1) W_i - 1 \qquad (2\text{-}2)$$

生态包袱计算的关键是找出所有投入，需强调能量消耗（如电力）也作为"物质"投入和需追踪"投入"及其生态包袱两点，如电力投入引起的煤炭投入和煤炭的生态包袱、钢铁投入引起的铁矿石投入和铁矿石的生态包袱等。

（2）在计算进出口物质本身所具有的生态包袱时，直接计算缺乏准确性，这时应将进出口物质转化为原料吨当量（raw material-equivalent，RME），然后计算原料吨当量的生态包袱。其中，原料吨当量是指单位物质在生产过程中所投入的原材料重量。例如，进出口汽车，计算其携带的生态包袱时应换算成相应的铁矿石、橡胶及其余金属矿石的重量，这是计算物质流的过程，在计算物质非直接流时，按照上面的方法换算成吨当量即可。

2.2.2　物质流账户体系的发展历程与我国研究现状

1. 物质流账户的发展历程

在社会代谢理论与质量守恒定律的理论基础下，物质流账户应运而生。

Wernick 和 Ausubel 率先提出了完整的美国物质流账户及物质流账户中的九种指标。其研究成果可以归纳为如下两点：一是对资源的投入、产出及产生的废物以统一的度量单位（即质量）进行估算。二是在估算过程中应用物质流账户需要注意的三大问题：①将"吨"作为统一的度量单位实现不同物质的简单加总；②衡量物质的质量时要排除水分的重量及个人消费与黑市交易；③为了解决资料来源的不同及数据之间的可比性，需要对其进行一致性的解释[12]。德国联邦统计局采用物质流账户对其国家经济系统进行了物质流分析[13]。

1996 年，欧盟委员会建立了"ConAccount"平台，该平台用于支持一些从事物质流账户方面研究的学者进行信息交流[14]。Mattews 等提出了物质流分析框架，框架中加入了隐藏流概念并完成了对美国、荷兰、日本和德国的物质流分析，建立了分析的物质流指标，随后又加入了奥地利国家的工业经济物质流分析[15]。

2003 年，联合国《综合环境经济核算体系》中强调了物质流核算账户，该分析被称为物质流分析。

2008 年，世界资源研究所对美国 1975~2000 年的物质流进行分析并完成了美国工业经济的物质流核算。德国 Wuppertal 气候环境与能源研究所作为物质流分析方法标准化的重要组织之一，提出了物质流账户体系，其提出的生态包袱等概念是物质流账户体系建立的重要基础。随后，世界资源研究所与欧盟统计局又分别建立了各自的物质流分析框架体系[16]。

尹科对珠江三角洲包含的 9 个地级市的经济系统进行了物质流分析，通过构建物质流账户得出珠江三角洲具备经济循环发展潜力的结论[17]。

马忠等以张掖市区为例，建立了中级层面上的物质流账户体系。通过物质流分析，认为张掖市的经济发展主要依靠原材料的耗费，总体上为粗放型发展，不利于环境保护[18]。

韩瑞玲等通过 DEA 法分析物质流账户的主要指标，对辽宁省的直接物质流进行了系统分析，结果表明，辽宁省整体仍旧为老工业发展模式，物质投入产出率较低，属于环境污染型发展[19]。

韩瑞玲等以唐山市为研究对象，利用物质流分析方法建立了物质流账户，对唐山市的经济—环境系统投入产出效率进行了分析研究，结果显示，唐山市总体为高物质投入、高能耗的环境污染型城市[20]。

束怡等以 H 竹凉席编制公司为例，从企业微观角度对物质流进行分析，并建立了物质流账户[21]。

2. 物质流账户的研究现状

物质流分析的概念是由陈效述等于 2000 年引入国内的，之后，我国学者开始相继致力于构建适合我国的物质流账户并以此作为基础建立物质流分析的框架。陈效述和乔立佳采用物质流账户分析方法对 1989~1996 年我国经济系统的物质流进行分析[22]。李刚将物质流指标分为物质输入指标、物质输出指标、物质消耗指标及强度和效率指标，对我国 1995~2002 年的经济系统进行物质流分析[23]。刘敬智等采用德国 Wuppertal 气候环境与能源研究所提出的物质流账户体系来计算 1990~2002 年我国经济系统的直接物质投入，并与日本、荷兰等国家进行比较[24]。王远等以世界资源研究所确立的物质流分析框架构建了江苏省物质流账户体系[25]。黄晓芬和诸大建以《欧盟导则》确立的物质流分析框架为基础，并根据上海市的情况做了必要的调整，构建了上海市物质流账户体系并针对上海市的物质流平衡进行了计算[26]。韩瑞玲等选择老工业基地的核心代表——辽宁省作为研究对象，分析其物质流账户指标，判断了 1990~2008 年辽宁省直接物质投入、生产过程排放及物质总需求三个账户指标的走向趋势，运用 DEA 法分析物质流账户主要指标的综合效率，对辽宁省物质流减量化发展历程进行了检验研究[19]。李刚采用生态效率理论、物质流分析方法、物质流账户三大理论，全面分析了江西省 2004~2012 年不同层面的生态效率[27]。束怡等以安吉县竹产业为研究对象，从企业的微观层面构建了物质流账户，并对账户进行了物质流分析[21]。

通过对我国关于物质流账户体系的研究发现，我国的物质流分析主要以德国 Wuppertal 气候环境与能源研究所提出的物质流账户体系及欧盟的方法指南为依据，并结合各省市的具体情况，对我国经济系统的物质投入、消耗程度及资源的利用效率等物质流内容进行分析。

2.2.3　城市子经济系统物质流账户体系

《欧盟指导手册》对用于物质流分析的物质的分类进行了规定，分别从输入、输出和存储三个环节进行物质划分，归纳起来可总结为 7 大类别（表 2-2）。

表2-2　物质分类

物质流主要分析环节	物质种类
本地开采	化石能源、金属矿物、非金属矿物、建筑材料、生物质等
进出口物质	原材料、半成品、成品、其他产品、包装、转移处置的废弃物等
存储物质	房屋建筑、机械、耐用品等
污物排放	空气污染、水体污染物、固体废物
耗散性物质	—
平衡项	输入端氧气、输入端水蒸气、二氧化碳等
未使用物质	本地开采未使用物质、进出口物质中的非直接物质

《欧盟指导手册》对物质的分类主要从国家层面进行分析和数据收集，其思路是从物质流归属的角度出发，从物质的输入、输出和存储几方面分别寻求可直接使用的数据，然后用于物质分析的总框架中。但该分类方式并不适用于区域层面的物质流分析，存在以下弊端：

（1）若想深入研究区域经济系统，存在一定的困难，只能从经济与环境系统的边界来粗略研究物质投入与输出情况；

（2）同区域系统边界界定的基础数据统计存在差异，进行区域物质流分析时，不能直接从区域系统统计的数据中直接获取，所需数据只能通过跟踪的方式获得，耗时耗力。

针对以上物质流分析框架存在的弊端，结合区域层面分析的实际需要，在《欧盟指导手册》的物质分类的思路上，基于物质的本质属性，重新区分本地开采、进出口和存储的各种物质，以便于根据区域尺度的实际数据，更好地追踪物质的来源、代谢趋势过程，进而收集到相应的数据。因此，在欧盟指导手册的框架基础上对区域尺度的物质分类从三个方面进行改进：①建筑材料项。若本地开采中没有建筑材料项，则建筑材料项包含以下三类：水泥、机砖、平板玻璃的原料及建筑砂石均属于非金属矿物，钢材和铝材属于非金属矿物加工所得工业产品，木材为生物质。避免了物质分类不明确的问题，也更适用于区域尺度物质流的分析思路。②引进部门产品项。将部门产品项引入区域进出口物质中，其中包括农业产品与工业产品。部门产品项的引进可以区分出物质是直接从自然资源中开采还是经过社会生态系统代谢产生的产品，可以表明产品的来源，方便把握各个部门的需求与代谢能力。③隐藏流的定义。未被使用的物质称作隐藏流，主要依据国内外研究中广泛使用的概念来命名该物质类别，便于在研究结果间进行比较和探讨。

根据以上物质流的分类及数据收集，即可建立国家层面的物质流账户。类似于国民核算账户，物质流账户也分为很多子账户，《欧盟指导手册》中推荐账户有 11 个，这些账户大部分分左、右两栏，左栏为资源（resources），右栏为使用（uses）。在各个账户中，含等号的栏表示左栏的总和与右栏的总和需相等，如表2-3 所示。

表2-3　欧盟指导手册中物质流账户的分类

账户名称	含义及构成
直接物质投入（DMI）账户	直接参与经济系统代谢的物质，包含了国内开采和进口两大类
国内物质消费（DMC）账户	测度一个经济系统中直接使用的物质量（不包括非直接流），其等于直接物质投入减去出口
实物贸易平衡（PTB）账户	测度一个经济系统中实物贸易的盈余或赤字，其计算方法为 PBT=进口-出口
国内生产排出（DPO）账户	包括开采和使用国内各种资源所产生的固体污染物、液体和气体排放物及各种耗散性损失。其与国内非使用开采之和称为国内物质总排放（total domestic output），通常被视为一个国家潜在的环境冲击指标

账务名称	含义及构成
存量净增（NAS）账户	利用平衡等式直接算出（NAS=DMC-DPO），作为粗算其为有用，但含有误差。第二种算法是综合归纳法，需要更多的统计支持，但可对第一套算法进行校正
实物存量（PS）账户	揭示了存量物质的期初数量及物质存量的变化
直接物质流（DMF）账户	计算方法为DPO+Exports
国内非直接使用开挖量（UDE）账户	只计算国内非使用开采量及国内开采的生态包袱、国内隐藏流
非直接流贸易平衡（IFTB）账户	在现存的计算方法中，暂时只考虑进口（出口）量中被使用的部分和未被使用的部分。进出口物质的使用部分要换算成RME
物质总需求（TMR）账户	将DMI、非直接使用开采平衡账户和非直接物质流贸易平衡账户相加即得物质需求总量
物质总消费（TMC）账户	TMR减去出口及与出口相关联的非直接物质流即TMC

注：DMI是direct material input的缩写；DMC是domestic material consumption的缩写；PTB是physical trade balance的缩写；DPO是domestic processed output的缩写；NAS是net additionto stock的缩写；PS是physical stock的缩写；DMF是direct material flow的缩写；UDE是unused domestic extraction的缩写；IFTB是trade balance of indirect flow的缩写；TMR是total material requirement的缩写；TMC是total material consumption的缩写

（1）DMI见表2-4。

表2-4　DMI

资源	资源消耗
国内开采量： 　化石能源 　矿物原料 　生物资源 　进口	
	DMI

（2）DMC见表2-5。

表2-5　DMC

资源	资源消耗
DMI	出口
	DMC

（3）PTB见表2-6。

表2-6　PTB

资源	资源消耗
进口	出口
	PTB=进口-出口

（4）DPO 见表2-7。

表2-7　DPO

资源	资源消耗
废弃物及污染物排放 空气中的污染物 表土上的废弃物 水中的污染物 耗散性使用和损失 粪肥、合成物和腐蚀	
	DPO

（5）NAS 见表2-8。

表2-8　NAS

资源	资源消耗
DMC	废弃物及污染物排放 空气中的污染物 水中的污染物 耗散性使用和损失 粪肥、合成物和腐蚀
	NAS=左栏−右栏

（6）PS 见表2-9。

表2-9　PS

实物存量	运输基础设施	建筑	机器设备	其他耐用材料	仓库库存	库存统计
期初存量						
增加值						
撤销值（报废、拆除）:						
耗散与损失						
其他项目变化						
库存量总净增						
统计偏差						
期末存量						

（7）DMF 见表2-10。

表2-10　DMF

资源	资源消耗
国内开采量 化石能源（煤、石油、天然气） 原材料及矿石（矿石、沙）	废弃物及污染物排放 空气污染 弃地污染

续表

资源	资源消耗
生物质（木材、谷物）	水中污染
	耗散与损失（肥粪、腐蚀）
进口	出口
	存量净增
平衡项	平衡项
	统计偏差
DMI+平衡项	DMO+NAS+平衡项

注：DMO 为 direct material output，直接物质输出

（8）UDE 见表2-11。

表2-11　UDE

资源	资源消耗
国内非直接使用开采量	国内非直接使用物的转置
矿山/采石场方面	矿山/采石场方面
生物质收获方面	生物质收获方面
表土工程方面	表土工程方面

（9）IFTB 见表2-12。

表2-12　IFTB

资源	使用
与进口相关的非直接流	与出口相关的非直接流
被使用的（RME–进口品重量）	被使用的（RME–出口品重量）与 RME 有关的未被使用的
与 RME 有关的未被使用的开采量	开采量
	IFTB

（10）TMR 见表2-13。

表2-13　TMR

资源	资源消耗
国内开采量	
化石能源（煤、石油、天然气）	
原材料及矿石（矿石、沙……）	
生物质（木材、谷物……）	
进口	
未被利用的国内开采量	
矿山/采石场方面	
表土工程方面	
与进口有关的非直接流	
被使用的非直接流（RME–进口品重量）	
与 RME 有关的未被利用的开采量	
	TMR

（11）TMC 见表 2-14。

表2-14　TMC

资源	资源消耗
TMR	出口 与进口有关的非直接流 被使用的（RME-出口量） 与 RME 有关的未被使用的开采量
	TMC

随着科技的不断进步与产业技术的发展，尤其是国家大力提倡发展循环经济，许多行业都开始逐渐重视节约能源的重要性，同时也意识到对废物进行循环利用的益处。相当数量的行业试着进行行业间物质的循环利用，但是在《欧盟指导手册》中却没有包含废物利用这部分内容（废弃物排放，主要是指在生产、消费及其他活动过程中，以各种形式、状态排入国内自然环境系统中的废弃物总和，其中包括排放到大气、水、土壤及最终处置的工业固体废弃物和城市垃圾）。

因此，本书中的物质流账户主要从这一方面来进行修改，将再生利用物质量与废弃物排放量添加到账户系统中（由于出口资源和产品使用后的最终处置在其他国家，故不包含在内），从投入、产出、消耗、强度、效率及物质依存度六个方面提出如表 2-15 所示的物质流账户指标体系。

表2-15　本书研究拟采用的物质流账户指标体系

指标类别	内容
投入指标	产出量=国内物质产出量+出口+废弃物排放量 国内物质产出总量=国内物质产出量+国内隐藏流+废弃物排放量 物质产出总量=国内物质产出总量+出口消耗指标物质储存净增量=物质需求总量-物质产出总量
产出指标	直接物质产出量=国内物质产出量+出口+废弃物排放量 国内物质产出总量=国内物质产出量+国内物质流+废弃物排放量 物质产出总量=国内物质产出总量+出口
消耗指标	物质储存净增量=物质需求总量-物质产出总量
强度指标	物质消耗强度=物质需求总量/人口数
效率指标	物质生产力=国内（工业）生产总值/物质需求总量
物质依存度指标	直接物质进口依存度=进口/DMI 总物质进口依存度=（进口+出口隐藏流）/TMR

2.3　城市子经济系统物质流分析方法

2.3.1　城市各子经济系统数据收集

从区域物质流分析框架出发，以各项指标的计算为导向进行基础数据的收集与处理。对于物质流分析涉及的各种物质，收集数据的时候需要结合其在自然系统与经济系统中的各环节，通常包括投入量（包括市内开采量和进口量）、消耗量、存量变化量、出口量，以及作为污染物质输出的排放量。

在物质流分析中，采用自上而下（top-down）和自下而上（bottom-up）两种方法对原始数据进行处理。自上而下的方法是通过加和历年进出系统边界的物质的量进行统计，这些物质量数据均为原始数据。当统计资料中有明确的总量数据时，采用自上而下方法可以规避对大量复杂数据的需求。自下而上的方法比自上而下的方法复杂得多，需要内部结构与使用强度数据，通过确定各结构单元的物质数量和强度并逐层累加，才能计算得到某物质在整个系统内部及系统边界的流动情况。自下而上的方法适用于需要区域系统边界进出数据，但是这种数据无法直接取得的区域层面上的研究。

上述两种方法可视具体情况选用，一般优先选择第一种方法。但两种方法并不是绝对孤立存在的，很多情况下是两种方法结合使用。现按物质类别不同将数据收集处理过程中需要注意的方面叙述如下。

1. 生物质

本地开采量对应年鉴中的农业产品产量。

消耗量等于各部门消耗量累加，包括农业部门畜牧养殖业饲料消费、生活部门食品消费、工业部门生产原料消耗这几部分的生物质消耗，不包括木材的消费。对于不同区域差距不大的养殖业与畜牧业的消费情况，一般通过文献检索与抽样调研相结合的方式取得相关数据。家庭消费可推算出生活部门的食品消费。生物质中工业生产原料的消耗量通过调查工业投入的资料得到。木材的消费主要为工业的消费，当然还有建筑部门的消费，因此当统计资料不足时，获取数据的方法同养殖业与畜牧业相似，都是通过文献检索与抽样调查得到。

对于生物质的进出口量，有直接统计数据则直接选用，若没有，则通过平衡计算得到。若某生物质的开采量小于消耗量，其差值为进口量；若开采量大于消耗量，其差值为出口量（这里假设生物质库存量为 0）。

2. 化石能源

对于化石能源，能源统计年鉴中会分地区发布能源平衡表，相关数据可直接从统计年鉴中获得。分部门计算时，消耗量若不能直接获取，则需要查阅文献或咨询相关单位进行资料补充。

3. 矿产资源

非金属矿产和金属矿产同属于矿产资源，国土资源部门或相关统计年鉴都可以提供核算所需的开采数据。对于进出口量的核算，在缺少必要数据时，都是通过开采与消耗的差值得到，消耗量的计算是个难点，需要统计区域内建筑部门消耗、工业部门消耗等，统计工作量大且容易造成较大的偏差。

4. 部门产品

查阅相关统计年鉴，部分数据可能会由于单位的不统一而不方便计算，可以按照经验数据对单位进行统一换算。

5. 进出口物质

其中的原材料（包括生物质、非金属和金属矿物、化石能源）流量通过前文所述生物质、化石能源、矿产资源中方法获得，而缺少直接统计资料的工业制成品和半制成品，则需要通过计算工业产出量与区域内对应产品消耗量的差值得到。消费环节不宜笼统计算，需分环节分别计算。

6. 污染物

废弃物的原始数据可以在环境质量报告书或者环境质量公报等统计资料中得到。

7. 耗散性损失

可通过相关统计年鉴中化肥与农药的消耗量得到。

8. 平衡项

人与动物是平衡项经济系统中的消耗主体，在平衡项的计算过程中会涉及呼吸过程（这里的呼吸是广义上的呼吸，即消耗氧气产生二氧化碳的过程）。人和动物体呼吸消耗通过呼吸系数与人和动物总量的乘积进行计算。燃料消耗的排放数据在环境报告书中可以获得，有时在废气排放指标中，化石燃料燃烧排放二氧化碳量 $m(CO_2)$ 不会直接给出具体统计数据，计算公式如下：

$$m(\mathrm{CO_2}) = \sum P_i F_i C_i \qquad (2\text{-}3)$$

式中，P_i 是第 i 种化石燃料的消耗量；F_i 是平均有效氧化系数；C_i 是单位燃料含碳量。例如，原煤、原油、天然气的平均有效氧化系数分别为 0.982、0.918 和 0.98。每吨标准煤的平均含碳量、燃油含碳量、燃气含碳量分别为 0.85、0.707、0.403。燃料燃烧消耗的氧气一般用 CO_2 和 SO_2 排放量及氧在其分子中的质量比例推算，即将化石燃料燃烧排放的 CO_2 量乘以 0.73 与 SO_2 排放量乘以 0.5 相加。

9. 隐藏流

隐藏流通过物质质量与隐藏流比率相乘得到。我国对相应的隐藏流的测量数据很少，不具有普适性，因而隐藏流比率通常采用德国 Wuppertal 气候环境与能源研究所、欧盟环保局提供的全球平均隐藏流比率。城市各子经济系统生态包袱（隐藏流）的估计中包括能源开采、矿物开采、工业半成品和成品制造及建设过程、开挖过程产生的隐藏流。各种物质的隐藏流通过表 2-16 所列隐流系数进行计算。输入和输出分别统计，包括市内隐藏流和进出口隐藏流。

表2-16　隐藏流估计系数

物质种类		隐流系数/（吨/吨）	研究使用地区级说明
化石能源类	煤	2.36	中国
	原油	1.22	德国
	天然气	1.66	德国
矿物质	铁矿石	5.13	中国辽宁
	砂石	0.02	美国
	石灰石	4.00	中国台湾
半成品及成品	铁	1.80	德国
	铜	2	德国
	铝	0.48	世界平均值
	镍	17.50	德国
	铅	2.36	德国
	锡	1 448.9	德国
	其他	4.00	中国台湾

10. 补充

除此之外，还需收集区域社会经济方面的数据，包括人口数和国民生产总值等，这些数据的获取相对容易，可直接查阅相关统计年鉴。

2.3.2 城市各子经济系统的归并与调整

1. 工业部门数据的归并与调整

1）工业部门直接物质输入

工业部门作为城市经济系统的物质生产主体和消耗主体，其直接物质输入涵盖各种自然资源及工农业产品，其数据整理方法见表 2-17 和表 2-18。

表2-17　工业部门直接物质输入数据

物质类别	数据解释	资料来源	计算说明
非金属矿物	年产矿石量		
化石能源	煤、石油、天然气消耗		天然气密度 0.717 4 千克/米³
金属矿物	冶金过程消耗的金属矿石量	《天津统计年鉴 2017》	通过年鉴得到钢产量，与金属矿石消耗系数相乘
生物质	工业产品（食品、饲料、化学原料药、人造板、家具、纸制品、轮胎外胎等）生产中生物质（粮食、豆类、木材、棉花、天然橡胶等）消耗		查得各工业产品产量及相应的生物质消耗系数，计算得到。其中，食用植物油以豆油计算，大豆含油率取 0.2，出油效率按二级标准 98% 计算
农业产品	水产品加工投入量		

表2-18　能源物质使用过程二氧化碳及水蒸气排放系数

物质	二氧化碳排放系数/（吨/吨）	说明	水蒸气排放系数/（吨/吨）	说明
煤	2			
汽油	3.039 3		1.316 5	
煤油	3.066 6		1.328 3	
柴油	3.145 7	—	1.362 5	
燃料油	3.021 6		1.386 7	
液化石油气	3.038 2	—	3.274 0	碳氢质量比 41：9
天然气	2.028 5 吨/米³		1.659 7	以甲烷计，碳氢体积比取 1：4

2）工业部门直接物质输出及平衡项

污染物包括大气污染、水体污染和固体废弃物，对城市经济系统五个部门分别进行统计。由于平衡项中氧气的消耗与大气污染有关，并且二氧化碳的排放与大气污染同步产生，因此将平衡项与大气污染合并在一起进行数据整理。

3）污染物

第一，大气污染物及平衡物质。工业部门产生的大气污染考虑二氧化硫、烟尘和粉尘，相关数据来源于各省市环境状况报告。平衡物质中，输入端为氧气，工业部门中氧气主要在能源燃烧过程中消耗，无法直接统计，因而用主要氧化产物（二氧化碳、二氧化硫和水蒸气）的排放量进行估算。其计算方法是，将由化石燃料燃烧产生的二氧化碳排放量乘以 8/11，二氧化硫排放量乘以 1/2，水蒸气排放量乘以 8/9，然后三者相加。其中，只有二氧化硫的排放量直接可得，因而还要对能源物质使用过程中二氧化碳和水蒸气的排放量进行计算。

各省市工业部门使用的能源物质包括煤、汽油、煤油、柴油、燃料油、液化石油气及天然气，从各省市 2017 年统计年鉴中查找每年消耗量。相应的二氧化碳、水蒸气的排放量根据排放系数计算。其中，二氧化碳排放系数可查阅文献得到，水蒸气排放系数根据各物质的碳氢比进行推算，具体参考数值见表 2-18。最后，经过平衡计算即可得到氧气消耗。

第二，固体废弃物。固体废弃物通过各省市环境状况公报和省市相关年鉴获取，其中工业固废排放量为产生量与综合利用量的差值。

第三，水体污染物。化肥与农药在使用过程中造成了水体的污染，在耗散性损失一项中进行统计；建筑部门的污水排放到城市管网中，属于建筑工人的生活污水，因而不单独统计；交通运输部门造成的水体污染比较少，可以忽略。因此，水体污染主要考虑工业污水和生活污水，可直接使用各省市环境状况公报及各省市水资源公报中的数据。

4）其他物质

其他物质主要是部门生产所得物质及耗散性损失。在城市经济系统中，唯独作为消费与生产部门存在的是工业部门和农业部门，因此，对其分别进行数据整理。在这里，物质产出量以总和统计，暂不区分流向市内其他部门的部分和出口的部分。

5）工业部门进出口物质

在城市系统层面上的统计资料中，对于进出口物质的统计中很少有直接可用的数据资料，只能通过间接的方法计算得出。在统计资料中，物质输入端没有对进口物质类别进行划分，同样在物质的输出端，亦未对输出物质进行分类。对进出口物质的数量统一计算，针对不同物质分别进行，计算中不考虑竞争性进出口因素，假设进口取决于内部供应不足，出口取决于供过于求。对于市内开采或者生产的物质，用开采量或产量与经济系统输入量之差来计算其进出口量；对于市内不开采的资源，以及不生产的消费品和耐用品，直接作为进口物质处理。

6）工业部门存量变化

为了简化计算过程，可以从存量变化方面对耐用品、机械设备、交通工具、建筑物的物质进行计算，最后再划归各部门，存量变化的计算可以统计年份为基础，用后年数据减去前一年数据的差额表示。建筑部门直接物质输入减去输出物质代表建筑设施存量变化；能源库存可以从相关统计年鉴中得到。

就部门整体来看，其他物质存量变化依然存在，因而用平衡计算得到，即直接物质输入减去物质输出。

2. 交通运输部门数据的归并与调整

1）交通运输部门直接物质输入

交通运输部门直接物质输入数据和交通工具质量换算分别见表2-19和表2-20。

表2-19　交通运输部门直接物质输入数据

物质类型	数据解释	资料来源	计算说明	补充
化石能源输入	各运输方式（公路、水路、铁路、航空）消耗的能源物质（煤、柴油、汽油、燃料油）及新增交通工具（客车、货车、拖拉机、汽车、摩托车、公共汽车、电车、出租车、火车、船舶、飞机）的量	《天津统计年鉴2017》	通过年鉴得各种客货运输的总周转量或行驶里程，通过文献、网络资源及咨询获取燃料单耗及换算系数，计算得到总能源物质消耗（具体见表2-20）。通过年鉴查得各种交通工具的拥有量，与上年对应值相减得到当年的净增加数，经单位换算得到其质量（具体见表2-20）	公路交通涉及客货运业、城市公交、出租车和家庭汽车的油耗，家庭汽车则归类为家庭用品

表2-20　交通工具质量换算

运输方式	交通工具	质量换算
铁路	货车	138 吨/列
	客车	48 吨/列
公路	客车	12 吨/辆
	货车	5 吨/辆
	其他汽车	1.5 吨/辆
	公共汽车	18 吨/辆
	无轨电车	10.1 吨/辆
	轻轨	13 吨/辆
	拖拉机	3 吨/台
	摩托车	0.135 吨/辆
	挂车	15 吨/辆
水路	机动船	总吨位的 1/2
	驳船	3 500 吨/艘
航空	飞机	41.145 吨/架

2）交通运输部门直接物质输出及平衡项

第一，大气污染物和平衡物质。不同的交通运输形式下，计算大气中的二氧化硫、氮氧化物、二氧化碳的排放量的方式不同。各交通运输形式的污染物排放因子见表2-21。能源消耗量在前文已经计算得到，因而在此基础上进行系数转换即可用于此项计算。水蒸气的排放量是通过各燃料排放系数与消耗量相乘所得，接着再计算平衡耗氧，其中，氮氧化物表示为 N_2O。

表2-21　各交通运输形式的污染物排放因子

交通运输形式	二氧化硫	氮氧化物	二氧化碳
铁路	0.122 7	1.21	70.52
道路货运	0.004 6	0.22	67.41
道路客运	0.122 7	0.37	70.52
水路	0.346 8	1.02	73.2
航空	0.032 4	0.07	64.4

第二，固体废弃物。交通运输部门产生的固体废弃物数量少且统计信息缺乏，暂忽略。

第三，水体污染物。交通运输部门产生的水体污染物忽略不计。

3）交通运输部门进出口物质

（同工业部门进出口物质）

4）交通运输部门存量变化

（同工业部门存量变化）

3. 建筑部门数据的归并与调整

1）建筑部门直接物质输入

表 2-22 为建筑部门直接物质输入数据。

表2-22　建筑部门直接物质输入数据

工程类别	物质类别	单耗	资料来源	补充说明
房屋建筑	砂石	1 435 千克/米²	《天津统计年鉴2017》	各房屋结构单耗数据取平均
	机砖	140 千克/米²		
道路建设	砂石	1 578 千克/米²		砂石密度取 2.67 克/厘米³
排水管道	砂石	17 吨/米		

2）建筑部门直接物质输出及平衡项

第一，大气污染物和平衡物质。建筑部门主要消耗电能，不存在燃料燃烧的过程。因此，燃烧对大气排放与平衡物质的贡献不考虑建筑部门。但是，考虑到建筑部门在施工的过程中会产生大量的扬尘，会造成严重空气污染。以排放系数法估算建筑部门的起尘量，参考我国台湾有关部门的《营建工程污染稽巡查作业标准作业程序手册》中提供的计算公式：

$$E_c = A \times T \times EF_c \qquad (2-4)$$

式中，E_c 是在建工地引起的颗粒物排放量；A 是施工面积；T 是施工时间；EF_c 是在建工地引起颗粒排放的排放系数。对于型钢混凝土结构的建筑物，推荐排放系数为 $EF_{PM10} = 0.1061$ 千克/（米^2·月）；$EF_{TSP} = 0.1910$ 千克/（米^2·月）。在相关年鉴中可查到房屋建筑施工面积，考虑到年内新增及完工的部分，施工期定为半年。

第二，固体废弃物通过各省市环境状况公报和省市年鉴获取，建筑部门的固体废弃物主要包括建造过程中的弃渣与工人产生的生活垃圾，其中建筑弃渣以 550 吨/万米^2 的产生量计算，以竣工面积表示新建数量，后者属于生活垃圾的一部分，因而不单独统计。

第三，水体污染物。建筑部门产生的污水主要是施工人员生活污水，排放至城市管网中，属于生活污水的一部分，因而不单独统计。生活污水排放量直接采用各省市环境状况公报及各省市水资源公报中的数据。

3）建筑部门进出口物质

（同工业部门进出口物质）

4）建筑部门存量变化

（同工业部门存量变化）

2.3.3　城市各子经济系统物质流分析的其他方法

本书在分析城市各子经济系统物质流及建立优化机制的过程中，除了以上数据收集过程使用的自上而下、自下而上及隐藏流等方法，还使用了信息熵、客观赋权法、解耦因素分析法、灰色预测模型、系统动力模型、AHP-模糊综合评价法[①]等方法。这些方法在物质流领域的应用比较广泛，同时具有较强的权威性和广泛的适用性。

1. 信息熵

第 6 章运用信息熵理论进行城市能源结构分析。本书将包含产出端与供应端的一个开放系统作为经济系统。在经济系统中，产出端受消费水平、环境的影响

---

① AHP 全称为 analytic hierarchy process，译为层次分析法。

较大，供应端受能源储备、使用效率、技术水平的影响较大。在经济系统的能量交换中，供应端输入能源，输出端排出多余热量，整个系统伴随着熵的流动。因此，根据信息熵通过总熵与 0 的比较就可得出城市经济系统的状态及能源结构。

2. 客观赋权法

本书在第 6 章还运用到了客观赋权法来评价能源结构发展水平。多指标综合评价可以用来比较综合实力、综合考核经济效益、综合判断国民经济运行走势等。客观赋权法是多指标综合评价中指标权数确定方法之一，包括主成分分析法、因子分析法、熵值法等。本书运用主成分分析法，先对能源结构评价指标之间的关系进行统计分析，得出评价指标的相关系数矩阵，继而求出一个指标与其他指标间的负相关系数。而负相关系数的倒数就是能源结构评价指标在综合评价中的权数，即该指标的负相关系数与其被其他指标取代的可能性呈现负相关关系，一旦被取代，其在综合评价中发挥的作用就微乎其微。

3. 解耦因素分析法

本书在第 7 章研究工业部门经济驱动力和环境压力的相互关系时运用到了解耦因素分析法。越来越多的物质投入带来快速经济增长的同时也带来了巨大的环境压力，需要研究出经济驱动力与环境压力之间的相互关系，从而对其进行解耦，实现两者的脱钩。解耦方法有物质流分析法和解耦因素分析法。第 7 章将使用物质流指标与解耦因素分析法相结合的方法即基于物质流指标的解耦权重图解法，求解特定的物质流分析指标赋予各个组成部分在解耦贡献上的权重，继而调整能源结构。

4. 灰色预测模型

第 7 章通过分析低碳试点省市的工业部门各指标在解耦贡献上的权重得出实现经济增长与直接物质输出解耦的关键在于碳排放的控制。第 8 章运用灰色预测模型对城市碳排放趋势进行预测，将其作为有效控制试点省市碳排放的依据。灰色预测模型通常用于短期和中期的指标预测，且相对其他预测方法精度较高。第 8 章首先依托现有碳排放数值，运用 Matlab 数理统计软件和灰色预测软件预测未来年度碳排放的发展变化趋势，并对预测数据进行精度检验。

5. 系统动力模型

本书在第 9 章建立城市低碳经济的系统动力模型，测算天津市自 2005 年以来工业部门能源消耗及低碳发展水平。系统动力模型能较好地反映出环境的系统性、非线性、动态性、区域性等特征，模拟系统的动态变化。碳税是对物质流输出端碳排放进行宏观调控的措施，为了仿真碳税下的碳排放效果，该章基于经济、人口、能源和环境四个子系统进行天津市低碳发展系统建模，并引入碳税调节变量，进行碳减排情景模拟，从而找出最优碳税征收额度。

6. AHP-模糊综合评价法

本书在第 10 章运用 AHP-模糊综合评价法进行物质流成本管理环境绩效评价，首先运用 AHP 来确定评价指标的权重，再建立模糊综合评判矩阵，根据各级指标的得分情况，判断该指标处于哪一层评估等级。该方法通常用在方案选择与评价、绩效评估等方面，本书运用该方法对物质流成本管理的环境绩效进行评价，首先确定 MFCA 视角下企业环境绩效评价指标权重，再构建企业环境绩效模糊隶属度矩阵，根据各指标的得分对企业环境绩效评价进行等级位置排序，从而建立物质流优化体系。

参 考 文 献

[1]周兴龙. 矿业循环经济及其物质流分析研究[D]. 昆明理工大学博士学位论文，2008.

[2]徐福军. 基于物质流分析的区域循环经济评价[D]. 西北大学硕士学位论文，2011.

[3]楼俞. 城市物质代谢分析方法建立与实证研究[D]. 清华大学硕士学位论文，2007.

[4]周震峰，孙磊，孙英兰. 区域物质代谢与经济增长的关系研究——以青岛市城阳区为例[J]. 中国海洋大学学报（社会科学版），2007，（4）：48-50.

[5]Smith E. Thermodynamics of natural selection Ⅰ: energy flow and the limits on organization[J]. Journal of Theoretical Biology, 2008, 252（2）: 185-197.

[6]沈怀军. 安徽省环境经济系统的物质流分析[D]. 合肥工业大学硕士学位论文，2007.

[7]王蓉. 中国工业部门的物质流核算与分析[D]. 南京财经大学硕士学位论文，2011.

[8]陶在朴. 生态包袱与生态足迹——可持续发展的重量及面积观念[M]. 北京：经济科学出版社，2003.

[9]陈波，杨建新，石垚，等. 城市物质流分析框架及其指标体系构建[J]. 生态学报，2010，30（22）：6289-6296.

[10]李虹，付飞飞. 我国区域碳交易市场发展的困境与出路——基于资金配置效率视角[J]. 天津社会科学，2013，（1）：96-99.

[11]李虹，田生，理明佳. 物质流指标下的工业经济解耦问题研究[J]. 中国人口·资源与环境，2014，24（1）：132-139.

[12]Wernick I K, Ausubel J H. National materials flows and the environment [J]. Annual Review of Energy and the Environment, 1995, 20: 463-492.

[13]German Federal Statistical Office-Statistisches Bundesamt. Integrated Environmental and

Economic Accounting: Materuak and Energy Flow Accounts [M]. Wiesbaden: German Federal Statistical Office-Statistisches Bundesamt, 1995.

[14]Bringezu S. From quantity to quality: materials flow analysis [C]//Bringezu S, Fischer-Kowalski M, Kleijn R, et al. Regional and National Material Flow Accounting: From Paradigm to Practice of Sustainability. Leiden: The Con Accounts Workshop, 1997: 43-57.

[15]Mattews E, Amann C, Bringezu S, et al. The weight of nations: material outflows from industrial economics [R]. Washington: World Resource Institute.

[16]EUROSTAT. Economy-wide Material Flow Accounts and Derived Indicators: A Methodological Guide[M]. Luxembourg: EUROSTAT, 2001.

[17]尹科. 珠三角环境经济系统的物质流分析[D]. 湖南农业大学硕士学位论文，2009.

[18]马忠，龙爱华，尚海洋. 黑河流域张掖市物质流账户体系的初步构建[J]. 冰川冻土，2007，29（6）：953-959.

[19]韩瑞玲，佟连军，佟伟铭. 基于 MFA 与 DEA 分析的辽宁省物质减量化检验研究[J]. 地理研究，2012，31（4）：652-664.

[20]韩瑞玲，朱绍华，李志勇. 基于物质流分析方法的唐山市经济与环境关系的协整检验和分解[J]. 应用生态学报，2015，26（12）：3835-3842.

[21]束怡，王琴，张宏亮. 竹产业建立企业尺度物质流账户的应用[J]. 绿色财会，2017，（5）：18-22.

[22]陈效逑，乔立佳. 中国经济—环境系统的物质流分析[J]. 自然资源学报，2000，15（1）：17-23.

[23]李刚. 基于可持续发展的国家物质流分析[J]. 中国工业经济，2004，（11）：11-18.

[24]刘敬智，王青，顾晓薇，等. 中国经济的直接物质投入与物质减量分析[J]. 资源科学，2005，（1）：46-51.

[25]王远，田珺，张蓓，等. 江苏省物质流账户构建与分析[C]//中国环境科学学会. 中国环境科学学会学术年会优秀论文集（2006）（上卷）. 北京：中国环境科学出版社，2006：1052-1057.

[26]黄晓芬，诸大建. 上海市 2003 年物质流分析研究[C]//2006 年中国可持续发展论坛——中国可持续发展研究会 2006 学术年会可持续发展的机制创新与政策导向专辑，2006：66-70.

[27]李刚，朱瑶，李佳佳. 中国经济增长的物质消耗[J]. 南京财经大学学报，2011，（4）：1-10.

第3章 低碳试点省市经济系统物质流分析基础

3.1 低碳试点省市概况

城市需要为 80%的碳排放负责，因此在应对气候变化的时候，首先应该从城市开始。根据麦肯锡发布的报告，到 2050 年中国将有 3.5 亿人进入城市生活，平均来算，城市居住者所消耗能源要比农村居民高 2.5~3 倍，而且他们的碳排放量也比农村居民高 2.5~3 倍。中国人民大学国家发展与战略研究院能源与资源战略中心发布的《中国家庭能源消费研究报告（2016）》表明，我国城市居民家庭碳排放量是农村居民的两倍之多，所以要想解决碳排放和能效的问题，就必须要解决城市的问题。低碳城市是一个城市发展的目标之一，然而低碳与生态、绿色的概念并不一样，因为低碳必须是可计量的，如以人均二氧化碳排放量为衡量指标。

城市是能源消费和碳排放的主体，中国作为一个发展中国家，不断加快城市化进程仍是国民经济和社会发展的重要目标。据统计，1981~2003 年中国城市化率由 20%上升到了 40%，同样的上升区间，英国与法国分别花费了 120 年与 100年，所用时间是中国的 5 倍左右。国家统计局于 2017 年发布的《中华人民共和国2017 年国民经济和社会发展统计公报》显示，我国城镇化率已达 58.52%。我国未来仍将城镇化建设作为国民经济和社会发展的重要举措，因而基础设施的需求仍然不断加大，人口城镇化与土地城镇化使得未来能源需求量不断上升，现阶段我国的能源结构仍以化石能源为主，碳排放量仍会呈现一定的上升趋势。为了避免由此带来的碳锁定效应，必须要把低碳因素考虑进去。

2010 年 8 月，国家发改委将广东、辽宁、重庆等五省八市作为未来实施低碳经济的试点省市。低碳试点省市政府部门需严格把关，尽快构建所在省市的低碳发展规划体系，促进产业结构转型升级，提高人民的低碳意识水平，为我国低碳减排事业及全球气候贡献一份力量。当年五省八市的生产总值占全国的 38%，能耗占 32%，碳排放占 29%，人口占 26%。试点省市的选择标准包含了地区平衡、工作基础及城市的资源禀赋等地域特征要素。试点省市将重点加强低碳发展的规划指导，构建以绿色 GDP 衡量经济发展的指标体系，积极倡导并推进以可持续发展为前提的法律法规政策，调整经济结构，促进产业结构低碳化转型与升级，创新有利于低碳发展的体制机制，建立碳排放信息的共享平台与机制，提升人民的低碳环保意识，促使其采用绿色的生活与消费模式。

2012 年 4 月，国家发改委决定在第一批试点的基础上，进一步稳步推进低碳试点示范，下发了《关于组织推荐申报第二批低碳试点省区和城市的通知》，确立了北京、上海、海南和石家庄等 29 个省区和城市成为我国第二批低碳试点。

在 2012 年 12 月由国家发改委公布的《关于开展第二批国家低碳省区和低碳城市试点工作的通知》中，将北京、上海等直辖市，乌鲁木齐、昆明、武汉等省会城市及其他一些省市作为继五省八市低碳试点后又一批开展低碳发展和低碳经济贸易的省市。选择这些省区和城市作为试点主要是基于对各地申报后的具体情况的分析，经过一定的思考、沟通、分析最终确定。

该通知要求试点省区和城市要积极探索并建立产业低碳发展体系，探讨并制定引导节能减排的激励机制，设定温室气体减排目标考核机制，充分利用市场作用促进碳减排的实施工作；推动低碳技术节能减排科研工作的发展，始终掌握国内外最新低碳减排技术的研发与应用，打造国内外低碳技术交流平台，积极推动国外先进低碳技术的吸收引进与改造并鼓励与国外学者联合开发。

2016 年 10 月，国务院发布了《"十三五"控制温室气体排放工作方案》，综合考虑各省（自治区、直辖市）发展阶段、资源禀赋、战略定位、生态环保等因素，分类确定省级碳排放控制目标。"十三五"期间，北京、天津、河北、上海、江苏、浙江、山东、广东的碳排放强度分别下降 20.5%，福建、江西、河南、湖北、重庆、四川分别下降 19.5%，山西、辽宁、吉林、安徽、湖南、贵州、云南、陕西分别下降 18%，内蒙古、黑龙江、广西、甘肃、宁夏分别下降 17%，海南、西藏、青海、新疆分别下降 12%。该工作方案强调低碳发展是我国经济社会发展的重大战略和生态文明建设的重要途径，同时，将国家低碳城市试点扩大到 100 个城市。

2017 年，国家发改委发布《国家发展改革委关于开展第三批国家低碳城市试点工作的通知》，确定在乌海等 45 个城市（区、县）开展第三批低碳城市试点。低碳发展，规划先行。目前，试点省市已制定各自的低碳发展规划，但由于城市定位不同，发展规划也各有特色。潘家华在报告中认为，城市的低碳发展规划是一切低碳行动总纲领，是将减碳总目标分解到各行各业的指导性文件。因此，规划的实施必须由易到难，选择从"小投入、大减排"的活动开展的同时，要设立低碳建设重大项目库,囊括可以提供借鉴和指导性意义的技术类与产业类项目及适合于低碳社会发展需要的基础设施项目。

低碳试点省市的建设途径主要集中在五个方面,分别是进行产业结构的转型,对煤炭等化石能源消耗量较大的产业进行限制、积极倡导高能耗产业的清洁生产与节能减排,提升产业总体技术水平,发展低碳产业,加快推进传统产业的低碳化。此外,还包括能源供应低碳化、低碳化城市基础设施及空间布局、低碳生活系统与碳汇、低碳社会消费模式等方面。

通过对低碳试点省市物质流现状的分析,不仅可以通过物质的输入与输出活动了解并掌握经济系统内物质的流入方式、流动方向、流动数量,还可以对经济系统内流动的物质结构组成进行全方位的剖析,对物质的变化过程进行更精准的测度。通过对物质流活动的综合分析,可以了解其如何为社会创造财富与剩余及如何产生废水、废气、固体废弃物等环境污染物,找出环境污染的根源及节能减排潜力,为我国低碳省市清洁生产、改善传统生产模式提供依据。对物质流过程中物质的流量与流向的控制,可以提升资源使用效率并降低"三废"的排放量。

本书选择碳排放比重较大的工业、交通运输业和建筑业三个领域,对试点地区这三个领域的物质流现状进行研究。并以低碳试点省市中的广东、湖北、辽宁、陕西和天津作为样本省市进行研究,拟为后续试点省市提供借鉴。

3.1.1　低碳试点省市工业子系统概况

2016 年国家统计局数据显示,我国工业产业能源消费量占比高达 67.99%,二氧化碳占气体排放总量的 35.42%,钢铁、炼油等单位产品的能源消耗与世界先进水平相比还要高出 10%~20%。2017 年,国务院印发《"十三五"控制温室气体排放工作方案》,提出要控制工业领域排放,到 2020 年单位工业增加值二氧化碳排放量比 2015 年下降 22%,工业领域二氧化碳排放总量趋于稳定。资源的过度消耗与环境承载力日益下降使得加快产业结构转型升级成为碳减排工作必须完成的紧要任务之一。随着《中华人民共和国环境保护法》的重新修订,国家对环保问题的关注程度越来越高,改善环保问题的心愿日益迫切,这些均为我国进行工业产业转型升级、淘汰落后的产能提供了良好的契机,同时也促使服务业及新能源产业快速发展。

《国家发展改革委关于开展低碳省区和低碳城市试点工作的通知》和《工业转型升级规划(2011—2015 年)》中与资源节约、低碳减排相关的指标如表 3-1 所示。

表3-1 "十二五"时期工业转型升级的主要指标

类别	指标		2010 年	2015 年	累计变化
经济运行	工业增加值增速				[8%][a)
	工业增加值率提高（百分点）				2
	全员劳动生产率增速				[10%][a)
技术创新	$\dfrac{规模以上企业R\&D经费内部支出}{主营业务收入} \times 100\%$			>1.0%	
	$\dfrac{拥有科技机构的大中型工业企业}{总工业企业} \times 100\%$			>35%	
产业结构	$\dfrac{战略性新兴产业增加值}{工业增加值} \times 100\%$		7%	15%	8%
	产业（市场）集中程度[b)	钢铁行业 TOP10	48.6%	60%	11.4%
		汽车行业 TOP10	82.2%	>90%	7.8%
		船舶行业 TOP10	48.9%	>70%	21.1%
信息化与工业化融合	主要行业大中型企业数字化设计工具普及率		61.7%	85.0%	23.3%
	主要行业关键工艺流程数控化率		52.1%	70.0%	17.9%
	主要行业大中型企业 ERP 普及率			80.0%	
资源利用节约和环境污染防治	规模以上企业单位工业增加值能耗下降				21%
	单位工业增加值二氧化碳排放量下降				>21%
	单位工业增加值用水量下降				30%
	COD、SO_2 排放量降低				10%
	氨氮、氮氧化物排放量下降				15%
	工业固体废物综合利用率		69%	72%	3%

注：a) [ ] 内数值为年均增速。b) 是按产品产量计算的产业集中度。ERP 为 enterprise resource planning 的缩写，是企业资源计划。COD 为 chemical oxygen demand 的缩写，是化学需氧量

资料来源：《国家发展改革委关于开展低碳省区和低碳城市试点工作的通知》和《工业转型升级规划（2011—2015 年）》

　　《国家发展改革委关于开展低碳省区和低碳城市试点工作的通知》和《工业转型升级规划（2011—2015 年）》中资源节约和低碳减排的指标有单位 GDP CO_2 排放，单位 GDP 能源消耗，单位产业增加值能耗，单位产业增加值 CO_2 排放，单位产业增加值用水量，SO_2、NO_x 等废气排放量及工业固体废物综合利用率。对试点省市的物质流现状进行分析，可为达成这些目标提供一个高效可行的研究方法。

3.1.2　低碳试点省市建筑子系统概况

　　国家统计数据显示，2015 年建筑业能源消耗总量达 7 696.41 万吨标准煤，达

到 2005 年的 2.26 倍，尽管能耗总量逐年增长，但是"十二五"期间，建筑节能法律法规体系初步形成，建筑节能标准进一步完善。截至 2015 年末，建筑节能达到 1.16 亿吨标准煤节能水平。

表 3-2 为"十二五"期间建筑节能工作主要指标与节能减排综合性工作方案的比对。

表3-2　"十二五"期间建筑节能工作主要指标与节能减排综合性工作方案的比对

项目	内容	属性	目标和任务
可再生能源建筑应用	共建筑能耗降低 15%	—	
	新增可再生能源建筑应用面积 25 亿平方米，形成常规能源替代能力 3 000 万吨标准煤	预期性	推动可再生能源与建筑一体化应用
绿色建筑规模化推进	新建绿色建筑 8 亿平方米。规划期末，城镇新建建筑 20%以上达到绿色建筑标准要求	预期性	制订并实施绿色建筑行动方案
农村建筑节能	农村危房改造建筑节能示范 40 万户	预期性	—
新型建筑节能材料推广	新型墙体材料产量占墙体材料总量的比例达到 65%以上，建筑应用比例达到 75%以上	约束性	推广使用新型节能建材和再生建材，继续推广散装水泥
建筑节能体制机制	形成以《中华人民共和国节约能源法》和《民用建筑节能条例》为主体，部门规章、地方性法规、地方政府规章及规范性文件为配套的建筑节能法规体系。省、市、县三级职责明确、监管有效的体制和机制。建筑节能技术标准体系健全。基本建立并实行建筑节能统计、监测、考核制度	预期性	
新建建筑	北方严寒及寒冷地区、夏热冬冷地区全面执行新颁布的节能设计标准，执行比例达到 95%以上；北京、天津等城市执行更高水平的节能标准；建设完成一批低能耗、超低能耗示范建筑	约束性	新建建筑严格执行建筑节能标准，提高标准执行率
既有居住建筑节能改造	北方采暖地区实施既有居住建筑供热计量及节能改造 4 亿平方米以上	约束性	北方采暖地区既有居住建筑供热计量和节能改造 4 亿平方米以上
	过渡地区、南方地区实施既有居住建筑节能改造试点 5 000 万平方米	约束性	夏热冬冷地区既有居住建筑节能改造 5 000 万平方米
大型公共建筑节能监管	监管体系：加大能耗统计、能源审计、能效公示、能耗限额、超定额加价、能效测评制度实施力度	预期性	加强公共建筑节能监管体系建设，完善能源审计、能效公示
	监管平台：建设省级监测平台 20 个，实现省级监管平台全覆盖，节约型校园建设 200 所，动态监测建筑能耗 5 000 栋	约束性	
	节能运行和改造：促使高耗能公共建筑按节能方式运行，实施 10 个以上公共建筑节能改造重点城市，实施高耗能公共建筑节能改造达到 6 000 万平方米，高校节能改造示范 50 所	约束性	公共建筑节能改造 6 000 万平方米，推动节能改造与运行管理
	实现公共建筑单位面积能耗下降 10%	约束性	—

3.1.3 低碳试点省市交通运输子系统概况

在哥本哈根全球气候大会上，中国承诺到 2020 年单位 GDP 碳排放比 2005 年下降 40%~45%，要实现这一目标，交通运输业是需节能减排的重点领域之一，为此，中国政府已将推进交通运输业的绿色低碳发展写入"十三五"规划。据 2016 年能源消费统计资料，交通运输业能源消费量占比 8%，其中，我国汽油、柴油、原油、燃料油等石油制品中的 30%以上均由交通运输业消耗。《交通运输部关于印发交通运输行业"十二五"控制温室气体排放工作方案的通知》规定，到 2015 年，交通运输行业温室气体排放统计核算体系基本建立，碳排放交易基础条件基本具备，并制定了公路、水路运输及城市客运到 2015 年的CO_2排放强度目标，如表 3-3 所示。

表3-3 2015年公路、水路运输及城市客运的CO_2排放强度目标（与2005年相比）

运输行业	指标	下降率
公路运输	营业性运输车辆单位运输周转量CO_2排放	11%
	营业性运输客车单位运输周转量CO_2排放	7%
	营业性运输货车单位运输周转量CO_2排放	13%
水路运输	营业性运输船舶单位运输周转量CO_2排放	16%
	内河船舶单位运输周转量CO_2排放	15%
	国内沿海船舶单位运输周转量CO_2排放	17%
	港口生产单位吞吐量CO_2排放	10%
城市客运	城市客运单位人次CO_2排放	20%
	城市公交单位人次CO_2排放	17%
	出租汽车单位人次CO_2排放	26%

资料来源：《交通运输部关于印发交通运输行业"十二五"控制温室气体排放工作方案的通知》

通过对低碳试点省市的物质流分析，可以有效建立行业温室气体排放统计核算体系并基本具备碳排放交易基础条件，能够使得公路、水路运输及城市客运的CO_2排放达到预定目标。

3.2 数据来源与处理方法

2003 年，天津市汉沽区、西青区和武清区被列为第八批全国生态示范区建设试点。本书将研究期间界定为 2001~2016 年，使时间序列有一个跨越，利于前后对比。在该期间内，天津的经济社会发展速度较快，2016 年的生产总值为 2001 年的 9.32 倍，连续 13 年生产总值增长在两位数以上，生产总值增速连续 12 年位于全国前五，2010~2013 年增速均为全国第一。经济的迅猛发展使得我们对自然资源的需求日益上升，所带来的环境问题越来越严重，通过对该区域近 16 年的物质代谢状况进行研究，全面分析天津市资源耗用、环境承载力等基本状况，为天津未来建设发展提供数据支撑。

本章以天津市各经济子系统为研究客体，依据《欧盟指导手册》提出的物质流分析框架和理论方法，分别从工业子系统、交通运输子系统和建筑子系统 3 个大类对天津市经济系统 2001~2016 年的物质代谢情况进行分析，初步建立了天津市经济系统运行中物质投入、物质输出、物质存量、进出口情况及隐藏流 5 大类账户，对这 5 类指标进行细分并分别对其做具体详细的表述。

3.2.1　数据来源

数据来源于以下 5 个方面：

（1）天津市 16 区及国家在研究期间的相关统计资料。核算所用数据主要来自各年的《天津统计年鉴》；农业类生物质部分数据主要来自各年的《中国县（市）社会经济统计年鉴》《中国农村统计年鉴》；工业活动中物质输入输出数据主要来自《中国工业经济统计年鉴》《中国能源统计年鉴》《中国投入产出表》；工业、交通运输业、建筑业的废水、废渣、废气排放数据主要来自《天津环境状况公报》《中国环境年鉴》；物质进出口数据主要来自《中国海关统计年鉴》《中国港口年鉴》。本章所用数据均来自 2002~2017 年各类统计年鉴。

（2）通过实地调研获取的相关部门提供的行业统计数据。

（3）已被学术界认同的研究成果及高水平刊物上收集的数据。

（4）权威机构发布的研究报告，主要有《中国有色金属行业分析报告》《天津市建筑行业市场深度分析报告》《中国建筑行业分析报告》《中国交通运输行业分析报告》等。

（5）政府部门或行业协会官方网站：中华人民共和国生态环境部（http://www.mee.gov.cn/）；中华人民共和国工业和信息化部（http://www.miit.gov.cn/）；中华人民共和国交通运输部（http://www.mot.gov.cn/）；中华人民共和国住房和城乡建设部（http://www.mohurd.gov.cn/）；中国汽车工业协会（http://www.caam.org.cn/）；中国钢铁工业协会网（http://www.chinaisa.org.cn/）；废钢协会网（http://www.camu.org.cn/）；等等。

3.2.2　数据处理方法

物质流核算涉及庞大的物质组成，数据处理方法包括自下而上和自上而下两种，自上而下是指从国家、城市相关统计年鉴直接获取数据进行处理；自下而上是指由某项统计指标的组成部分统计数据层层汇总获得。

本书研究区域物质流，鉴于大部分物质流指标难以从统计年鉴中获取，因此采用自下而上的方法来进行统计处理。为保证数据准确、完整、一致、有效，通常需要注意四个方面。

1）数据的筛选、完整与连续

首先，有相当一部分的物质组成尚未纳入统计核算体系。其次，根据研究的可行性和科学性，按如下标准对物质流指标体系建立所需的数据进行筛选：①尽可能保证统计核算方法与《欧盟指导手册》中物质流核算指南相一致；②与天津市经济社会发展密切相关。最后，为了保证数据可获得性及核算的完整与连续，要将物质流指标与天津市各机构发布的统计数据相结合，使指标真实、可靠、完整、连续。

2）物质流重复计算或遗漏问题

从自然资源中开采的物质投入社会经济系统中，在社会经济系统中是流动的。工业部门从生态资源中开采原材料，原材料经过系列等级层次的加工处理，成为工业产品。工业产品则是交通运输业和建筑业的原材料投入，因此在城市整体物质流核算中，该内部流动需予以抵消。同时社会经济活动中，不是所有产品都从初级物质开始，区域输入和输出中有大部分物质是以初级品的形式流动。本书拟采取以下措施应对该类问题：①对物质流指标下的各种纳入系统的物质做出明确的定义和解释；②通过数据搜集，可能存在不同的机构、单位提供的物质项目名称不一致，但内容存在重复，所以需要统一各类项目的统计口径；③对于天津市自产物质，仅计算初级原物料，如在测算钢铁开采量时，与此相关的铁及制品不计算在内；④对于国外进口部分，通过对其商品进行归类，减少重复计算；⑤对统计中不以重量为核算单位的输入或输出，进行单位转换，使各类核算单位相一致。

3）参数估计问题

物质流核算中，部分产品直接统计数据并不是以重量为单位进行核算，因此需要对其进行单位转换，需要考虑转换系数的问题；资源开采过程、进口过程中隐藏流的核算，在物质流平衡各物质计算时，需要对所对应的系数进行估算。对于估算系数，本书先从国际气候变化伙伴组织等相关机构报告、国家及城市统计年鉴、《中国投入产出表》等国内外文献中查询，若仍无法获得，则在一定假设下建立适用模型，根据现有资料予以估算。

4）CO_2 排放测算依据

能源消耗数据来自各省市统计年鉴，碳排放根据天津市原煤、汽油、柴油、燃料油和天然气等能源消耗量及《2006 年 IPCC 国家温室气体排放清单指南》中所规定的能源碳排放系数进行测算。考虑到该清单指南中的碳排放系数不具有中国特有性，所以本章采用国家发改委发布的《中国区域电网基准线排放因子的公告》与《中国温室气体清单研究》确定能源消费碳排放因子与含碳量，将我国相关统计年鉴与低碳试点省市的统计年鉴中的能源终端消费量作为测算 CO_2 的依据。本书研究的工业子系统 CO_2 排放数据不包括其他温室气体，也不包括二级能源消费的 CO_2 排放量。

$$C_i = \sum_{k=1}^{n} \mathrm{NCV}_k \times \mathrm{CC}_k \times \mathrm{AC}_{ik} \qquad (3\text{-}1)$$

式中，C_i 表示第 i 个部门能源消耗排放的 CO_2；NCV_k 表示第 k 种燃料低位热值；CC_k 表示 k 燃料的 CO_2 排放系数；AC_{ik} 表示第 i 个部门第 k 种燃料的消耗量。

3.3　各项物质流指标

3.3.1　工业子系统物质流指标

1. 工业子系统输入指标

工业子系统输入指标包括化石能源输入、金属矿物输入、非金属矿物输入和工业产品进口。

1）化石能源输入

化石能源输入主要包括天然原油、煤和天然气。

2）金属矿物输入

金属矿物输入主要包括钢铁、铜等金属物质，钢铁所占比重较大，因此以粗钢产量来估计金属矿物的输入。

3）非金属矿物输入

以天津市为例，根据《天津市矿产资源总体规划（2016—2020 年）》，到 2015 年底，全市开发利用的矿种共有 35 种，其中石油、天然气、地热、水泥用灰岩、建筑用白云岩、矿泉水是天津市开发利用的主要矿产，铁、金等金属矿产由于矿床规模小，未形成规模开采。煤因其埋藏深、构造复杂，开发后对环境破坏影响较大，故尚未开发利用。因此，非金属矿物输入主要包括水泥用灰岩。天津市主要矿产资源开发利用总量调控目标表如表3-4所示。

表3-4　天津市主要矿产资源开发利用总量调控目标表

矿产名称	单位	2010 年	2015 年	2020 年	指标属性
石油	万吨/年	500	500	500	预期性
天然气	亿米³/年	3	3	3	预期性
地热	万米³/年	3 300	3 900	4 300	约束性
水泥用灰岩	万吨/年	180	180	180	约束性
建筑用白云岩	万吨/年	210	210	210	约束性
砖瓦用页岩	万吨/年	350	350	350	预期性
地下水	亿米³/年	6.3	5.7	5.7	约束性
矿泉水	万吨/年	50	80	100	预期性

资料来源：《天津市矿产资源总体规划（2016—2020 年）》

随着天津经济高速发展，未来几年矿产资源自给程度明显下降，供需缺口不断扩大。后备资源紧张的矿产有石油、天然气、地热、地下水、水泥用灰岩、建筑用白云岩、砖瓦用页岩等；全部依赖外部市场的矿产有铁、煤炭等。

2013 年，天津投资 76 亿元，新建 7 条、改造 2 条高速公路。随着唐山到天津高速公路改造工程的开工建设及市政公路建设的开工，水泥需求进一步增长，水泥用灰岩的输入也进一步提高。

4）工业产品进口

进口工业产品包括化石能源、生物质、金属矿物等。进口化石能源包括进口煤、天然原油及天然气。

2. 工业子系统输出指标

工业子系统输出指标主要包括污染物输出，以及流向农业部门、生活部门、建筑部门和交通运输部门的能源、材料、工业产品等。污染物输出包括大气污染物、固体废弃物、水体污染物。

工业部门产生的大气污染物主要有 CO_2、SO_2 和烟粉尘。其中，CO_2 的排放量由多种燃料的消耗量乘以碳排放系数或水蒸气排放系数得到。本章主要选取煤、汽油、柴油、燃料油、天然气作为统计资料。

SO_2、固体废弃物和烟尘排放数据均来自各省市环境状况公报或统计年鉴，而 CO_2 排放量则是根据试点省市原煤、汽油、柴油、燃料油及天然气等能源消耗量及《2006 年 IPCC 国家温室气体排放清单指南》中的各种碳排放系数予以测算。计算公式为

$$C_i = \sum_{k=1}^{i} LH_k \times CE_k \times AC_{ik} \qquad (3-2)$$

式中，C_i 是 i 部门能源消费 CO_2 排放量（万吨）；LH_k 表示第 k 种低位热值（千焦/千克、千焦/米³），CE_k 是燃料 k 的二氧化碳排放系数；AC_{ik} 表示第 i 个部门第 k 种燃料的消耗量（千克、米³）。为了使计算的数据更准确且相关性更强，每一种耗费的燃料应尽可能使用中国公布的指标数据，本节所计算的工业子系统 CO_2 排放量不包括二次能源消耗产生的 CO_2 排放，也不包含甲烷等其他温室气体。

3.3.2　交通运输子系统物质流指标

1. 交通运输子系统能耗概况

中国交通运输业能耗呈加速上升趋势，国家统计局数据显示，2001 年，中国交通运输业能源终端消费量为 155 547 万吨标准煤，2016 年达 435 819 万吨标准煤，15 年间增加了 1.8 倍，2001~2016 年年均增长 7.1%。由 1990~2016 年中国能源统计数据可知，我国终端能源消费的年均增长率为 4.1%，其中年均增长率最大的行业要属交通运输业，达到 8.9%，而工业仅为 6.79%。居民使用能源消费年均增长率为 0.8%，其余领域增长率为 4.1%。交通运输业年均增长率超过全国平均水平一半以上。通过数据分析可以得出，我国的交通运输业能源消耗量在整个能源消费系统中占据着重要的位置。

从能源消费种类来看，交通运输业主要以石油能源消费为主。我国能源统计数据显示，2001~2016 年石油消费量的年均增长率为 7.87%。国际能源署统计报告指出，依据我国能源统计口径统计数据，2015 年与 2016 年我国交通运输业消耗石油量占全终端消耗的 47.71% 与 46.67%。因而，石油作为交通运输行业的主导能源，其消费量仍将维持较高水平。

公路是中国交通运输业能源消费与碳排放的聚集地。2016 年数据显示，公路能源消费量占比 72.96%，高于铁路、民航、水运、管道等的能源消费占比。碳排放量占整个交通运输业的 71.2%，仍高于铁路等其他运输方式。

2. 交通运输子系统输入输出指标

1）物质输入

本部分只考虑交通运输子系统能源消耗，交通运输子系统物质输入包括天然原油、煤和天然气。该部分数据来自各省市统计年鉴。

2）物质输出

交通运输业物质输出主要包括该子系统的 CO_2、SO_2 及氮氧化物等气体的排放。

　　测算交通运输业的 CO_2 排放量时仅考虑直接运输过程中与运输有关的装载、卸载及整个运输过程能源消费产生的碳排放量，不计算基础设施建造、运输设备设计与构造、运输辅助活动等非直接运输过程中产生的 CO_2 排放量。交通运输业的 CO_2 排放测算主要包括直接碳排放与间接碳排放的测算，直接碳排放测算主要是指能源终端消费（煤炭、柴油、燃料油等）产生的碳排放量；间接 CO_2 排放测算主要是指电力产生的 CO_2 排放数据。

　　测算我国交通运输业碳排放时，主要有以下数据：① CO_2 排放因子，包含能源的潜在排放因子与每一年度电力 CO_2 排放因子。其中，电力 CO_2 排放因子来源于中国清洁发展机制网，采用每个地区的平均值，2008 年区域电网包含的地理范围有所调整，将海南省划分到南方区域电网。能源的潜在排放因子来源于 *2006 IPCC Guide-lines for National Greenhouse Gas Inventories Volume 2 Energy*。②能源的碳氧化率、低位发热值及消费量。各种能源的碳氧化率、低位发热值及交通运输业能源消费量来自各年《中国能源统计年鉴》。③周转量及客货换算系数。交通运输业周转量来自各年《中国统计年鉴》，客货换算系数根据我国统计制度的规定取值，铁路、公路、水运、国内民航、国际民航客货换算系数分别取 1.0、0.1、1.0、0.072、0.075。

3.3.3　建筑子系统物质流指标

1. 建筑子系统输入指标

　　建筑部门是城市经济系统中将物质转移存储的物质消费主体，建筑子系统直接投入的物质类囊括了木材、水泥、玻璃等各种建筑类原材料。

2. 建筑子系统输出指标

　　建筑部门主要以电能为能源输入，并不直接涉及化石能源的燃烧过程，因而不考虑其对平衡物质及大气排放的影响。然而，建造和房屋拆迁过程中产生的粉尘等颗粒排放物可能会破坏空气清洁度，对环境产生负面影响。

　　采用我国台湾有关部门的《营建工程污染稽巡查作业标准作业程序手册》中的计算公式来计算起尘量：

$$E_c = A \times T \times EF_c \qquad\qquad (3\text{-}3)$$

式中，E_c 表示在建工地上颗粒物所带来的排放；A 表示施工面积；T 表示施工时间；EF_c 表示在建工地上颗粒物排放量的排放系数。针对型钢混凝土结构的建筑物，推荐排放系数为 EF_{PM10}=0.106 1 千克/（米^2·月），EF_{TSP}=0.191 0 千克/（米^2·月）。

根据相关年鉴可查阅到房屋建筑所占用的施工面积,针对到年底考虑新增与完工的情况,将施工期定为 6 个月。

建筑部门产生的固体废弃物主要是施工期间产生的建筑弃渣,其中建筑弃渣按 550 吨/万米² 计算,以竣工面积表示新建数量。

第4章 城市经济系统物质流分析

基于上述各章对试点省市物质流数据的测算，本章拟对试点省市工业、建筑和交通运输三个子系统的物质流各个指标进行分析，重点针对人均物质消耗强度和物质生产力等指标进行深入研究。

物质生产力表示单位物质消耗所创造的经济价值，是衡量经济系统年度资源利用效率的指标，等于地区生产总值除以物质需求总量，主要受地区的生产力水平和经济结构的影响。

人均物质消耗强度表示单位人口所负担的物质需求程度，是衡量人均生态压力的指标，等于物质输入或输出规模除以该区域内人口数量。

本章主要采用趋势分析和解耦理论，以广东省为例，对各经济子系统（工业、建筑和交通运输）的物质输入输出指标进行研究，分析结果如下。

4.1 工业子系统物质流图景分析

4.1.1 工业子系统输入端分析

1. 输入端物质流规模

2001~2016 年广东省工业子系统物质流输入规模如图 4-1 所示。

由图 4-1 可知，2001~2016 年，广东省工业化石能源消耗总体大幅上升，由 2011 年的 2 070.42 万吨标准煤增加到 2016 年的 19 574.68 万吨标准煤，年均增长率达 16.2%。金属矿物消耗也呈现增长趋势，由 2001 年的 352.52 万吨增至 2016 年的 1 608.07 万吨，年均增长率为 10.6%。而广东省工业总产值由 2001 年的 4 941.2 亿元增加到 2016 年的 30 259.49 亿元，年均增长率为 12.8%。数据结果表明，2001~2016 年，化石能源消耗的年均增长率高于工业总产值的增长率；而

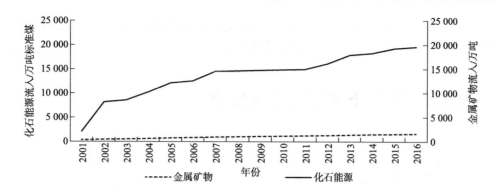

图 4-1　2001~2016 年广东省工业子系统物质流输入规模

金属矿产开采的年均增长率则小于工业总产值的增长率，整体呈现解耦。

2. 输入物质生产力

2001~2016 年广东省工业子系统物质流输入效率如图 4-2 所示。

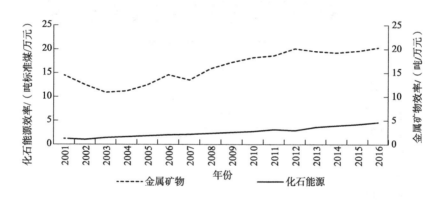

图 4-2　2001~2016 年广东省工业子系统物质流输入效率

由图 4-2 可知，2001~2016 年，广东省化石能源效率整体呈增长趋势，但在 2001~2002 年和 2011~2012 年呈下降趋势，2012~2016 年小幅上升，年均增长率为 9.37%。金属矿物能源效率在 2001~2003 年大幅下降，2006~2007 年、2012~2014 年也有较明显的下降趋势，2007~2012 年增幅较大，2001~2016 年整体年均增长率达 2.27%。

3. 人均物质消耗强度

2001~2016 年，广东省工业子系统化石能源人均消耗强度逐年增长，由 2001 年的 0.27 吨，上升到 2016 年的 2.61 吨，年均增长率为 16.3%。金属矿物强度整体呈现上升趋势，范围集中在 0~0.5，金属矿物人均消耗逐年增长，从 2001 年的 0.25 吨，上升到 2016 年的 0.48 吨，年均增长率为 4.4%。

4.1.2　工业子系统输出端分析

1. 输出端物质流的规模

2001~2016 年广东省工业子系统物质流输出规模如图 4-3 所示。

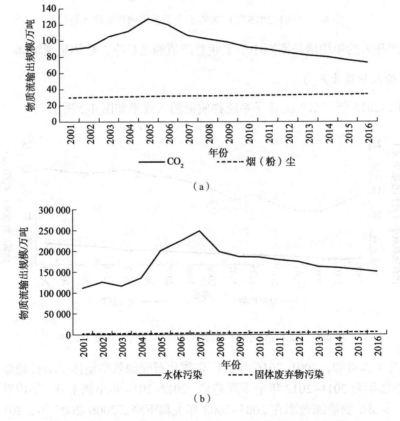

（a）

（b）

图 4-3　2001~2016 年广东省工业子系统物质流输出规模

由图 4-3 可知，广东省二氧化碳排放量自 2001~2005 年逐年增长至最高值 127.4 万吨后呈逐年下降的趋势，总体来看，由 2001 年的 89.45 万吨下降到 2016 年的 73.2 万吨，年均增长率为 -1.3%。烟（粉）尘排放量总体略有上升，但基本稳定在 32 万吨左右，年均增长率为 0.88%。而水体污染自 2001 年起，出现两次下降趋势，即 2002~2003 年和 2007~2016 年，并在 2007 年达到最大值 248 713

万吨，2013~2016 年呈现缓慢下降趋势，2016 年排放量达到 150 500 万吨，较 2001 年的 112 812 万吨上升 33.4%，年均增长率达到 1.9%。固体废弃物排放略有上升，由 2001 年的 1 990.3 万吨增至 2016 年的 5 911.8 万吨，年均增长率为 7.5%。与广东省工业总产值年均增长率 12.8%比，2001~2016 年，污染物排放量年均增长率都低于工业总产值，整体呈现解耦。

2. 输出物质生产力

2001~2016 年广东省工业子系统物质流输出效率如图 4-4 所示。

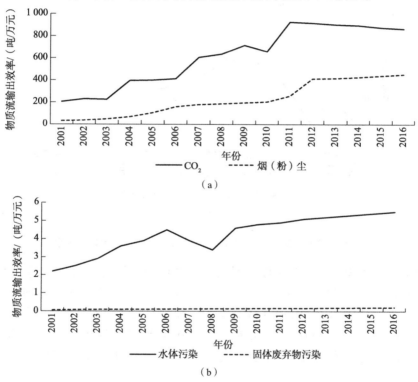

图 4-4　2001~2016 年广东省工业子系统物质流输出效率

由图 4-4 可知，广东省 CO_2 排放效率在 2011 年以前整体呈增长趋势，2011~2016 年有所下降，2001~2016 年年均增长率达 10.7%。烟（粉）尘排放效率呈增长趋势，年均增长率为 19.8%。水体污染效率基本平稳上升，年均增长率为 6.3%。而固体废弃物污染效率波动幅度较小，总体呈上升趋势，年均增长率为 9.04%。

3. 化石能源强度

2001~2016 年广东省工业子系统人均物质流输出强度如图 4-5 所示。

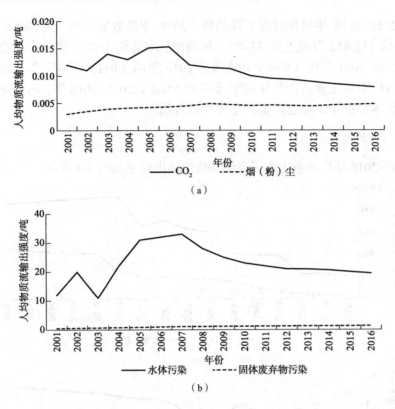

图 4-5 2001~2016 年广东省工业子系统人均物质流输出强度

由图 4-5 可知，广东省 CO_2 排放强度自 2006 年后一直呈下降趋势，由 2001 年的 0.012 吨/人下降到 2016 年的 0.007 9 吨/人，出现负增长，年均增长率为 −2.75%。烟（粉）尘排放强度趋势较平稳，年均增长率仅为 3.18%。水体污染排放强度趋势较波折，2002~2003 年和 2007~2016 年呈下降趋势，整体年均增长率为 3.29%。固体废弃物污染排放强度趋势平稳，年均增长率为 6.85%。

4.2 建筑子系统物质流图景分析

4.2.1 建筑子系统输入端分析

2001~2016 年广东省建筑部门输入人均消耗强度如图 4-6~图 4-8 所示。

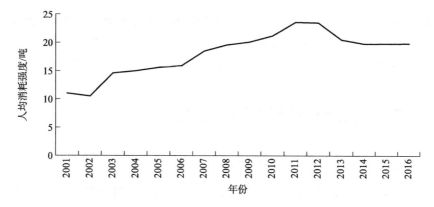

图 4-6　2001~2016 年广东省建筑子系统非金属矿物人均消耗强度

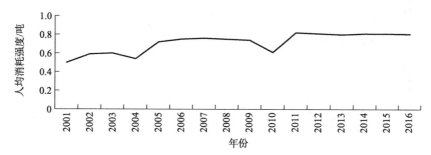

图 4-7　2001~2016 年广东省建筑子系统工业产品人均消耗强度

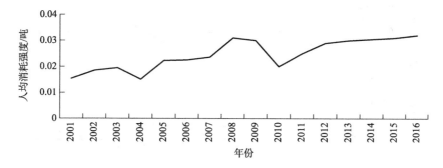

图 4-8　2001~2016 年广东省建筑子系统生物质人均消耗强度

由图 4-6 可知，2001~2016 年，广东省非金属矿物人均消耗强度呈先上升后下降趋势，由 2001 年的 11 吨增加到 2011 年的 23.6 吨，然后下降到 2016 年的 19.85吨，年均增长率达 4.01%。

图 4-7 显示，工业产品人均消耗强度在 2001~2016 年呈阶段性上升趋势，在 2004~2005 年、2010~2011 年迅速上涨，2001~2003 年、2005~2009 年平稳上升，整体增幅较大，年均增长率达 3.23%。

根据图 4-8 可知，生物质人均消耗强度整体呈上升趋势，在 2003~2004 年和 2008~2010 年出现两次下降，但随后又呈现上升的趋势。生物质人均消耗强度由 2001 年的 0.015 4 吨增至 2016 年的 0.031 吨，年均增长率为 4.77%。

4.2.2　建筑子系统输出端分析

1. 输出端物质流的人均消耗强度

2001~2016 年广东省建筑子系统输出端物质流人均消耗强度如图 4-9 所示。

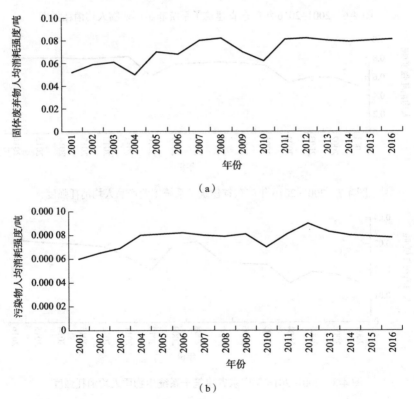

（a）

（b）

图 4-9　2001~2016 年广东省建筑子系统输出端物质流人均消耗强度

如图 4-9 所示，广东省固体废弃物人均消耗强度在 2001~2003 年呈逐年增长趋势，2003~2004 年出现短暂下降，2008~2010 年出现下降，2010~2012 年逐渐增长，2012~2014 年逐步下降。固体废弃物人均消耗强度由 2001 年的 0.052 吨增加到 2016 年的 0.079 吨，年均增长率达 2.83%。广东省污染物人均消耗强度在 2001~2006 年呈逐年增长趋势，2006~2008 年及 2009~2010 年短暂下降，2010~

2012 年又增长，2012~2016 年又下降，整体由 2001 年的 0.000 062 吨增加到 2016 年的 0.000 078 吨，年均增长率达 1.54%。

2. 输出物质生产力

2001~2016 年广东省建筑子系统输出效率如图 4-10 所示。

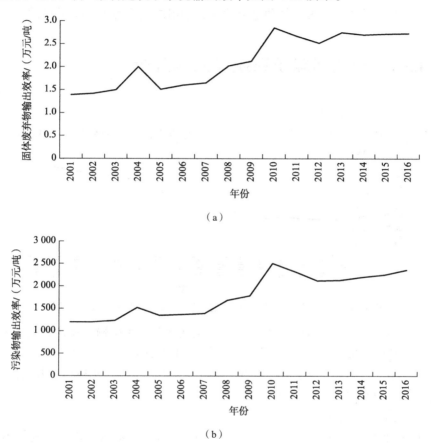

图 4-10　2001~2016 年广东省建筑子系统输出效率

由图 4-10 可知，2001~2016 年，广东省固体废弃物输出效率整体呈上升趋势，2004~2005 年、2010~2012 年、2013~2014 年略有下降，由 2001 年的 1.39 万元/吨增加到 2016 年的 2.73 万元/吨，年均增长率 4.60%。2001~2016 年，广东省污染物输出效率整体呈上升趋势，2004~2005 年、2010~2012 年略有下降，由 2001 年的 1 197.04 万元/吨增加到 2016 年的 2 359.04 万元/吨，年均增长率为 4.63%。

4.3　交通运输子系统物质流图景分析

试点省市中交通运输子系统的输入端主要考虑能源消耗，包括原煤、汽油、煤油、柴油、燃料油、天然气和电力输入，输出端主要考虑 CO_2 的排放。

4.3.1　交通运输子系统输入端分析

1）物质流规模分析

2001~2016 年广东省交通运输子系统输入端化石能源消耗如图 4-11 所示。

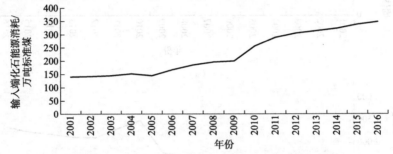

图 4-11　2001~2016 年广东省交通运输子系统输入端化石能源消耗

由图 4-11 可知，2001~2016 年广东省交通运输子系统输入端化石能源消耗平稳增长，其中 2004~2005 年出现小幅下降，2009~2011 年增长较快，其余年间增长速率较小，由 2001 年的 140.51 万吨标准煤增至 2016 年的 348.05 万吨标准煤，年均增长率为 6.23%。

2）人均物质消耗强度分析

2001~2016 年广东省交通运输子系统输入端化石能源人均消耗强度如图 4-12 所示。

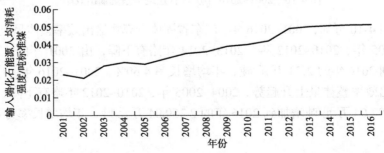

图 4-12　2001~2016 年广东省交通运输子系统输入端化石能源人均消耗强度

由图 4-12 可知，2001~2016 年广东省化石能源人均消耗强度平稳增长，其中 2001~2002 年、2004~2005 年出现小幅下降，2011~2012 年增长较快，其余年间增长速率较为平缓，由 2001 年的 0.023 吨标准煤增至 2016 年的 0.051 吨标准煤，年均增长率为 5.45%。

4.3.2　交通运输子系统输出端分析

1）物质流规模分析

2001~2016 年广东省交通运输子系统输出端物质流规模如图 4-13 所示。

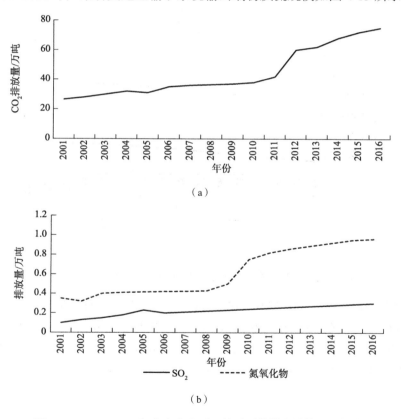

（a）

（b）

图 4-13　2001~2016 年广东省交通运输子系统输出端物质流规模

由图 4-13 可知，2001~2016 年广东省 CO_2 排放呈现平稳增长态势，其中 2011~2012 年出现大幅增长，由 2001 年的 26.57 万吨增至 2016 年的 74.9 万吨，年均增长率为 7.15%。SO_2 排放量和氮氧化物排放量都呈上升趋势，年均增长率分别为 7.6% 和 6.96%。

2）人均物质消耗强度分析

2001~2016 年广东省交通运输子系统输出端人均排放强度如图 4-14 所示。

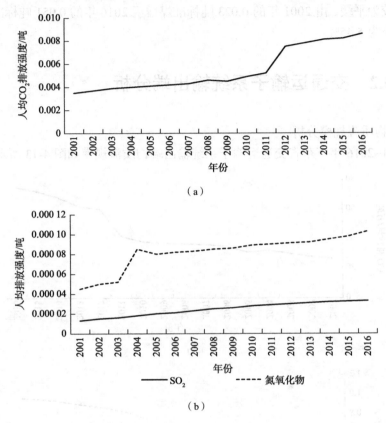

（a）

（b）

图 4-14　2001~2016 年广东省交通运输子系统输出端人均排放强度

由图 4-14 可知，2001~2016 年广东省人均 CO_2 排放强度呈增长趋势，由 2001 年的 0.003 5 吨增至 2016 年的 0.008 6 吨，年均增长率为 6.18%。人均 SO_2 排放强度由 2001 年的 0.000 013 吨增加到 2016 年的 0.000 033 吨，人均氮氧化物排放强度也由 2001 年的 0.000 045 吨增加到 2016 年的 0.000 103 吨。

第5章 城市经济系统能源消费及碳足迹现状评析

5.1 文 献 综 述

5.1.1 碳足迹概念界定及研究领域

碳足迹原指"碳排量",其概念起源于生态足迹,主要是指在人类生产和消费活动中所排放的与气候变化相关的气体总量。国外专家学者及研究机构对碳足迹的定义还没有达成共识,多有不同的见解,争议之处主要有二。第一,碳足迹的研究对象是 CO_2 的排放量还是用 CO_2 当量表示的所有温室气体的排放量。第二,碳足迹的表征是用重量单位还是土地面积单位。Wiedmann 和 Minx 认为碳足迹可以是某一产品或服务系统在其生命周期内所排放的 CO_2 总量,也可以是某一活动过程中直接和间接排放的 CO_2 总量,活动的主体包括个人、组织、政府及工业部门等。他们明确指出碳足迹是对 CO_2 排放量的衡量,且用重量单位表示[1]。欧盟对碳足迹的定义是一个产品或服务的整个生命周期中所排放的 CO_2 和其他温室气体的总量[2]。Carbon Trust(碳信托组织)提出碳足迹是产品从原材料投放到加工制造再到产成品销售整个生命周期中的碳当量温室气体排放总量[3]。而耿涌等的研究发现,目前学者大多用重量来表征碳足迹,而以 CO_2 排放量和 CO_2 当量排放量为研究对象的学者均不少[4]。

基于此,尽管 Wiedmann 和 Minx 只考虑 CO_2 排放的影响而忽视了其他温室气体对气候环境的影响,但其定义较为全面,而本章主要研究 CO_2 的排放,故本章采用 Wiedmann 和 Minx 提出的碳足迹定义。

2003 年,英国政府在《我们能源的未来:创建低碳经济》中首次提出了"低碳经济"概念,表达了政府建设低碳社会的决心。随后,低碳发展的热浪在世界范围内掀起。根据李俊峰和马玲娟的研究可知,碳足迹可以分为个人碳足迹、产品碳足迹、企业碳足迹、城市碳足迹、区域碳足迹等[5]。

Carbon Trust 首先对产品和服务的碳足迹进行了研究,报告指出,企业可通过贴"碳标签"的方式将产品的碳足迹告知消费者,从而引导市场购买行为。随后百事公司旗下某薯片产品于 2007 年成为第一个被贴上"碳标签"的产品。截至2018 年,该方法已经被广泛应用到全世界 20 多个公司的 75 种产品上。

Gilliam 等通过对某医院 10 年间的腹腔镜手术排放的 CO_2 进行分析,计算了腹腔镜手术汽缸的碳足迹。研究指出,尽管腹腔镜在外科系统的应用越来越广泛,但其对全球变暖的影响可以忽略不计[6]。陈晓科等剖析了电力行业碳排放的结构和影响因素,提出按照碳排放结构评价碳减排贡献力[7]。

姚亮等利用投入产出法核算了 1997 年中国八大区域间碳排放的流动和转移总量,测算了区域的碳效率[8]。李子豪和刘辉煌基于中国 30 个省市在 2000~2008年的面板数据,研究分析了影响地区碳排放水平的绝对和相对指标[9]。

当前,国内外对碳足迹的研究主要集中于宏观和微观层面,而对于城市尺度等中观层面的研究却较为匮乏。仅美国的芝加哥,韩国的春川、江陵、首尔等城市开展了相关的研究工作。学者对石油、煤油、柴油、型煤、天然气和火力发电产生的 CO_2 进行了测量,得出对应的排放系数,却没有对城市的碳足迹进行研究和探讨。国内对碳足迹的认识也处于传播和继续认知阶段。郭运功等基于1995~2006 年数据,研究了上海市能源利用的碳足迹、各能源类型和产业类型的碳足迹、碳足迹的产值和生态压力值,为上海能源的可持续发展利用提供了理论和数据支撑[10]。周宾等对 2005~2020 年甘南藏族自治州全州及其各市县的累积碳足迹测度进行仿真与空间聚类分析,指出甘南藏族自治州全州总体呈现"碳亏",其减碳重点在畜牧养殖,远期区域内能源的消耗是碳排放的主导因素[11]。曹辉等[12]利用旅游碳足迹综合模型和行业模型对 2000~2010 年福建省各年的旅游业碳足迹总量和行业碳足迹量进行了测算。赵先贵等采用联合国政府间气候变化专门委员会(Intergovernmental Panel on Climate Change,IPCC)和中国《省级温室气体清单编制指南》推荐的方法对山西省 1999~2010 年的碳足迹进行了动态分析和碳排放等级评估,并指出山西省碳减排水平和能源利用率逐年提高,碳排放等级增幅较大,碳减排的任务紧迫而艰巨[13]。曾菲认为京津冀地区碳足迹盘查规范的设立既缺乏顶层的立法制度供给又缺乏国家层面的统一参考标准,且相对封闭的地方立法模式使京津冀碳足迹盘查难以通过立法形成一体化格局,应制定京津冀区域一体化碳足迹盘查共同规章,构建碳足迹盘查统一评价标准与体系[14]。

综上所述,本书进行试点省市尺度的碳排放研究具有一定的现实意义,可以弥补中观层面对碳排放研究的缺失。同时也迎合了我国走城镇化发展道路的时代要求。

5.1.2　国内外碳足迹研究方法

碳足迹的测算方法主要有投入产出法、生命周期评价法、碳排放因子法（IPCC测算法）和碳足迹计算器等。

1936 年，美国经济学家 Wassily Leontief 创立了投入产出法，随后，该方法作为一种成熟的工具广泛应用于经济学领域。该方法利用投入产出表进行测算，通过平衡方程反映期间产品、产成品及总产出之间的关系，呈现各流量的来龙去脉，综合反映出生产活动与经济主体之间的依存关系[15]。投入产出法比较适合宏观层面碳排放的计算。曹淑艳和谢高地利用投入产出技术综合分析了 2007 年我国52 个产业部门碳足迹的流动情况，研究指出，产业部门之间的碳足迹流动非常活跃，82.3%的完全碳足迹发生了产业部门再分配[16]。

评估一个产品、服务、过程或者活动在整个生命周期内所有投入的原材料及产出的产品对环境所造成的影响而采取的方法称为生命周期评价法[17]。该方法计算较为详细、准确，能用于微观层面上的评估，广泛应用于产品或者服务的碳足迹测算。英国学者 Post 采用这种方法计算了英国电力产业中不用能源模式下全生命周期的碳排放，将现在与未来化石燃料的消耗模式和低碳能源模式的碳足迹进行对比。研究结果表明，如果用低碳能源代替化石燃料能源，电力行业的碳足迹将减少很大一部分。李骞和张天柱将物质流与生命周期法相结合，以 2003 年北京的交通运输业为研究对象，通过对交通运输的资源消耗与废弃物排放进行分析，揭示了北京交通运输给资源、环境带来的压力[18]。沈卫国应用生命周期评价方法对水泥的碳排放量进行了定量计算，结果显示每吨硅酸盐水泥和混合水泥生命周期的温室效应系数分别为 1.45 吨和 1.21 吨，而每吨熟料的烧成过程约占 0.9吨，且增加运输距离也会显著提高碳的排放量，此研究对降低碳足迹具有重要意义[19]。周志方等提出基于产品生命周期的企业碳预算体系，进行从生产经营到回收处理全过程的预算活动设计，通过计算分析投入产出比，综合碳减排成本与碳交易收益，以制定碳减排技术、设备和低碳材料的相应决策[20]。

IPCC 测算法是指 IPCC 编写的《2006 年 IPCC 国家温室气体清单指南》里提供的计算温室气体排放的详细方法。它是目前国际上公认和通用的碳排放评估方法。此方法详细、全面地考虑了几乎所有的温室气体排放源，并提供了具体的排放原理和计算方法，适用于研究封闭系统的碳足迹。彭俊铭和吴仁海根据 IPCC碳排放因子，计算了 1998~2009 年珠江三角洲能源碳足迹，然后基于 Kaya 恒等式，运用 LMDI（log mean Divisia index，对数平均迪式指数分解法）对珠三角能源碳足迹进行了因素分解[21]。李虹和亚琨利用 IPCC 碳排放系数，分析了工业、建筑业、交通运输业碳排放量与 GDP 间的因果关系，有利于推动产业低碳化，实现行业碳排放与经济发展的脱钩[22]。美国麻省理工学院 Tester 等基于 1980~1999 年数据，运用 IPCC 测算法和 Kaya 公式对中日、欧美及世界的碳排放水平进行了定量分析。研究结果显示，20 年间中国的年均能源强度降低 5.22%，年均碳强度降低 0.26%，年均碳强度降幅不到世界的 58%，使得年均碳排放增长达 4%，这主要是中国经济的高速发展及人口基数庞大所致。张兰怡等基于 IPCC 法对物流业碳足迹测算进行实证分析，为测算物流业碳排放提供参考，提高产业的碳排放效率，即加快经济增速而不增加碳排放量，加速低碳经济可持续发展[23]。

碳足迹计算器多用来估算个人、家庭、企业和产品的碳足迹。2007 年 6 月 20 日，英国环境、食品及农村事务部在其官方网站发布 CO_2 排放量计算器，让公众可以随时上网计算自己每天生活中排放的 CO_2 量。Andrews 统计整理了 76 个在线碳足迹计算器，发现其中的 52 个用于测算个人和家庭的碳足迹，12 个用于测算工业碳足迹，10 个用于测算企业碳足迹，2 个用于测算产品碳足迹。此方法尚在发展阶段，因此国内外对其应用还比较少。

综上，鉴于 IPCC 测算法的科学性和权威性，本书将采用该方法进行试点省市的碳排放测算。

5.2　工业行业能源消费及碳足迹评析

长期以来，工业生产是推动国家 GDP 高速增长的核心力量。但是，经济增长的能源资源和环境约束日益强化[24]。能源消耗助推生产力提升是以 CO_2 的高排放量为代价的，工业碳排放是各省市碳排放量的主体已经是不容置疑的事实。根据各试点省市统计年鉴披露的信息可知，国家把工业主要分为采矿业、制造业及电力、燃气和水的生产供应业三大行业，其工业消耗的能源主要有煤、油、天然气、电力、热力等。而 CO_2 的排放很大程度上是由化石能源的消耗引起的，基于这一现状，本节将通过试点省市工业化石能源的消费情况追踪碳足迹，进而对其碳排放情景进行预测和评价。基于研究的可比性和重要性原则，本章参照各试点省市统计年鉴列示的项目，选取了煤（包括原煤、洗精煤、其他洗煤、型煤、焦炭、焦炉煤气及其他煤气）、油（包括原油、汽油、柴油、燃料油、液化石油气、炼厂干气、煤油）和近年来使用占比不断上升的天然气及其他石油制品和焦化制品（图 5-1）。通过计算整理，得到统一模式下可比城市能源消耗和碳排放情况。

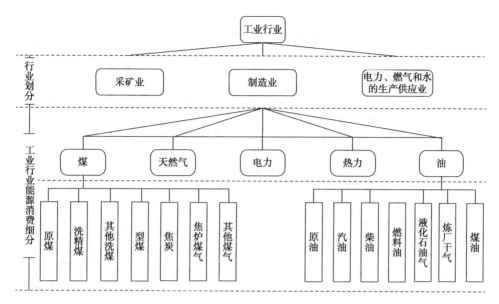

图 5-1　我国工业行业划分及主要能源消费分类结构图

按国家统计局 2017 年制定的《国民经济行业分类》（GB/T4754—2017）的工业行业类别及《中国能源统计年鉴》
分行业能源消费标准进行分类

1. 广东省

1）广东省工业能源消费现状

经过对 2002~2017 年统计年鉴中主要化石能源的消费数据的综合整理，可以得到广东省工业行业 2001~2016 年的化石能源消费总量及工业总产值和能源消费强度。从表 5-1 中可以看出，广东省工业部门对于煤和油的依赖度较高，年消费量整体呈上升趋势。煤年平均消费量达到 4 178.90 万吨标准煤，油年均消费量达到 1 748.93 万吨标准煤。其中，原煤的消费量占煤总消费量的比例年均达 82%之高。而油的消费主要集中在柴油、燃料油、液化石油气、炼厂干气。在消耗大量化石能源的同时，广东省工业生产总值逐年增加，从 2001 年的 4 941.2 亿元上升到 2016 年的 44 067.97 亿元。化石能源的消耗及工业产值的共同作用导致能源消费强度呈下降趋势，从 2001 年的 0.62 吨标准煤/万元降到了 2016 年的 0.2 吨标准煤/万元，下降幅度较大。由此可见，广东省工业部门对化石能源的使用效率增强，节能效果明显。

表5-1　广东省工业能源消费明细表

分类	2001 年	2002 年	2003 年	2004 年	2005 年	2006 年	2007 年	2008 年
原煤/万吨标准煤	1 433.33	1 483.36	2 117.59	1 592.92	1 878.66	2 252.75	2 488.02	3 023.2
洗精煤/万吨标准煤	5.72	9.95	23.55	13.4	17.83	15.21	14.64	15.97

续表

分类	2001 年	2002 年	2003 年	2004 年	2005 年	2006 年	2007 年	2008 年
其他洗煤/万吨标准煤	0.04	0.01	0.35	5.53	3.53	3.88	4.44	4.69
型煤/万吨标准煤	0.1	0.01	0.01	3.25	1.42	14.15	52.52	69.73
焦炭/万吨标准煤	168.02	171.73	221.36	267.86	285.71	286.7	430.73	421.7
焦炉煤气/万吨标准煤	0.97	0.91	0.96	3.12	2.5	2.33	1.82	2.18
其他煤气/万吨标准煤	2.38	2.45	2.96	10.01	11.66	16.46	16.66	16.45
煤合计/万吨标准煤	1 610.56	1 668.42	2 366.78	1 896.09	2 201.31	2 591.48	3 008.83	3 553.92
原油/万吨标准煤	11.69	15.94	27.07	8.26	9.31	140.03	30.03	28.33
汽油/万吨标准煤	40.55	33.76	38.46	59.98	110.95	94.95	105.74	107.24
煤油/万吨标准煤	4.53	4.03	5.52	7.56	11.39	16.8	13.05	14.21
柴油/万吨标准煤	387.03	437.08	518.86	498.11	649.12	729.99	738.07	810.43
燃料油/万吨标准煤	447.55	470.98	701.9	652.63	814.89	1 121.87	1 060.49	884.56
液化石油气/万吨标准煤	74.8	131.04	158.63	250.77	271.64	188.78	236.43	275.72
炼厂干气/万吨标准煤	104.18	107.14	101.36	91.91	94.72	121.69	123.69	117.87
油合计/万吨标准煤	1 070.33	1 199.97	1 551.8	1 569.22	1 962.02	2 414.11	2 307.5	2 238.36
天然气/万吨标准煤	0	0	1.68	1.52	1.86	4.06	6.18	9.83
其他石油制品/万吨标准煤	366.46	375.47	470.32	564.79	664.07	826.68	1 141.48	1 268.09
其他焦化产品/万吨标准煤	1.79	0.51	0.54	2.62	3.01	3.28	2.31	6.43
化石能源合计/万吨标准煤	3 049.14	3 244.37	4 391.12	4 034.24	4 832.27	5 839.61	6 466.3	7 076.63
工业生产总值/亿元	4 941.2	5 548.41	6 886.97	8 485.85	10 489.73	12 518.59	14 942.91	17 304.79
能源消费强度/（吨标准煤/万元）	0.62	0.58	0.64	0.48	0.46	0.47	0.43	0.41
分类	2009 年	2010 年	2011 年	2012 年	2013 年	2014 年	2015 年	2016 年
原煤/万吨标准煤	2 832.44	2 863.05	3 273.43	3 143.57	3 188.83	3 704.4	3 945.16	4 201.58
洗精煤/万吨标准煤	375.35	812.96	667.8	737.12	747.73	2 901.45	3 848.26	5 104.02
其他洗煤/万吨标准煤	5.27	5.27	5.01	0.73	0.74	3.61	3.66	3.71
型煤/万吨标准煤	149.23	77.23	66.99	69.5	70.5	130.8	149.93	171.86
焦炭/万吨标准煤	426.53	472.11	536.3	529.6	537.22	650.54	709.79	774.45
焦炉煤气/万吨标准煤	2.24	3.64	3.97	3.67	3.73	4.43	4.84	5.29
其他煤气/万吨标准煤	16.51	0.83	0.1	0.28	0.28	6.03	5.78	5.54
煤合计/万吨标准煤	3 807.57	4 235.09	4 553.68	4 484.47	4 549.03	7 401.26	8 667.42	10 266.45
原油/万吨标准煤	28.53	25.04	24.07	22.77	23.1	30.14	29.88	29.63
汽油/万吨标准煤	107.24	120.26	101.12	115.64	117.31	140.08	149.59	159.75

续表

分类	2009 年	2010 年	2011 年	2012 年	2013 年	2014 年	2015 年	2016 年
煤油/万吨标准煤	15.49	6.37	10.33	12.21	12.39	13.81	14.36	14.93
柴油/万吨标准煤	810.43	822.12	487.96	511.56	518.93	666.12	672.27	678.48
燃料油/万吨标准煤	884.94	497.53	370.9	235.45	238.84	494.78	473.57	453.26
液化石油气/万吨标准煤	286.9	317.89	331.62	274.31	278.26	340.15	357.23	375.17
炼厂干气/万吨标准煤	118.23	123.42	123.3	111.51	113.12	123.83	125.73	127.65
油合计/万吨标准煤	2 251.76	1 912.63	1 449.3	1 283.45	1 301.95	1 808.91	1 822.63	1 838.87
天然气/万吨标准煤	65.76	21.11	22.56	32.75	33.22	64.76	77.74	93.32
其他石油制品/万吨标准煤	1 255.78	429.19	454.15	338.73	343.61	645.15	640.29	635.47
其他焦化产品/万吨标准煤	9.5	11.25	10.35	10.93	11.09	18.61	22.13	26.32
化石能源合计/万吨标准煤	7 390.37	6 609.27	6 490.04	6 150.33	6 238.9	9 938.69	11 230.21	12 860.43
工业生产总值/亿元	18 091.56	21 462.72	24 649.6	25 810.07	27 426.26	34 231.6	38 839.63	44 067.97
能源消费强度/（吨标准煤/万元）	0.41	0.31	0.26	0.24	0.23	0.21	0.19	0.2

资料来源：广东省历年统计年鉴、历年《中国能源统计年鉴》及现有资料的整理，表中数据进行过舍入修约

2）广东省工业碳排放状况

基于广东省主要化石能源的消费情况可以得到如下各细分能源历年碳排放量及碳排放总量表和趋势图（表 5-2、图 5-2~图 5-4）。

表5-2　广东省工业能源消费碳排放量（单位：万吨）

分类	2001 年	2002 年	2003 年	2004 年	2005 年	2006 年	2007 年	2008 年
原煤	3 662.55	3 790.39	5 411.03	4 070.35	4 800.49	5 756.39	6 357.57	7 725.1
洗精煤	14.6	25.41	60.19	34.24	45.56	38.87	37.4	40.8
其他洗煤	0.09	0.02	0.88	14.13	9.02	9.91	11.34	12
型煤	0.29	0.02	0.04	9.87	4.33	43.06	159.78	212.11
焦炭	470.64	481.03	620.06	750.32	800.31	803.09	1 206.53	1 181.23
焦炉煤气	10.61	9.92	10.48	34.06	27.26	25.45	19.9	23.83
其他煤气	25.97	26.71	32.31	109.28	127.35	179.7	181.9	179.55
煤合计	4 184.75	4 333.5	6 134.99	5 022.25	5 814.32	6 856.47	7 974.42	9 374.62
原油	24.32	33.18	56.34	17.18	19.38	291.42	62.49	58.96
汽油	80.12	66.69	75.99	118.5	219.2	187.6	208.91	211.88
煤油	12.16	10.82	14.81	20.3	30.57	45.1	35.03	38.15
柴油	822.44	928.81	1 102.58	1 058.49	1 379.38	1 551.24	1 568.4	1 722.17
燃料油	989.03	1 040.8	1 551.12	1 442.23	1 800.81	2 479.21	2 343.55	1 954.79

续表

分类	2001 年	2002 年	2003 年	2004 年	2005 年	2006 年	2007 年	2008 年
液化石油气	134.86	236.28	286.01	452.16	489.77	340.38	426.29	497.13
炼厂干气	146.98	151.15	143	129.66	133.64	171.68	174.5	166.29
油合计	2 209.91	2 467.73	3 229.85	3 238.52	4 072.75	5 066.63	4 819.17	4 649.37
天然气	0	0	26.64	24.1	29.6	64.48	98.3	156.22
其他石油制品	809.83	829.75	1 039.35	1 248.13	1 467.52	1 826.86	2 522.53	2 802.34
其他焦化产品	5.01	1.44	1.52	7.35	8.44	9.2	6.48	18.01
化石能源合计	7 209.5	7 632.42	10 432.35	9 540.35	11 392.63	13 823.64	15 420.9	17 000.56
分类	2009 年	2010 年	2011 年	2012 年	2013 年	2014 年	2015 年	2016 年
原煤	7 237.66	7 315.88	8 364.51	8 032.68	8 148.33	9 465.76	10 080.98	10 736.18
洗精煤	959.12	2 077.35	1 706.41	1 883.54	1 910.66	2 130.2	1 901.3	1 842.63
其他洗煤	13.46	13.46	12.79	1.87	1.9	9.23	9.36	9.5
型煤	453.98	234.93	203.79	211.44	214.48	397.93	456.13	522.84
焦炭	1 194.76	1 322.44	1 502.47	1 483.48	1 504.84	1 822.26	1 988.24	2 169.35
焦炉煤气	24.46	39.74	43.3	40.12	40.69	48.39	52.9	57.83
其他煤气	180.29	9.07	1.07	3.04	3.09	65.84	63.15	60.57
煤合计	10 063.73	11 012.87	11 834.34	11 656.17	11 823.99	13 939.61	14 552.06	15 398.9
原油	59.37	52.12	50.1	47.39	48.07	62.73	62.2	61.67
汽油	211.88	237.61	199.78	228.48	231.77	276.77	295.57	315.64
煤油	41.59	17.1	27.72	32.78	33.25	35.67	37.09	38.56
柴油	1 722.17	1 747	1 036.91	1 087.07	1 102.72	1 415.52	1 428.58	1 441.76
燃料油	1 955.61	1 099.49	819.65	520.32	527.81	1 093.41	1 046.54	1 001.67
液化石油气	517.28	573.17	597.93	494.6	501.72	528.31	513.82	585.26
炼厂干气	166.8	174.13	173.95	157.32	159.59	162.32	158.6	155.19
油合计	4 674.7	3 900.62	2 906.04	2 567.96	2 604.93	3 574.73	3 542.4	3 599.75
天然气	1 045.14	335.48	358.53	520.46	527.95	561.37	496.51	543.69
其他石油制品	2 775.13	948.46	1 003.61	748.55	759.33	899.74	765.14	941.76
其他焦化产品	26.61	31.51	28.98	30.61	31.05	29.31	28.15	32.55
化石能源合计	18 585.31	16 228.94	16 131.5	15 523.75	15 747.25	19 004.76	19 384.26	20 516.65

注：根据表 5-1 中数据计算并整理得到，表中数据进行过舍入修约

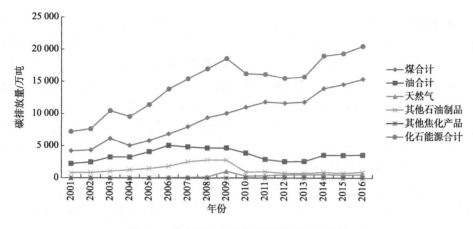

图 5-2　广东省工业历年碳排放总量趋势图

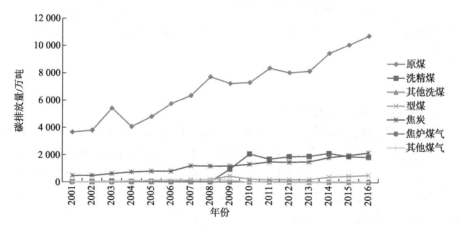

图 5-3　广东省工业煤细分能源历年碳排放量趋势图

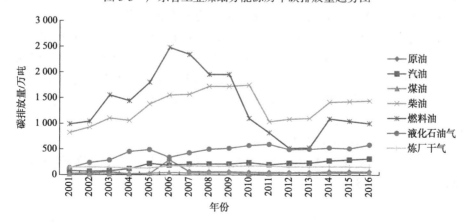

图 5-4　广东省工业油细分能源历年碳排放量趋势图

根据表 5-2 及图 5-2~图 5-4 可知，广东省工业碳排放总量呈上升趋势，经过十余年的工业发展，工业碳排放总量增加一倍，但从 2009 年之后增速放缓甚至略有下降。从表 5-2 中可以看出，广东省工业部门产生的 CO_2 大部分源自煤炭资源的消耗，年均排放量高达 9 373.56 万吨。2001~2006 年，油和煤的排放量差别较小，且趋势一致；2006~2016 年，煤的碳排放量整体呈上升趋势，油类碳排放量总体下降，这可能是工业部门对液化石油的利用效率较高，相关液化石油的节能环保技术比较先进。此外，汽油的消耗所释放的 CO_2 量波动不大。而 2006 年以来，伴随燃料油能源消耗量的下降，CO_2 排放量也随之减少，说明广东省对于燃料油的依赖性可能减小。汽油燃烧所释放的 CO_2 量呈上升趋势，年均排放量达到 197.89 万吨。可见，除液化石油气外，广东省 CO_2 排放趋势与能源结构的调整和消耗的步调基本一致。

由于篇幅所限，省略湖北省、辽宁省、陕西省、云南省和天津市的工业能源消费明细表及工业能源消费碳排放量表，用文字描述及相应的折线图进行说明。

2. 湖北省

1）湖北省工业能源消费现状

根据 2002~2017 年湖北省相关统计年鉴，对 2001~2016 年主要化石能源的消费数据进行整理，可以得到湖北省工业行业 2001~2016 年的化石能源消费总量、工业总产值和能源消费强度，湖北省工业部门对煤的依赖度程度过大，煤的消费量占整个化石能源消费量的 77.14%左右，在 2002 年达到最大值 79.4%。相比之下，其他能源的消耗似乎只起到了辅助作用。2001~2011 年，煤的消费量涨幅较大，其他辅助能源的消耗趋势不一。汽油整体变化幅度不大。柴油消费量的变化幅度较大，而煤油与液化石油气近年来的变化幅度较小。当然，在消耗大量化石能源的同时，湖北省工业生产总值逐年增加，十余年间增长了三倍有余。能源消费强度除了在 2011 年有小幅上升外，整体呈现逐年下降的趋势，由 2001 年的 0.59 吨标准煤/万元下降到 2016 年的 0.187 吨标准煤/万元，下降幅度较大。可见，湖北省工业部门对化石能源的使用效率不断升高，节能效果较显著。

2）湖北省工业碳排放状况

基于湖北省主要化石能源的消费情况可以得到如下各细分能源历年碳排放量趋势图（图 5-5~图 5-7）。

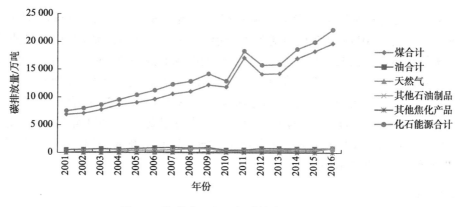

图 5-5　湖北省工业历年碳排放总量趋势图

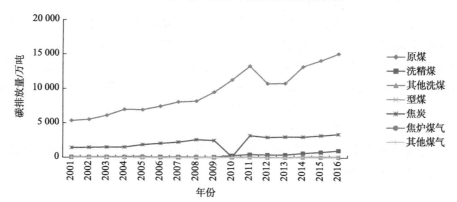

图 5-6　湖北省工业煤细分能源历年碳排放量趋势图

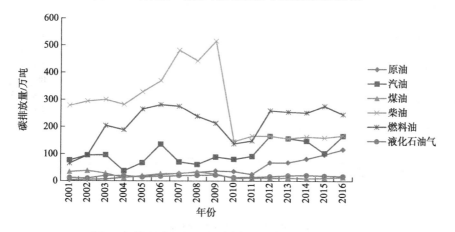

图 5-7　湖北省工业油细分能源历年碳排放量趋势图

　　从图 5-5~图 5-7 可以看出，湖北省工业碳排放总量总体上升趋势明显，2009~2010 年和 2011~2012 年出现下降。同样，其产生的 CO_2 源于煤的大量消耗，年均排放量高达 12 212.52 万吨。而其他辅助能源的消耗产生的 CO_2 相较之下就显得"不值一提"。在这些辅助能源中，柴油的产碳量最高，年均为 275.697 万吨。汽油和燃料油所释放的 CO_2 量平均分别为 102.33 万吨和 212.33 万吨。此外，天然气燃烧所释放的 CO_2 自 2004 年起上升趋势十分显著，从 2001 年的 16.07 万吨上升到 2016 年的 901.76 万吨。由此可见，湖北省 CO_2 排放趋势与能源结构的调整和消耗的步调也基本一致。

3. 辽宁省

1）辽宁省工业能源消费现状

　　辽宁省工业部门煤的消耗力度也最大，年消费量平稳上升，年均消费量为 4 069.83 万吨标准煤。油的使用量居第二，年均消费量达到 1 024.44 万吨标准煤。与此同时，辽宁省工业生产总值增长迅猛，达 10 倍之多，致使能源消费强度直线下降，从 2001 年的 0.662 吨标准煤/万元降到了 2013 年的 0.201 4 吨标准煤/万元，下降过半数，说明辽宁省工业部门对化石能源的使用效率增强。

2）辽宁省工业碳排放状况

　　基于辽宁省主要化石能源的消费情况可以得到如下各细分能源历年碳排放量趋势图（图 5-8~图 5-10）。

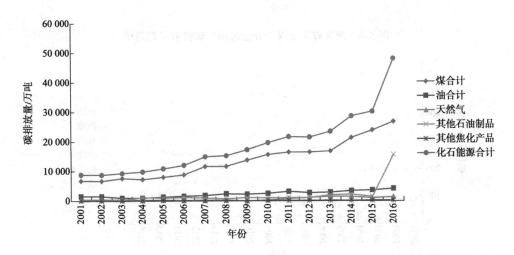

图 5-8　辽宁省工业历年碳排放总量趋势图

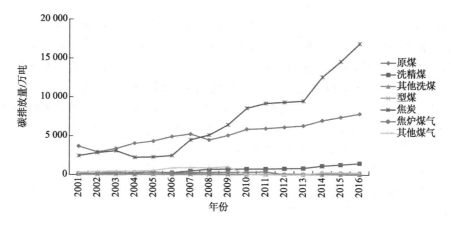

图 5-9　辽宁省工业煤细分能源历年碳排放量趋势图

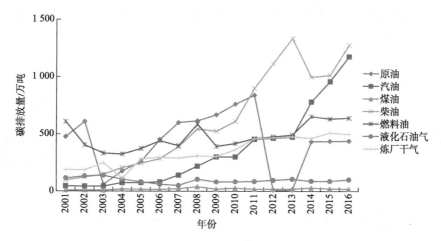

图 5-10　辽宁省工业油细分能源历年碳排放量趋势图

由图 5-8~图 5-10 可知，辽宁省工业碳排放量总体呈上升趋势，15 年间增长了约 1.8 倍。煤的消耗产生的 CO_2 量最大，年均高达 13 750.52 万吨。油排放量居次为 2 336.90 万吨。天然气消耗所释放的 CO_2 量波动不大，略显 U 形趋势，年平均排放量为 646.78 万吨。而汽油的碳排放自 2007 年来"异军突起"，增速较快；柴油的碳排放量亦是如此，虽然年均排放量只有 352.47 万吨，但到 2016 年已经达到 1 276.04 万吨。综上，辽宁省 CO_2 排放趋势与能源结构的调整和消耗的步调基本协调。

4. 陕西省

1）陕西省工业能源消费现状

根据陕西省相关统计年鉴，对 2002~2017 年主要化石能源的消费数据进行整理，可以得到陕西省工业行业 2001~2016 年的化石能源消费总量、工业总产值和能源消费强度。推动陕西省工业发展的还是煤的消耗，年消费量总体呈上升趋势，并且年平均消费量达到 2 483.72 万吨标准煤。居次的是油的使用量，年均消费量为 697.35 万吨标准煤，近几年的增速放缓。而天然气近年来消费量增长较快，年均消费量为 47.75 万吨标准煤。纵向比较，陕西省柴油的消耗较为异常，2002 年较 2001 年上升 33.3%之后，在 2003 年骤然下降 87%，之后除 2009 年涨幅异常之外，均缓慢增长。2001~2016 年，陕西省工业生产总值逐年增加，十几年里增长了 6 倍之多，由此使得能源消费强度呈阶梯式下降趋势。从 2001 年的 0.229 吨标准煤/万元降到了 2016 年的 0.089 吨标准煤/万元，陕西省工业部门化石能源的使用效率依然在提高。

2）陕西省工业碳排放状况

基于陕西省主要化石能源的消费情况可以得到如下各细分能源历年碳排放量趋势图（图 5-11~图 5-13）。

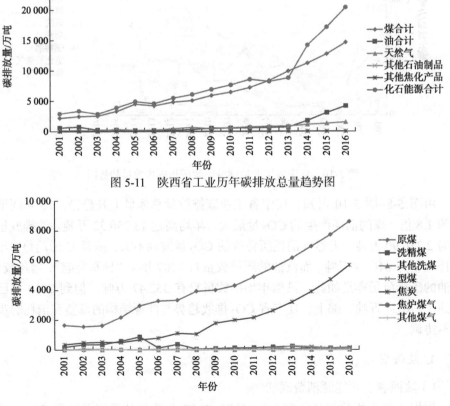

图 5-11　陕西省工业历年碳排放总量趋势图

图 5-12　陕西省工业煤细分能源历年碳排放量趋势图

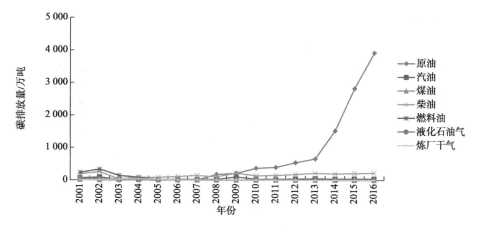

图 5-13　陕西省工业油细分能源历年碳排放量趋势图

由图 5-11~图 5-13 可知，除个别年份之外，陕西省工业碳排放总量均在增加。其产生的 CO_2 主要来自煤的消耗，年均排放量高达 6 614.10 万吨。柴油所释放的 CO_2 量波动不大，平均为 157.81 万吨。汽油的碳排放量 2003 年经历骤降，降幅达到 80%，2009 年又骤升 340% 左右。并且燃料油的消耗产生的 CO_2 从 2003 年的 136.7 万吨骤降到 2005 年的 8.27 万吨，之后平稳下降。综上，陕西省 CO_2 排放趋势与能源结构的调整和消耗的步调基本一致。

5．云南省

1）云南省工业能源消费现状

根据云南省相关统计年鉴的信息，对 2002~2017 年统计年鉴中化石能源的消费数据进行综合整理，可以得到云南省工业行业 2001~2016 年的化石能源消费总量、工业总产值和能源消费强度。云南省工业部门对煤的依赖度最高，年均消费量为 3 000.39 万吨标煤，尤其从 2012 年开始，其消费量大幅上升，其中，原煤的消耗是主要的。油的使用量居第二，年均消费量达到 185.48 万吨标煤，除 2005~2007 年有所下降外，近些年的消费量都在增加。油类产品中又属柴油消耗居多。当然，在消耗大量化石能源的同时，云南省工业生产总值逐年增加，除了 2004 年之外，能源消费强度呈下降趋势。从 2001 年的 0.183 吨标准煤/万元降到了 2016 年的 0.12 吨标准煤/万元，说明工业部门化石能源的使用效率增强，节能效果初现。

2）云南省工业碳排放状况

基于云南省主要化石能源的消费情况可以得到如下各细分能源历年碳排放量趋势图（图 5-14~图 5-16）。

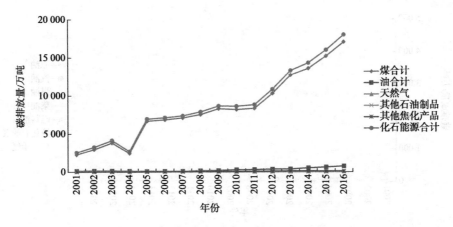

图 5-14 云南省工业历年碳排放总量趋势图

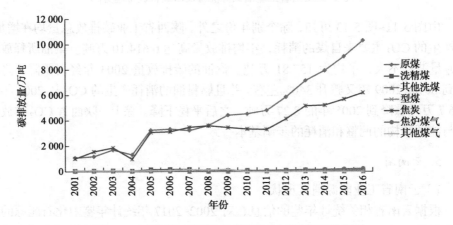

图 5-15 云南省工业煤细分能源历年碳排放量趋势图

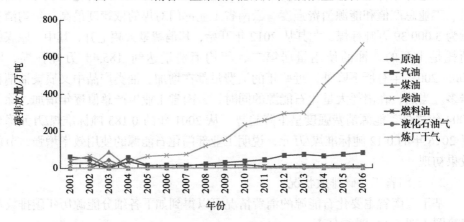

图 5-16 云南省工业油细分能源历年碳排放量趋势图

从图 5-14~图 5-16 可看出，云南省工业碳排放总量整体呈上升趋势，年均增长率达到了 18.719%。从整体趋势图中可以发现，化石能源消耗产生的 CO_2 与煤消耗产生的 CO_2 的趋势完全吻合，可以说，工业部门产生的 CO_2 95%都来自煤，年均排放量高达 8 337.30 万吨。其中，原煤和焦炭的贡献率最大，贡献率分别为54.61%和40.39%。在 2009 年之前，油的消耗所产生的 CO_2 波动较小，维持在 120 万吨左右。其中，柴油消耗所排放的 CO_2 不断增加，相较其他产品，增长幅度很大，年均增长 17.4%。燃料油的消耗产生的 CO_2 近年来有所下降。从 2001 年的27.40 万吨下降到 2016 年的 9.07 万吨，年均下降 7.1%。此外，天然气燃烧所释放的 CO_2 呈现逐年下降趋势，年均排放量达到 94.90 万吨，年均下降 2.61%。可见，云南省 CO_2 排放趋势与能源结构的调整和消耗的步调基本吻合。

6. 天津市

1）天津市工业能源消费现状

根据天津市相关统计年鉴的信息，对 2002~2017 年统计年鉴中化石能源的消费数据进行综合整理，可以得到天津市工业行业 2001~2016 年的化石能源消费总量、工业总产值和能源消费强度。天津市工业部门对煤的依赖度最高，年消费量整体呈上升趋势，并且年平均消费量达到 1 330.77 万吨。其次是油的使用量，年均消费量达到 240.16 万吨。当然，在消耗大量化石能源的同时，天津工业生产总值逐年增加，能源消费强度呈下降趋势，从 2001 年的 1.17 吨标准煤/万元降到了 2016 年的 0.29 吨标准煤/万元，说明工业部门化石能源的使用效率增强，节能效果初现。

2）天津市工业碳排放状况

基于天津市主要化石能源的消费情况可以得到如下各细分能源历年碳排放量趋势图（图 5-17~图 5-19）。

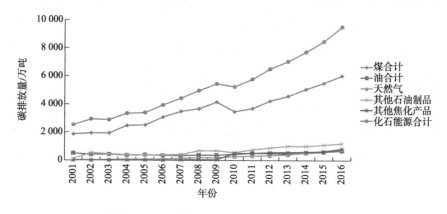

图 5-17　天津市工业历年碳排放总量趋势图

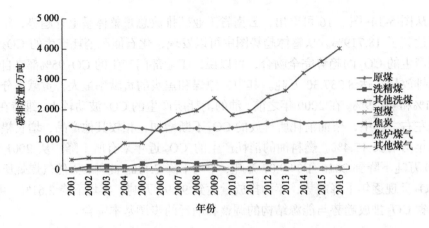

图 5-18　天津市工业煤细分能源历年碳排放量趋势图

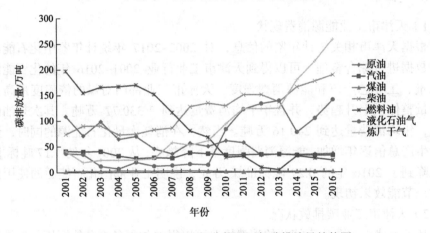

图 5-19　天津市工业油细分能源历年碳排放量趋势图

由图 5-17~图 5-19 可以看出，天津市工业碳排放总量呈上升趋势，平均年增长率达到了 9.396%。产生的 CO_2 绝大部分还是来自煤的消耗，年均高达 3 607.94 万吨。其中，焦炭的贡献率最大，年均碳排放增长率达到了 21.13%。而油的消耗所产生的 CO_2 波动较小，维持在 400 万吨左右。其中燃料油的碳排放量递减速度明显，从 2001 年的 197.19 万吨下降到 2016 年的 23.28 万吨。汽油所释放的 CO_2 量波动不大，平均为 34.216 万吨。柴油碳排放量波动性上升，年均增长率为 7.47%。此外，天然气燃烧所释放的 CO_2 近年来上升趋势较为明显，年均排放量达到 262.47 万吨。可见，天津市 CO_2 排放趋势与能源结构的调整和消耗的步调吻合。

5.3 建筑行业能源消费及碳足迹评析

建筑业是国民经济重要的物质生产部门，也是我国的支柱产业之一，与整个国家经济发展、人民生活改善有着密切关系。中国正处于从低收入国家向中等收入国家发展的过渡阶段，随着城市化进程的加快，建筑业发展迅猛，并成为拉动国民经济增长的重要力量。我国建筑业生产总值从 2001 年的 5 931.7 亿元增长至 2016 年的 193 567 亿元，十多年间增长了 32 倍之多。根据《中国能源统计年鉴 2017》，我国建筑业能源消费量从 2000 年的 2 207 万吨标准煤增加到了 2016 年的 7 991 万吨标准煤，增长了 2.62 倍。据《IPCC 第五次评估报告》，建筑业能源消费占总量的 44%，碳排放量占总体的 36%。美国环保署 2008 年报告指出，38% 以上的温室气体排放是由建筑业造成的。郑忠海和付林在《城市建筑能源系统的碳足迹分析》中提到，我国城市建筑能源的碳足迹约为 0.61 公顷/万米^2，人均建筑能源碳足迹为 0.167 公顷，低于发达国家水平。

可持续发展战略及低碳经济大背景下，我国对建筑行业发布了一系列政策及法规，如表 5-3 所示。

表5-3 建筑行业政策及法规

年份	政策	主要内容
2006	《中国节能技术政策大纲》	应将节能减排工作视为一项长期而又急需实践的战略任务
2006	《国家中长期科学和技术发展规划纲要（2006-2020 年）》	重点要将可再生能源装置与建筑完美衔接起来，根据设计标准研发相对应的节能技术、设施，为更好地进行建筑节能给予技术支撑
2008	《民用建筑节能条例》	在保证人们生活具有一定质量的前提下，通过执行节能的各项技术标准，提高能源利用效率的同时达到缓解建筑能耗过快的势头
2011	《"十二五"节能减排综合性工作方案》	要加快构建与实施绿色建筑实施方案，将建筑节能全面贯彻到建筑全生命周期过程中，尤其是新建建筑自始至终要加大贯彻节能设计规范的要求，努力提高标注执行率
2013	《绿色建筑行动方案》	研究近年来我国绿色建筑评价的实践经验和研究成果，开展了多项专题研究和试评，借鉴了有关国外先进标准经验，广泛征求了有关方面意见。修订后的标准评价对象范围得到扩展，评价阶段更加明确，评价方法更加科学合理，评价指标体系更加完善，整体具有创新性
2014	修订《绿色建筑评价标准》	为更好贯彻执行节约资源和保护环境的国家技术经济政策，推进可持续发展，规范绿色建筑的评价，制定本标准

续表

年份	政策	主要内容
2015	《绿色建筑设计标准》	在建筑的全寿命周期内，最大限度地节约资源、保护环境和减少污染，为人们提供健康、适用和高效的使用空间，与自然和谐共生的建筑
2017	《建筑业发展"十三五"规划》	设定 2020 年绿色建材应用比例达 40%的目标，注重挖掘自身特点，在现有的基础上逐步改善，以稳妥的方式向绿色建筑靠近

建筑业能耗主要在于各类建筑机械、机具和设备的使用，建筑材料的加工、运输和使用，建筑制成品的养护等过程，以及施工现场的生活用能等方面。根据相关统计年鉴，建筑主要分为公共建筑、居民建筑。建筑业能耗主要有煤、石油、天然气、电力、热力等。基于此，本节通过试点省市建筑业化石能源的消费情况追踪碳足迹，进而对其碳排放进行预测和评价。基于研究可比性和重要性原则，本节选取各省市统计年鉴中的项目，包括煤、油、天然气、电力项目等（图 5-20），通过计算整理，得到建筑行业的能源消费情况和碳排放量。

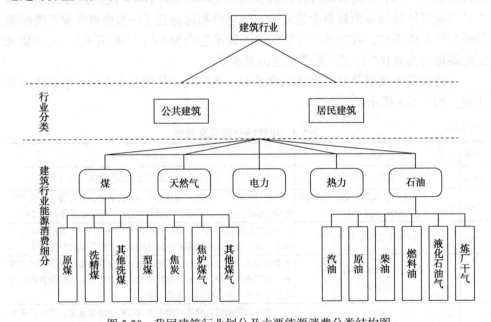

图 5-20　我国建筑行业划分及主要能源消费分类结构图

按国家统计局 2017 年制定的《国民经济行业分类》（GB/T4754—2017）的建筑行业类别及《中国能源统计年鉴》分行业能源消费标准进行分类

1. 广东省

1）广东省建筑业能源消费现状

表 5-4 为广东省建筑业能源消费明细表。

表5-4　广东省建筑业能源消费明细表

分类	2001 年	2002 年	2003 年	2004 年	2005 年	2006 年	2007 年	2008 年
原煤/万吨标准煤	0.8	0.86	1.08	1.29	1.51	1.62	1.72	1.64
汽油/万吨标准煤	7.5	9.27	11.64	13.95	34.99	37.68	40.05	38.05
柴油/万吨标准煤	16.03	18.07	22.73	27.25	31.69	34.13	38.9	34.46
燃料油/万吨标准煤	2.6	0	0	0	0	0	0	0
液化石油气/万吨标准煤	0	0	0	0	0.96	1.03	1.1	1.05
油合计/万吨标准煤	26.13	27.34	34.37	41.2	67.64	72.84	80.05	73.56
电力/万吨标准煤	26.25	30.06	32.69	39.78	42.54	45.85	53.04	57.63
能源消费合计/万吨标准煤	53.18	58.26	68.14	82.27	111.69	120.31	134.81	132.83
建筑业生产总值/亿元	564.86	594.99	705.81	794.88	866.87	951.18	1 061.7	1 197.41
能源消费强度/（吨标准煤/万元）	0.094 1	0.097 9	0.096 5	0.103 5	0.128 8	0.126 5	0.127 0	0.110 9
分类	2009 年	2010 年	2011 年	2012 年	2013 年	2014 年	2015 年	2016 年
原煤/万吨标准煤	1.89	2.04	2.16	2.23	2.54	3.12	3.25	3.65
汽油/万吨标准煤	43.79	47.44	50.22	51.78	53.71	57.12	59.32	28.11
柴油/万吨标准煤	39.66	42.97	45.48	46.89	48.38	50.67	51.36	49.77
燃料油/万吨标准煤	0	0	0	0	0	0	0	0
液化石油气/万吨标准煤	1.2	1.3	1.37	1.41	1.44	1.56	1.79	1.43
油合计/万吨标准煤	84.65	91.71	97.07	100.08	103.53	109.35	112.47	79.31
电力/万吨标准煤	56.44	60.86	63.02	65.1	62.35	66.34	67.98	70.13
能源消费合计/万吨标准煤	142.98	154.61	162.25	167.41	168.42	178.81	183.7	153.09
建筑业生产总值/亿元	1 328.14	1 551.81	1 797.78	1 890.9	2 001.23	2 011.79	2 100.93	2 218.47
能源消费强度/（吨标准煤/万元）	0.107 6	0.099 6	0.090 3	0.088 5	0.084 2	0.088 9	0.087 4	0.069 0

资料来源：广东省历年统计年鉴、历年《中国能源统计年鉴》及现有资料的整理，表中数据进行过舍入修约

对 2002~2017 年统计年鉴中主要化石能源的消费数据进行综合整理，可以得到广东省建筑行业 2001~2016 年的化石能源消费总量、建筑总产值和能源消费强度。从表 5-4 中可以看出，广东省建筑部门对于油和电力的依赖度最高，消费量呈上升趋势。其中，油年平均消费量达到 75.706 万吨标煤，电力年均消费量达到52.503 万吨标煤。进一步，柴油和汽油的消费量各占油消费量的比例分别为49.40%

和 48.26%。在消耗大量化石能源的同时,广东省建筑业生产总值逐年增加,从 2001
年的 564.86 亿元上升到 2016 年的 2 218.47 亿元。虽然化石能源的消耗及建筑业
生产总值整体上升,2001~2005 年、2013~2014 年的能源消费强度呈上升趋势,
2011~2015 年能源消费强度几乎持平,从 2006 年开始建筑业能源消费强度整体呈
下降趋势。表明广东省建筑部门在 2007 年后改进节能技术,但是总体节能效果没
有取得较大改善。

2)广东省建筑业碳排放状况

基于广东省主要化石能源的消费情况可以得到如下各细分能源历年碳排放量
及碳排放总量表和趋势图(表 5-5、图 5-21~图 5-23)。

表5-5　广东省建筑业能源消费碳排放量(单位:万吨)

分类	2001 年	2002 年	2003 年	2004 年	2005 年	2006 年	2007 年	2008 年
原煤	2.04	2.19	2.76	3.29	3.85	4.14	4.4	4.18
汽油	14.83	18.32	23	27.56	69.13	74.45	79.13	75.18
柴油	34.06	38.4	48.31	57.91	67.35	72.52	82.68	73.23
燃料油	5.75	—	—	—	—	—	—	—
液化石油气	—	—	—	—	1.73	1.85	1.98	1.89
油合计	54.63	56.72	71.31	85.47	138.21	148.82	163.79	150.3
电力	240.41	275.3	299.39	364.33	389.55	419.94	485.78	527.76
能源消费合计	297.09	334.21	373.46	453.09	531.61	572.9	653.97	682.24
分类	2009 年	2010 年	2011 年	2012 年	2013 年	2014 年	2015 年	2016 年
原煤	4.82	5.22	5.53	5.69	6.5	7.65	8.77	9.63
汽油	86.52	93.73	99.22	102.31	106.11	107.64	110.64	113.21
柴油	84.29	91.32	96.64	99.65	102.8	106.3	110.7	111.47
燃料油	—	—	—	—	—	—	—	—
液化石油气	2.16	2.35	2.47	2.53	2.6	2.77	2.94	3.16
油合计	172.97	187.4	198.33	204.49	211.51	216.71	224.28	227.84
电力	516.84	557.36	577.17	596.19	570.98	603.15	598.13	607.54
能源消费合计	694.63	749.98	781.03	806.37	788.99	827.51	831.18	845.01

注:根据表 5-4 中数据计算并整理得出,表中数据进行过舍入修约

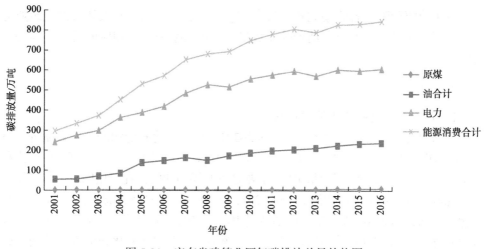

图 5-21　广东省建筑业历年碳排放总量趋势图

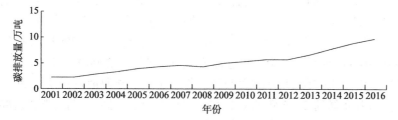

图 5-22　广东省建筑业煤能源历年碳排放量趋势图

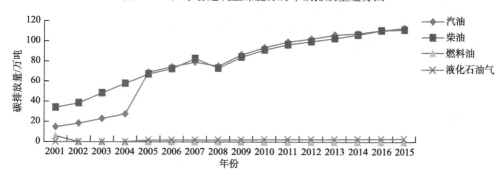

图 5-23　广东省建筑业油细分能源历年碳排放量趋势图

从图 5-21~图 5-23 中可以看出，建筑碳排放总量呈上升趋势。经过 15 年的发展，建筑业碳排放总量增长了 1.84 倍。广东省建筑部门产生的 CO_2 大部分源自电力的消耗，年均排放量高达 476.86 万吨。油的年均碳排放量为 158.68 万吨，"屈居第二"，建筑业对柴油和汽油的依赖性较大，增长趋势明显。随着人口数量不断上升，对房屋的需求不断增长，建筑业生产总值不断增长，电力的消耗也在增加。另外，建筑业对煤的需求量波动不大。

由于篇幅所限，省略湖北省、辽宁省、陕西省、云南省和天津市的建筑业能源消费明细表及建筑业能源消费碳排放量表，用文字描述及相应的折线图等进行说明。

2. 湖北省

1）湖北省建筑业能源消费现状

根据湖北省相关统计年鉴，对 2002~2017 年主要化石能源的消费数据进行整理，可以得到湖北省建筑行业 2001~2016 年的化石能源消费总量、建筑业总产值和能源消费强度。湖北省建筑部门中，主要是对原煤和油的消耗。相比之下其他能源的消耗似乎只起到了辅助作用。2001~2011 年，原煤的消耗涨幅较大，年平均消费量达到 72.85 万吨标准煤。柴油的消费量也逐年递增，涨幅趋势明显，年平均消费量为 91.17 万吨标准煤，位居油类第一位，煤油、燃料油和液化石油气的消费量始终低于柴油的消费量，从 2006 年起，汽油的消费量逐渐增多。其他辅助能源的消耗趋势不一，电力的消耗量涨幅不大。当然，在消耗大量化石能源的同时，湖北省建筑业生产总值逐年增加，十几年间增长了近 6 倍。能源消费强度在 2001~2003 年呈下降趋势，2004 年开始反弹并且上升，这种情况一直延续到 2006 年，2007 年又开始下降，2013 年和 2015 年出现小幅度反弹。综合来看，能源消费强度从 2001 年的 0.35 吨标准煤/万元降到 2016 年的 0.24 吨标准煤/万元。可见，湖北省建筑部门对化石能源的使用效率在增强，节能效果显现。

2）湖北省建筑业碳排放状况

基于湖北省主要化石能源的消费情况可以得到如下各细分能源历年碳排放量趋势图（图 5-24~图 5-26）。

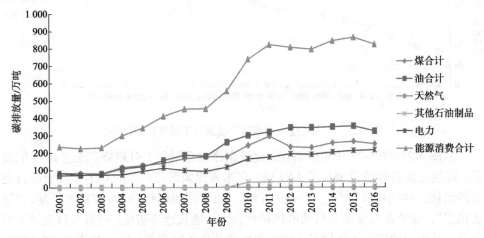

图 5-24　湖北省建筑业历年碳排放总量趋势图

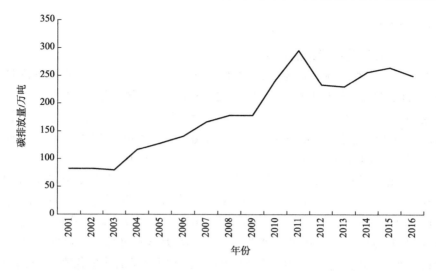

图 5-25　湖北省建筑业煤能源历年碳排放量趋势图

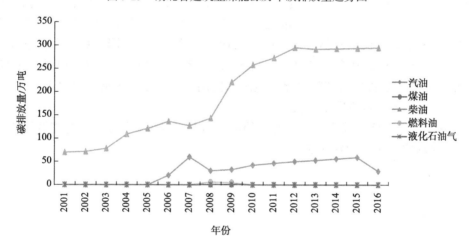

图 5-26　湖北省建筑业油细分能源历年碳排放量趋势图

　　从图 5-24~图 5-26 可以看出，湖北省建筑行业碳排放总量上升趋势明显，尤其是 2008 年后增幅明显增大，煤和油的碳排放总量增幅相近，而且这两者是主要的碳排放来源。但值得注意的是，2011 年后煤和油的碳排放量出现分水岭，煤的碳排放量呈下降趋势。电力的碳排放量增幅不大，但是呈现缓慢上升趋势。柴油的碳排放量上升幅度较大，汽油的碳排放量在 2007 年上升到最高值后有所下降，并总体呈现小幅度上升，2015~2016 年有所下降。湖北省建筑业油的碳排放量占总碳排放量的平均比例为 40.12%，同理，煤的碳排放总量占总碳排放量的 32.85%，电力的碳排放量则占总碳排放量的 24.42%。湖北省 CO_2 排放趋势与能源结构的调整和消耗的步调基本一致。

3. 辽宁省

1）辽宁省建筑业能源消费现状

根据辽宁省相关统计年鉴，对 2002~2017 年主要化石能源的消费数据进行整理，可以得到辽宁省建筑行业 2001~2016 年的化石能源消费总量、建筑业生产总值和能源消费强度。辽宁省建筑部门能源消耗主要是煤和油这两大主体，原煤消费量占煤总消费量的 98.79%，自 2007 年达到峰值 54.481 万吨标准煤后 2008 年降到 14.408 万吨标准煤，之后又逐步上升至 2016 年的 19.463 万吨标准煤。而柴油消费量占用油总消费量的 64.45%，另外柴油消费量由 2007 年的 14.412 万吨标准煤迅速增长到 2008 年的 61.683 万吨标准煤，随后几年都是缓慢增长趋势。近十几年里汽油消费量逐年递增，从 2001 年的 5.9 万吨标准煤增长到 2016 年 36.451 万吨标准煤，年平均消费量为 16.94 万吨标准煤。相比之下其他能源的消耗似乎只起到了辅助作用。2007~2008 年出现原煤消费量急剧下降，同时柴油消费量急剧上升。电力的消费量逐年上升，2001~2016 年平均消费量达到 21.45 万吨标准煤。当然，在消耗大量化石能源的同时，辽宁省建筑业生产总值逐年增加，15 年间增长了 6 倍有余。能源消费强度总体也呈下降趋势，而且下降趋势非常显著，从 2001 年的 0.28 吨标准煤/万元降到了 2016 年的 0.129 吨标准煤/万元。可见辽宁省建筑部门对化石能源的使用效率增强，节能效果显著。

2）辽宁省建筑业碳排放状况

基于辽宁省建筑业主要化石能源的消费情况可以得到如下各细分能源历年碳排放量趋势图（图 5-27~图 5-29）。

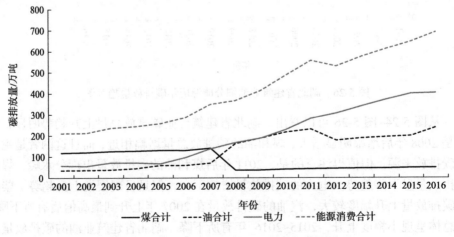

图 5-27　辽宁省建筑业历年碳排放总量趋势图

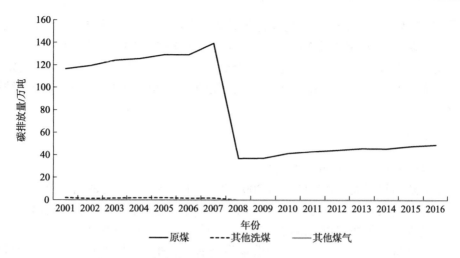

图 5-28　辽宁省建筑业煤细分能源历年碳排放量趋势图

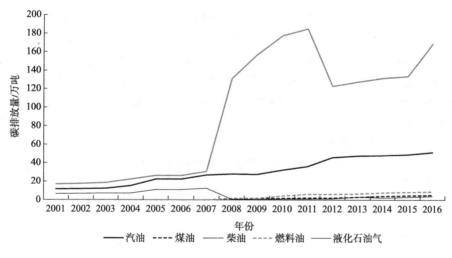

图 5-29　辽宁省建筑业油细分能源历年碳排放量趋势图

从图 5-27~图 5-29 可以看出，辽宁省建筑业碳排放总量呈上升趋势，与能源消费的上升趋势相同。随着建筑业的发展，建筑业碳排放总量从 2001 年的 211.243 万吨上升至 2016 年的 691.384 万吨，而且增长幅度明显。辽宁省建筑部门产生的 CO_2 在 2001~2007 年来源于电力、油及煤的消耗，但 2008 年之后主要的 CO_2 排放量来源于电力和油的消耗。原煤的碳排放量在 2001~2007 年缓慢递增后，突然呈下降趋势，2008 年较 2007 年下降 73.87%，之后略有上升。同时，柴油的碳排放量自 2007 年起开始迅猛增长，由 2007 年的 30.625 万吨增长到 2016 年的 168.941 万吨，尤其 2008 年的碳排放量是 2007 年的 4.28 倍。电力的碳排放量在 2001~2005 年增长缓慢，自 2005 年后，增长速度猛增，2016 年的碳排放量是 2005 年的 5.95 倍，说明建筑行业对柴油和电力的需求量较大，对煤的依赖性有所下降。2006 年 9 月 30 日，华北电网首次向东北电网（辽宁）送电，这是建设资源节约型社会的重要举措，为全面实现"十一五"节能减排目标奠定了坚实基础。自此，辽宁省电力消费量大幅度增加，促进了辽宁省建筑产业结构优化调整。

4. 陕西省

1）陕西省建筑业能源消费现状

根据陕西省相关统计年鉴，对 2002~2017 年主要化石能源的消费数据进行整理，可以得到陕西省建筑行业 2001~2016 年的化石能源消费总量、建筑总产值和能源消费强度。陕西省建筑部门主要是对油的消耗，油的消费总量占到整个化石能源总消费量的 66.56%左右，年消费量除个别年份外逐年增加并且年平均消费量达到 77.33 万吨标准煤。居其次的是煤的使用量，煤的年均消费量为 25.77 万吨标准煤。而电力的消费量也不容忽视，年均消费总量达 13.85 万吨标准煤，总体呈上升趋势。另外，2006~2008 年，能源消费量在 2007 年下跌后，2008 年又迅速上涨。在此期间，陕西省建筑生产总值逐年增加，十几年里增长了 6 倍之多，由此使得能源消费强度呈阶梯式下降趋势。从 2001 年的 0.46 吨标准煤/万元降到了 2016 年的 0.18 吨标准煤/万元，陕西省建筑部门化石能源的使用效率依然在提高，节能效果明显。

2）陕西省建筑业碳排放状况

基于陕西省主要化石能源的消费情况可以得到如下各细分能源历年碳排放量趋势图（图 5-30~图 5-32）。

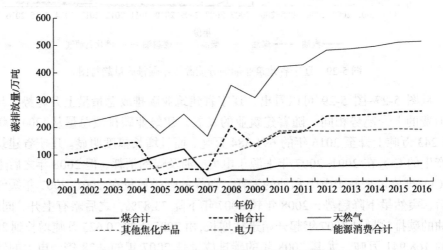

图 5-30　陕西省建筑业历年碳排放总量趋势图

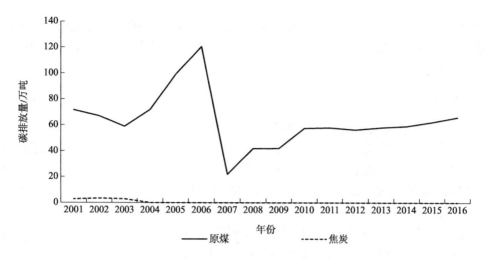

图 5-31　陕西省建筑业煤细分能源历年碳排放量趋势图

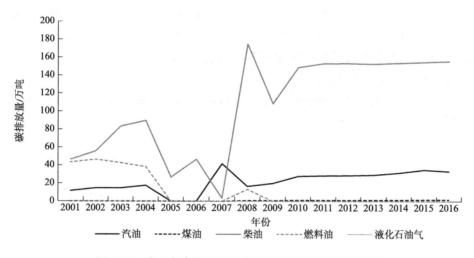

图 5-32　陕西省建筑业油细分能源历年碳排放量趋势图

　　由图 5-30~图 5-32 可知，陕西省建筑业碳排放总量整体趋势是递增的，但是期间出现几个波动点，以致碳排放量增长不稳定。原煤的碳排放量在2001~2007 年波动较大，2007 年下降幅度是 2006 年的 65%之多，一直到 2016年增幅都较缓慢。柴油释放的 CO_2 量波动较大，2007 年经历骤降，降幅是 2006年的 92.7%，2008 年又大幅度上升。同时，电力碳排放量整体缓慢递增，2010~2016年增速接近于 0。综上，CO_2 排放趋势与能源结构的调整和消耗基本一致。2006年之前，政府相关政策配套不全，发电能力不足，但 2006 年 9 月，陕西省颁布了《陕西省民用建筑节能条例》，各地区推进建筑节能减排。2007 年以来，陕西省委、省人民政府高度重视建筑业的发展，出台了《陕西省人民政府关于加快建筑业改革与发展的若干意见》（陕政发〔2007〕49 号文），促进建筑业的持续快速健康发展。

5. 云南省

1）云南省建筑业能源消费现状

根据云南省相关统计年鉴，对 2002~2017 年主要化石能源的消费数据进行整理，可以得到云南省建筑行业 2001~2016 年的化石能源消费总量及建筑业生产总值和能源消费强度。云南省建筑行业对油的依赖度居于第一位，2001~2016 年对油的消费量翻了 7 倍多，年均消费量达到 58.47 万吨标准煤，尤其是柴油的消费量占到了油合计的 66.75%，对煤的消耗屈居第二位，但也达到年均消费量 18.82 万吨标准煤。值得关注的是，云南省对电力的消耗也不断增加，由 2001 年的 3.75 万吨标准煤增长到 2016 年的 35.28 万吨标准煤，15 年间增长了 8.4 倍之多。能源消费强度由 2001 年的 0.22 吨标准煤/万元下降到 2016 年的 0.19 吨标准煤/万元，在此期间，2004 年突然降低为 0.12 吨标准煤/万元，是历年消费强度最低。总体来看，云南省建筑行业的能源使用率有所增强，节能效果一般。

2）云南省建筑业碳排放状况

基于云南省主要化石能源的消费情况可以得到如下各细分能源历年碳排放量趋势图（图 5-33~图 5-34）。

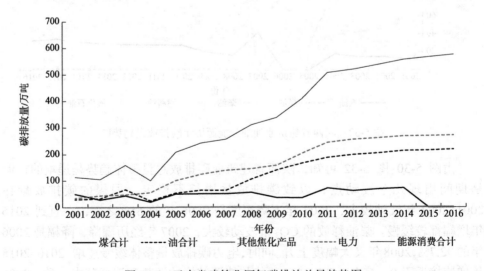

图 5-33　云南省建筑业历年碳排放总量趋势图

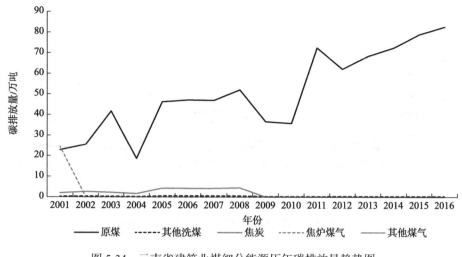

图 5-34　云南省建筑业煤细分能源历年碳排放量趋势图

从图 5-33~图 5-34 可以看出，云南省建筑业碳排放总量总体呈上升趋势，其产生的 CO_2 主要来源于电力、原煤和油的大量消耗，三者的合计年均排放量高达 4 789 万吨。原煤的碳排放量趋势跌宕起伏，2001 年为 22.83 万吨，2003 年上升到 41.69 万吨，转年下降至 18.62 万吨，低于 2001 年的排放量，但是 2005 年原煤排放量迅速激增至 46.14 万吨，2010 年下降到 34.92 万吨，之后跌宕上升至 2016 年的 82.63 万吨。电力的碳排放量从 2001 年的 34.33 万吨增长到 2016 年的 271.33 万吨，涨幅较大，年平均碳排放量为 164.20 万吨。而其他能源的碳排放量趋势比较平缓。由此说明，云南省 CO_2 排放趋势与能源结构的调整和消耗的步调也基本一致。

6. 天津市

1）天津市建筑业能源消费现状

根据天津市统计年鉴，对 2002~2017 年主要化石能源的消费数据进行整理，可以得到天津市建筑行业 2001~2016 年的化石能源消费总量、建筑业生产总值和能源消费强度。天津市建筑行业对油的依赖度居于第一位，2001~2016 年对油的消费量翻了近 12 倍，尤其是柴油的总体消费量占到了油合计的 82.96%，电力的消耗排名第二，但也达到年均消费量 97.69 万吨标准煤，原煤及天然气消费量总体较小。总体来看，天津市建筑行业的能源使用率有所增强，节能效果初显。

2）天津市建筑业碳排放状况

基于天津市主要化石能源的消费情况可以得到如下各细分能源历年碳排放量趋势图（图 5-35~图 5-37）。

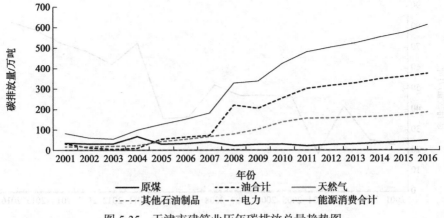

图 5-35　天津市建筑业历年碳排放总量趋势图

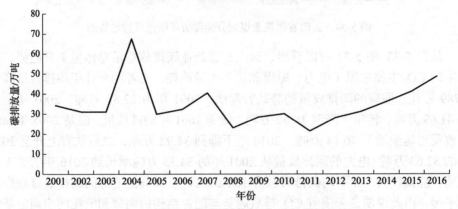

图 5-36　天津市建筑业煤能源历年碳排放量趋势图

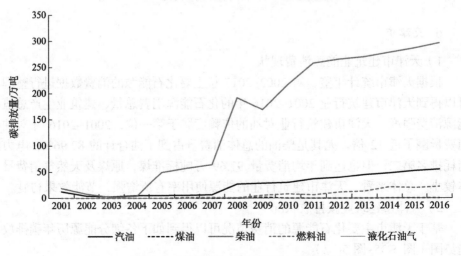

图 5-37　天津市建筑业油细分能源历年碳排放量趋势图

由图 5-35~图 5-37 可知，天津市建筑业碳排放总量呈总体上升趋势，其产生的 CO_2 主要来源于电力和油的大量消耗。煤的碳排放量趋势跌宕起伏，分别在 2004 年、2007 年与 2010 年出现三个拐点，在 2011~2016 年所产生的排放量呈上升趋势。柴油的碳排放量在油能源的碳排放总量中占比最大，除 2008~2009 年出现短暂下降外，其余年份都在增加，2011 年开始其碳排放量增速放缓。另外，值得关注的是电力的碳排放情况，虽然电力的年均碳排放量较少，但增幅迅速。其他能源的碳排放量趋势比较平缓。由此说明，天津市建筑部门化石能源的使用效率提高，节能效果初现。

5.4　交通运输行业能源消费及碳足迹评析

随着我国经济的迅猛增长，运输服务规模不断扩大，据统计，自 2006 年 12 月交通运输行业就已经成为中国能源消费增长最快的行业领域。1990~2010 年，中国终端能源消费年均增长 4.1%，其中工业年均增长 6%，交通运输业年均增长 8.3%，居民年均增长 0.8%，其余领域为 4.1%。其间，交通运输终端能耗增速约为全国平均增速的 1 倍，由 1990 年的 5.6% 上升到 2008 年的 11.3%。可见，交通运输业在中国能源消费中的地位越来越重要。

交通运输业相关统计年鉴数据显示，我国交通运输领域的能耗和碳排放主要集中在公路。从能耗看，1990~2008 年公路终端能耗年均增长 9.8%，高于交通运输终端能耗年均增长速度。2008 年，73% 的交通运输能耗集中在公路，同期铁路约占 7.9%，民航约占 6.6%，水运约占 8%，管道约占 4.6%。从碳排放看，交通运输 CO_2 排放同样集中在公路。2008 年全国交通运输 CO_2 排放 45 694 万吨，其中公路占 33 439 万吨，所占比例达到 73.2%；铁路为 3 228 万吨，占 7.1%；民航为 3 009 万吨，占 6.6%；水运为 3 842 万吨，占 8.4%。

我国交通运输业能源消费结构以汽油、煤油、柴油和燃料油为主，2011 年四种能源的消耗在整个行业中占比 82%，其中柴油的消耗较多。由于柴油的能量转换效率较高，而且相对汽油价格较低，如果大量取代汽油，可以降低石油消耗速度及 CO_2 的排放量。按照 2016 年油品标准，车用汽油从国 III 升级到粤 IV，硫含量从不大于 150×10^{-6} 下降到不大于 50×10^{-6}，下降 2/3；锰含量从不大于 0.016 克/升下降为不大于 0.008 克/升，下降 1/2。按照中石化广东石油分公司车用汽油年销量 600 万吨计算，全年可减少汽车尾气硫排放 600 吨，按 365 天折算，每天可减少硫排放 1.64 吨。柴油从国 III 升级到国 IV，硫含量从 350×10^{-6} 降至 50×10^{-6}，下降了 6/7。按照中石化广东石油分公司车用柴油年销量 530 万吨计算，全年可减少汽车尾气硫排放 1 590 吨，按 365 天折算，每天可减少排放硫排放 4.36 吨。但是，油品质量升级并不意味着污染物排放必然会减少。低排放标准的车辆中若使用高标准的油品产生的污染更大。因此，油品质量升级的同时，车辆排放标准提升的步伐也必须跟上。另外，我国现阶段还有大部分地区的柴油品质相对较低，柴油含硫量甚至超过 $1\,000\times10^{-6}$，这使得符合标准的柴油汽车同样也会排出更具污染性的尾气甚至使汽车本身受到严重损坏。

我国对油价的调整也在一定程度上影响着各省市的能源消费结构，受油价影响较大的城市对价格政策反应相对敏感，但对于消费水平较高的城市来说，其受国家车辆排放标准及油品标准政策影响较大。2005~2016 年全国油价调整情况如表 5-6 所示。

表5-6　2005~2016年全国油价调整情况

汽油	柴油
2005 年 03 月 23 日上调出厂价格每吨 300 元	2005 年 05 月 10 日上调出厂价格每吨 150 元
2005 年 05 月 23 日下调出厂价格每吨 150 元	
2005 年 06 月 25 日上调出厂价格每吨 200 元	2006 年 06 月 25 日上调出厂价格每吨 150 元
2005 年 07 月 23 日上调出厂价格每吨 300 元	2005 年 07 月 23 日上调出厂价格每吨 250 元
2006 年 03 月 26 日上调出厂价格每吨 300 元	2006 年 03 月 26 日上调出厂价格每吨 200 元
2007 年 01 月 14 日下调出厂价格每吨 220 元	
2007 年 10 月 31 日上调出厂价格每吨 500 元	2007 年 10 月 31 日上调出厂价格每吨 500 元
2008 年 06 月 20 日上调出厂价格每吨 1 000 元	2008 年 06 月 20 日上调出厂价格每吨 1 000 元
2008 年 12 月 19 日下调出厂价格每吨 900 元	2008 年 12 月 19 日下调出厂价格每吨 1 100 元
2009 年 01 月 14 日下调出厂价格每吨 140 元	2009 年 01 月 14 日下调出厂价格每吨 160 元
2009 年 03 月 25 日上调出厂价格每吨 290 元	2009 年 03 月 25 日上调出厂价格每吨 180 元
2009 年 06 月 01 日上调出厂价格每吨 400 元	2009 年 06 月 01 日上调出厂价格每吨 400 元
2009 年 06 月 30 日上调出厂价格每吨 600 元	2009 年 06 月 30 日上调出厂价格每吨 600 元
2009 年 07 月 28 日下调出厂价格每吨 220 元	2009 年 07 月 28 日下调出厂价格每吨 220 元
2009 年 09 月 01 日上调出厂价格每吨 300 元	2009 年 09 月 01 日上调出厂价格每吨 300 元
2009 年 11 月 09 日上调出厂价格每吨 480 元	2009 年 11 月 09 日上调出厂价格每吨 480 元
2010 年 04 月 14 日上调出厂价格每吨 320 元	2010 年 04 月 14 日上调出厂价格每吨 320 元
2010 年 06 月 01 日下调出厂价格每吨 230 元	2010 年 06 月 01 日下调出厂价格每吨 220 元
2010 年 10 月 26 日上调出厂价格每吨 231 元	2010 年 10 月 26 日上调出厂价格每吨 220 元

续表

汽油	柴油
2010 年 12 月 22 日上调出厂价格每吨 310 元	2010 年 12 月 22 日上调出厂价格每吨 300 元
2011 年 02 月 20 日上调出厂价格每吨 350 元	2011 年 02 月 20 日上调出厂价格每吨 350 元
2011 年 04 月 07 日上调出厂价格每吨 500 元	2011 年 04 月 07 日上调出厂价格每吨 400 元
2011 年 10 月 09 日下调出厂价格每吨 300 元	2011 年 10 月 09 日下调出厂价格每吨 300 元
2012 年 02 月 08 日上调出厂价格每吨 300 元	2012 年 02 月 08 日上调出厂价格每吨 300 元
2012 年 03 月 20 日上调出厂价格每吨 600 元	2012 年 03 月 20 日上调出厂价格每吨 600 元
2013 年 02 月 25 日上调出厂价格每吨 300 元	2013 年 2 月 25 日上调出厂价格每吨 290 元
2014 年 06 月 23 日上调出厂价格每吨 165 元	2014 年 06 月 23 日上调出厂价格每吨 160 元
2016 年 07 月 24 日下调出厂价格每吨 155 元	2016 年 07 月 24 日下调出厂价格每吨 150 元
2016 年 10 月 17 日上调出厂价格每吨 355 元	2016 年 10 月 17 日上调出厂价格每吨 340 元

本节将通过试点省市交通运输行业能源消费情况追踪碳足迹，进而对其碳排放情景进行预测和评价。基于研究的可比性和重要性原则，本章参照各试点省市统计年鉴列示的项目，选取煤（包括原煤、洗精煤、其他洗煤、型煤、焦炭、焦炉煤气及其他煤气）、油（包括原油、汽油、煤油、柴油、燃料油、液化石油气、炼厂干气）及近年来使用占比不断上升的天然气和其他石油制品、焦化制品。通过计算整理，得到统一模式下可比城市能源消耗和碳排放情况。本节对能源消耗进行分析选取的统计指标有货运周转量、客运量、民用车辆、常住人口量、交通运输业能源消耗量、碳排放量、人均交通运输业能源消费量及人均碳排放量。

1. 广东省

1）广东省交通运输业能源消费现状

根据广东省相关统计年鉴及《中国交通运输统计年鉴》，对 2002~2017 年统计年鉴中主要化石能源的消费数据进行综合整理，可以得到广东省交通运输行业 2001~2016 年的化石能源消费总量及人均能源消费量。从表 5-7 中可以看出，由于交通运输业的行业特性，交通运输业对油的依赖度较高，能源消费总量从 2001 年的 999.11 万吨标准煤增长到 2016 年的 4 182.43 万吨标准煤，上升至原来的 4.19 倍。客运量从 2001 年的 178 676 万人次上升到 2016 年的 836 816 万人次，货运量从 2001 年的 133 992 万吨上升到 2016 年的 405 833 万吨。庞大的客运量及货运量带来了运输工具数量的增长，广东省民用车辆从 2001 年的 192 万辆上升到了 2016 年的 1 578.51 万辆，上升 7 倍多，因此，能源消费的增长是运输工具数量的大幅增长所引起的。广东交通运输业对油的消耗主要集中在汽油、煤油、柴油，其中柴油的消费量占油总消费量的比例年均达 48.7%之高，且汽油及煤油的消费量的增速在最近几年没有柴油增速快，而广东省民用车辆中每年增量最多同样总量也最多的是载客汽车，说明广东省柴油机车的使用已较为普遍。为配合大气污染治理，车用柴油年内全面升级，2014 年 1 月 1 日起广东国Ⅳ车用柴油开始供应。表5-7 中电力的消耗在 2003 年大幅增长，这是由于受西电东送的影响，广东地区电力成本相对较低。另外，广东的人均能源消费量在逐年上升，并没有因为人口的增加而降低，从 2001 年的 0.49 吨标准煤上升到了 2016 年的 1.19 吨标准煤，上升幅度较大。由此可见，广东省交通运输部门推行使用环保能源的工作做得比较好，但是能源使用效率较低。

表5-7　广东省交通运输业能源消费明细表（单位：万吨标准煤）

分类	2001 年	2002 年	2003 年	2004 年	2005 年	2006 年	2007 年	2008 年
原煤	5.19	0.97	0.64	0.93	1	1.07	1.19	1.27
汽油	295.96	324.07	343.37	392.14	548.99	589.62	654.77	700.6
煤油	132.96	144.06	166.26	180.35	210.42	210.42	233.67	250.04
柴油	449.71	492.43	578.3	683.57	896.75	896.75	980.78	1 065.55
燃料油	87	85.64	86.92	95.09	106.02	113.86	126.45	135.29
液化石油气	—	—	—	—	52.34	56.21	62.42	66.79
天然气	—	—	—	—	—	—	—	—
电力	28.28	34.23	60.6	74.55	37.41	39.92	45.77	48.55
消耗合计	999.1	1 081.4	1 236.0	1 426.63	1 852.93	1 907.85	2 105.05	2 268.09
分类	2009 年	2010 年	2011 年	2012 年	2013 年	2014 年	2015 年	2016 年
原煤	1.34	1.46	1.54	1.52	1.89	1.99	2.21	2.64
汽油	734.22	799.73	846.45	880.31	971.19	1 023.45	1 211.7	1 325.64
煤油	262.04	285.43	302.1	339.86	382.59	426.78	444.69	495.37
柴油	1 116.7	1 216.34	1 287.41	1 319.58	1 563.58	1 648.92	1 754.29	1 799.42
燃料油	141.79	168.73	163.46	183.89	202.86	222.41	257.49	277.18
液化石油气	69.99	70.32	—	—	102.86	111.33	156.29	144.27
天然气	—	18.7	18.7	—	26.6	19.87	29.11	35.74
电力	55.55	66.86	80.24	83.71	88.56	93.47	98.64	102.17
消耗合计	2 381.63	2 627.57	2 699.9	2 808.87	3 340.12	3 548.22	3 954.42	4 182.43

资料来源：广东省历年统计年鉴、历年《中国能源统计年鉴》及现有资料的整理，表中数据进行了舍入修约

2）广东省交通运输业碳排放状况

由于广东省煤的消耗比较小，碳排放比较少，以下图表分析显示了主要能源消费的碳排放量的对比情况，暂不考虑煤的消耗（表 5-8、图 5-38 和图 5-39）。

表5-8 广东省交通运输业能源消费碳排放量（单位：万吨）

分类	2001 年	2002 年	2003 年	2004 年	2005 年	2006 年	2007 年	2008 年
原煤	9.48	1.77	1.16	1.69	1.83	1.96	2.18	2.32
汽油	860.43	942.14	998.27	1 140.04	1 596.03	1 714.14	1 903.57	2 036.79
柴油	411.73	446.09	514.84	558.45	651.59	651.59	723.58	774.25
燃料油	1 419.77	1 554.66	1 825.77	2 158.11	2 831.12	2 831.12	3 096.44	3 364.05
液化石油气	268.92	264.73	268.66	293.92	327.7	351.94	390.85	418.18
油合计	2 960.85	3 207.62	3 607.54	4 150.52	5 406.44	5 548.79	6 114.44	6 593.27
天然气	0	0	0	0	0	0	0	0
电力	316.73	383.35	678.74	834.97	419	447.08	512.6	543.71
能源消耗合计	3 287.06	3 592.74	4 287.44	4 987.18	5 827.27	5 997.83	6 629.22	7 139.3
分类	2009 年	2010 年	2011 年	2012 年	2013 年	2014 年	2015 年	2016 年
原煤	2.44	2.66	2.82	2.78	3.44	4.56	5.31	6.33
汽油	2 134.54	2 325	2 460.82	2 559.26	2 823.47	3 214.97	3 345.26	3 611.74
柴油	811.43	883.83	935.46	1 052.38	1 184.7	1 362.7	1 544.28	1 498.28
燃料油	3 525.53	3 840.11	4 064.48	4 166.06	4 936.38	5 362.7	4 987.36	5 611.2
液化石油气	438.27	521.55	505.26	568.41	627.05	653.21	679.41	718.49
油合计	6 909.77	7 570.49	7 966.02	8 346.11	9 571.6	10 593.58	10 556.31	11 439.71
天然气	0	39.54	39.54	0	56.24	64.2	0	66.78
电力	622.17	748.81	898.7	937.52	991.89	1 129.37	1 211.4	1 298.76
能源消耗合计	7 534.38	8 361.5	8 907.08	9 286.41	10 623.17	11 791.71	11 773.02	12 811.58

注：根据表 5-7 中数据计算并整理得出

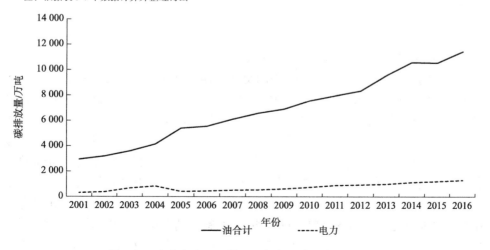

图 5-38 广东省交通运输业历年主要碳排放量趋势图

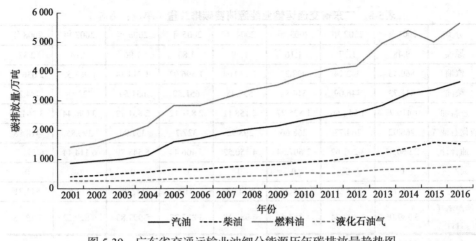

图 5-39　广东省交通运输业油细分能源历年碳排放量趋势图

广东省交通运输业碳排放总量呈上升趋势，经过 15 年的发展，交通运输业碳排放总量增加 3.9 倍。从表 5-8 可以看出，广东省交通运输业产生的 CO_2 大部分来自燃料油，年均排放量高达 3 473.48 万吨，这源于其年均消费量较多。这表明广东省交通运输部门虽然加大了柴油机车的使用，但是对燃料油的利用效率较低，运输工具的节能环保技术仍然落后。2013 年 7 月，中国石油化工股份有限公司广州分公司投 8 亿元用于减少污染，广东柴油车有国Ⅳ油可加，这表明广东省交通运输部门对环保的重视。综上，广东省 CO_2 排放趋势与能源结构的调整和消耗的步调基本一致。

由于篇幅所限，省略湖北省、辽宁省、陕西省、云南省和天津市的交通运输业能源消费明细表及工业能源消费碳排放量表，用文字描述及相应的折线图等进行说明。

2. 湖北省

1）湖北省交通运输业能源消费现状

根据湖北省相关统计年鉴及《中国交通运输统计年鉴》，对 2002~2017 年主要能源的消费数据进行整理，可以得到湖北省交通运输行业 2001~2016 年的能源消费总量和人均能源消费量。湖北省交通运输部门对汽油的依赖程度比较大，汽油的年均消费量占到整个能源消费量的 36.32%。其他辅助能源的消耗趋势不一。柴油的消费量在 2003 年大幅增长，这是因为 2003 年中国农业结构调整，全面推进农业机械化，作为农业大省的湖北省农业柴油发动机车利用率加大。原煤除了 2011 年的不正常增幅外，变化幅度不大。煤油的消耗十几年来是上升的，但消费总量并不是很大且近几年的变化幅度较缓和。而燃料油消费量的变化趋势没有规律性，先是下降，2004 年开始上升，2006 年又开始下降。当然，在消耗大量化石能源的同时，交通运输业务量大幅度增长。人均能源消费量呈稳步上升趋势，从 2001

年的 0.612 吨标准煤上升到了 2016 年的 2.27 吨标准煤,但是湖北省的人口变化幅度不是很大,可见湖北省交通运输部门的能源消费量逐渐增大。

2)湖北省交通运输业碳排放状况

交通运输业碳排放总量呈总体上升趋势,CO_2 主要源于油的大量消耗,油的年均碳排放量高达 1 854.90 万吨,但油产生的碳排放在 2008~2010 年反而下降,之后反弹,但增速较之前放缓,笔者认为这些变化是由于国家在 2008 年开始对油价进行大幅度调整。除了煤的碳排放量呈较快增长之外,其他辅助能源的碳排放量的变化趋势就比较平缓。在这些辅助能源中,煤的产碳量最高,年均为 475.15 万吨。2001~2016 年,天然气和电力所释放的 CO_2 量平均分别为 50.55 万吨和 215.22 万吨,均呈上升趋势。综上,湖北省 CO_2 排放趋势与能源结构的调整和消耗的步调也基本一致,具体如图 5-40 和图 5-41 所示。

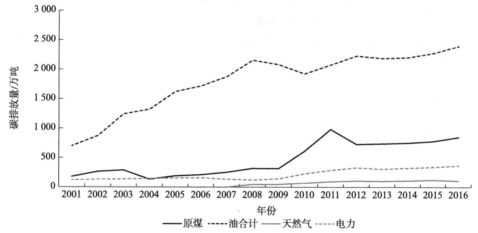

图 5-40　湖北省交通运输业历年碳排放总量趋势图

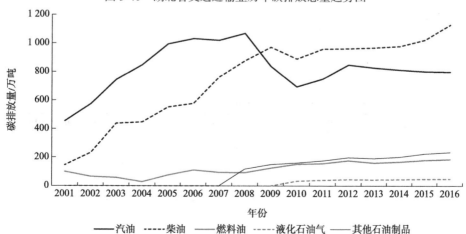

图 5-41　湖北省交通运输业油细分能源历年碳排放量趋势图

3. 辽宁省

1）辽宁省交通运输业能源消费现状

由辽宁省相关统计年鉴及《中国交通运输统计年鉴》的数据可知，辽宁省交通运输部门油的消耗力度也较大，年消费量逐渐上升，年均消费量为 1 230.96 万吨。其他几种能源的使用量都比较低，其中煤的年均消费量达到 65.26 万吨。能源消耗在 2005 年大幅度增长，这主要源于柴油及汽油的消费量大幅度增长，笔者认为消费量的大幅度增长是由于 2005 年民用车辆中的轿车数量增长。2001~2016年辽宁省的常住人口量变化幅度不是很大，基本维持在 4 200 万人，同时辽宁的年均客运量也不是很多，民用车辆相应也不是很多，但是辽宁省的人均能源消费量从 2001 年的 1.01 吨标准煤上升到了 2016 年的 2.75 吨标准煤，上升幅度较大，说明辽宁省交通运输部门对能源的使用效率比较低。

2）辽宁省交通运输业碳排放状况

基于辽宁省主要化石能源的消费情况可以得到如下各细分能源历年碳排放量趋势图（图 5-42~图 5-44）。

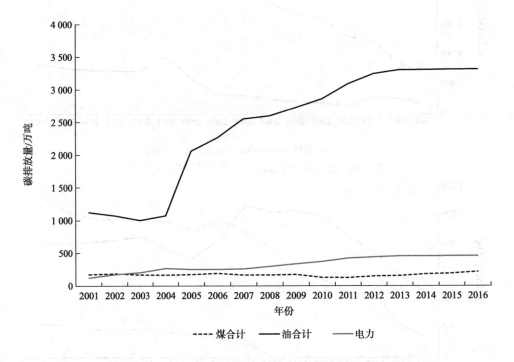

图 5-42　辽宁省交通运输业历年主要碳排放量趋势图

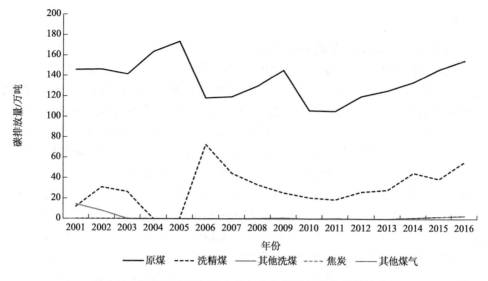

图 5-43　辽宁省交通运输业煤细分能源历年碳排放量趋势图

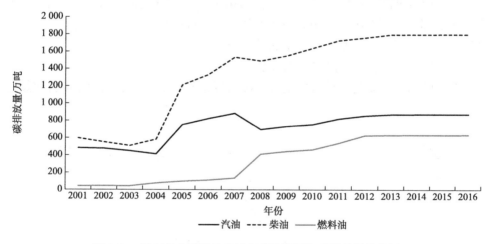

图 5-44　辽宁省交通运输业油细分能源历年碳排放量趋势图

由图 5-42~图 5-44 可知，辽宁省交通运输业碳排放量总体呈和缓上升趋势，15 年间增长了约 3 倍。油的消耗产生的 CO_2 量最大，年均高达 2 441.30 万吨。油的碳排放量在 2005 年大幅度增长是由于其消费量的大幅度增长。煤的碳排放量居次，为 168.30 万吨。液化石油气、天然气消耗所释放的 CO_2 量波动不大，年平均排放量分别为 10.93 万吨和 1.20 万吨。而油的碳排放量从 2004 年起增速较大，其中柴油的碳排放量占绝大部分。综上，辽宁省交通运输业 CO_2 排放趋势与能源结构的调整和消耗的步调基本协调。

4. 陕西省

1）陕西省交通运输业能源消费现状

根据陕西省相关统计年鉴及《中国交通运输统计年鉴》，对 2002~2017 年主要化石能源的消费数据进行整理，可以得到陕西省交通运输行业 2001~2016 年的化石能源消费总量、碳排放量及人均能源消费量。交通运输业能源消费中油占了较大比重，年消费量逐年增加并且年均消费量达到 631.495 万吨，其中占比重较大的是柴油的消耗。陕西省民用车辆数据显示，柴油比重较大是由于拖拉机的广泛使用。从实际来看，2003 年中国农业结构调整，全面推进农业机械化，作为农业大省，陕西省农业柴油机车利用率加大，导致柴油使用大幅增长。居次的是煤的使用量，年均消费量为 30.08 万吨，近几年的增速放缓。而液化石油气在 2005 年以后就没有消耗了，天然气年均消费量为 24.495 万吨。在此期间，陕西省能源消费总量从 2001 年的 154.54 万吨标准煤增长到 2016 年的 1 353.83 万吨标准煤，增长了近 8 倍。常住人口量几乎维持在 3 700 万人，人均能源消费量呈逐年上升趋势，从 2001 年的 0.40 吨标准煤上升到了 2016 年的 1.60 吨标准煤。这说明陕西省交通运输部门化石能源的使用效率在下降，需要进一步推广节能交通工具并配合高质量油的使用，提高柴汽油机车的排放技术。

2）陕西省交通运输业碳排放状况

基于陕西省主要化石能源的消费情况可以得到如下细分能源历年碳排放量趋势图（图 5-45）。

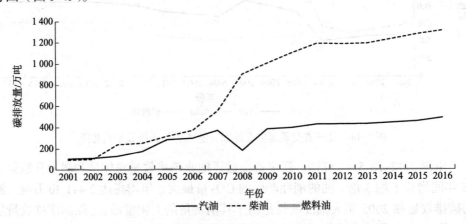

图 5-45　陕西省交通运输业油细分能源历年碳排放量趋势图

由以上数据可知，陕西省交通运输业碳排放总量逐年增加。其 CO_2 排放主要来自油，年均排放量达 818.44 万吨。油的碳排放中，柴油所释放的 CO_2 量波动比较大，平均为 556.9 万吨。汽油的碳排放量在 2008 年下降幅度较大，2009 年又骤升，在这之后起伏不大。笔者认为该变化是因为陕西省民用车辆中使用柴油的机车占大部分，同时油价调整过程中柴油的价格又相对较低。综上，陕西省交通运输业 CO_2 排放趋势与能源结构的调整和消耗的基调基本一致。

5. 云南省

1）云南省交通运输业能源消费现状

根据云南省相关统计年鉴及《中国交通运输统计年鉴》的信息，对 2002~2017 年统计年鉴中化石能源的消费数据进行综合整理，可以得到云南省交通运输业 2001~2016 年的化石能源消费总量及人均能源消费量。云南省交通运输部门对油的依赖度最高，年均消费量达到 633.98 万吨，除了 2004 年有所下降外，整体呈上升趋势，下降主要是由于柴油的消耗大幅度减少。汽油的使用量居第二，年均消费量达到 137.16 万吨，除了 2003 年大幅度下降之外，其他年份的消费量变化幅度不是很明显，可能是在 2003 年原油及煤油对汽油的替代产生的结果。煤类产品中属原煤消耗居多。云南省的能源消费总量从 2001 年的 263.2 万吨标准煤上升到 2016 年 974.42 万吨标准煤，增长了 2.7 倍。以上数据结果说明，云南省交通运输业对能源的使用效率不高，需要采取节能措施。另外，云南省是旅游省，民用车辆中摩托车数量占大部分，年均摩托车数量是汽车数量的近 2 倍，说明云南省需要进一步推广节能交通工具。

2）云南省交通运输业碳排放状况

基于云南省主要化石能源的消费情况可以得到各能源历年碳排放量趋势图（图 5-46）。

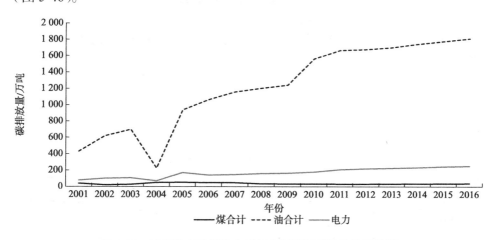

图 5-46　云南省交通运输业历年主要能源碳排放量趋势图

由图 5-46 可看出，云南省交通运输业碳排放总量呈上升趋势，年均增长率达到了 19.17%。从整体趋势中可以发现，交通运输部门产生的 CO_2 85.17%都来自油，年均高达 1 220.45 万吨。其中，2003~2004 年油的消耗所产生的 CO_2 呈下降趋势，2004~2016 年呈快速上升趋势。除此之外，电力的消耗及产生的 CO_2 总体趋势也较为平稳。可见，云南省交通运输业 CO_2 排放趋势与能源结构的调整和消耗的步调基本吻合。

6. 天津市

1）天津市交通运输业能源消费现状

根据天津市相关统计年鉴及《中国交通运输统计年鉴》的信息，对 2002~2017 年统计年鉴中化石能源的消费数据进行综合整理，可以得到天津市交通运输行业 2001~2016 年的化石能源消费总量和人均能源消费量。天津市交通运输部门对油的依赖度最高，年消费量逐年增加并且年平均消费量达到 368.34 万吨。煤的使用量居第二，年均消费量达到 19.09 万吨，但是变化幅度不是很明显。天津交通运输业能源消费总量从 2001 年的 200.46 万吨标准煤增长到 2016 年的 606.09 万吨标准煤，上升 2 倍。常住人口数量从 2001 年的 1 004.06 万人上升到 2016 年的 1 512.21 万人，上升幅度不明显。人均能源消费量逐渐升高，上升速度较快，而常住人口数量是几近不变的，说明交通运输部门对能源的使用效率下降。天津市自 2006 年开始对节能产业大力支持，在节能交通运输工具的推广上也走在各省市的前列。天津市从 2013 年底开始对小客车进行限购，并且自 3 月 1 日开始按尾号限行，2014 年出台《天津市新能源汽车推广应用实施方案（2013—2015 年）》。该方案提出，到 2016 年，天津市将有 1.2 万辆新能源汽车投入运行。

2）天津市交通运输业碳排放状况

基于天津市主要化石能源的消费情况可以得到如下细分能源历年碳排放量趋势图（图 5-47）。

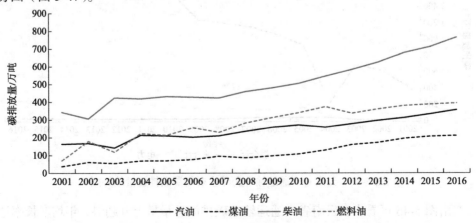

图 5-47　天津市交通运输业油细分能源历年碳排放量趋势图

由图 5-47 可以看出，天津市交通运输业碳排放总量呈上升趋势，油消耗产生的 CO_2 较多，年均高达 1 151.17 万吨。其中，柴油的贡献率最大。此外，燃料油燃烧所释放的 CO_2 近年来上升趋势较为明显，年均排放量达到 279.28 万吨。可见，天津市交通运输业 CO_2 排放趋势与能源结构的调整和消耗的步调吻合。

参 考 文 献

[1]Wiedmann T, Minx J C. A Definition of "Carbon Footprint" [R]. ISA Research Report 07-01, 2007.

[2]JRCEC. Carbon footprint—what it is and how to measure it[J]. Environmental Management, 2009, (3): 1-2.

[3]杜群, 王兆平. 国外碳标识制度及其对我国的启示[J]. 中国政法大学学报, 2011, (1): 68-79, 159.

[4]耿涌, 董会娟, 郗凤明, 等. 应对气候变化的碳足迹研究综述[J]. 中国人口·资源与环境, 2010, 20 (10): 6-12.

[5]李俊峰, 马玲娟. 低碳经济是规则世界发展格局的新规则[J]. 世界环境, 2008, (2): 17-20.

[6]Gilliam F, Penovich P E, Eagan C A, et al. Conversations between community-based neurologists and patients with epilepsy: results of an observational linguistic study[J]. Epilepsy and Behavior, 2009, 16 (2): 112-116.

[7]陈晓科, 周天睿, 李欣, 等. 电力系统的碳排放结构分解与低碳目标贡献分析[J]. 电力系统自动化, 2012, 36 (2): 18-25.

[8]姚亮, 刘晶茹, 王如松. 中国居民消费隐含的碳排放量变化的驱动因素[J]. 生态学报, 2011, 31 (19): 5632-5637.

[9]李子豪, 刘辉煌. 外商直接投资、技术进步和二氧化碳排放——基于中国省际数据的研究[J]. 科学学研究, 2011, 29 (10): 1495-1503.

[10]郭运功, 汪冬冬, 林逢春. 上海市能源利用碳排放足迹研究[J]. 中国人口·资源与环境, 2010, 20 (2): 103-108.

[11]周宾, 陈兴鹏, 王元亮. 区域累积碳足迹测度系统动力学模型仿真实验研究——以甘南藏族自治州为例[J]. 科技进步与对策, 2010, 27 (23): 37-42.

[12]曹辉, 闫淑君, 雷丁菊, 等. 近十年福建省旅游碳足迹的测评[J]. 安全与环境学报, 2014, 14 (6): 306-311.

[13]赵先贵, 肖玲, 马彩虹, 等. 山西省碳足迹动态分析及碳排放等级评估[J]. 干旱区资源与环境, 2014, 28 (9): 21-26.

[14]曾菲. 论京津冀区域一体化碳足迹盘查之立法构建[J]. 华北电力大学学报 (社会科学版), 2016, (6): 62-70.

[15]Leontief W. Input-output data base for analysis of technological change[J]. Economic Systems Research, 1989, 1 (3): 254-261.

[16]曹淑艳, 谢高地. 中国产业部门碳足迹流追踪分析[J]. 资源科学, 2010, 32 (11): 2046-2052.

[17]李稳，杨美丽. 基于生命周期的环境成本理论研究综述[J]. 当代经济，2015，（4）：116-119.

[18]李骞，张天柱. 北京市道路交通活动对环境的压力分析[J]. 生态经济，2006，（7）：35-37，41.

[19]沈卫国. 发展循环经济 促进节能减排 全面实现我省经济又好又快发展[C]//刘光复. 安徽节能减排博士科技论坛论文集. 合肥：合肥工业大学出版社，2007：35-41.

[20]周志方，李成，曾辉祥. 基于产品生命周期的企业碳预算体系构建[J]. 江西社会科学，2016，36（11）：65-72.

[21]彭俊铭，吴仁海. 基于 LMDI 的珠三角能源碳足迹因素分解[J]. 中国人口·资源与环境，2012，22（2）：69-74.

[22]李虹，亚琨. 我国产业碳排放与经济发展的关系研究——基于工业、建筑业、交通运输业面板数据的实证研究[J]. 宏观经济研究，2012，（11）：46-52，66.

[23]张兰怡，郭小燕，史本杰. 基于 IPCC 法的物流业碳足迹测算实证分析[J]. 鸡西大学学报，2016，16（11）：88-92.

[24]李虹，项玉娇. 关于我国工业节能减排的思考[J]. 宏观经济管理，2012，（10）：61-62，71.

第6章 低碳城市能源结构优化问题研究

6.1 能源结构文献回顾

6.1.1 能源结构现状

根据《BP 世界能源统计年鉴（2018）》的数据，2017 年，全球一次能源消费增长率为 2.2%，比 2016 年的增长率高 1 个百分点。亚太地区作为新兴的经济体，是全球能源消耗量最多的地区，占全球能源消耗总量的 42.51%，并且其煤炭消耗量达到全球煤炭能源消耗总量的 74.50%。另外，该地区的石油消耗总量及水力发电量也位居世界前茅。中国作为亚太地区的一员，全球石油探明储量和产量都是亚太地区最多的国家，2017 年消费量达到 608.4 百万吨油当量，石油消耗总量达到该地区一次能源消耗总量的 19.4%。

基于能源种类视角，2017 年石油仍然为全球最为主要的燃料，占全球能源消费总量的 34.21%。与此同时，中国也成为全球石油消费最高增量国，环比增长3.1%。其次是煤炭，作为最主要的化石燃料，它的消耗量环比增长 6.88%，是增速最快的化石燃料，占全球能源消费总量的 38%。中国的煤炭消耗量占亚太地区能源消费量的 68.08%，并超过全球消耗总量的一半，较 2016 年环比增长率为1.85%。紧随其后的是天然气，占全球能源消费总量的 23.36%，较 2016 年环比增长 2.7%。2017 年全世界的可再生能源占全球能源消费的 3.6%，其中中国的可再生能源消费量较 2016 年环比增长 30.6%，排在亚太地区的首位。由此可见，中国能源消费的增加支撑了中国经济的高速增长。表 6-1、图 6-1 和图 6-2 为 2013~2017年全世界和中国的一次能源消费情况。

表6-1　2013~2017年世界和中国的一次能源消费情况（单位：百万吨油当量）

分类	世界					中国				
	2013 年	2014 年	2015 年	2016 年	2017 年	2013 年	2014 年	2015 年	2016 年	2017 年
天然气	3 052.8	3 065.5	3 146.7	3 073.2	3 156	153.7	166.9	175.3	180.1	206.7
煤炭	3 867	3 881.8	3 784.7	3 706	3 731.5	1 961.2	1 962.4	1 913.6	1 889.1	1 892.6
核能	563.7	574	582.7	591.2	596.4	25.3	28.6	38.6	48.3	56.2
水电	861.6	879	883.2	913.3	918.6	208.2	240.8	252.2	261	261.5
可再生能源	283	316.9	366.7	417.4	486.8	46.1	53.1	64.4	81.7	106.7
总计	8 628.1	8 717.2	8 764.0	8 701.1	8 889.3	2 394.5	2 451.8	2 444.1	2 460.2	2 523.7

资料来源：2014~2018 年《BP 世界能源统计年鉴》

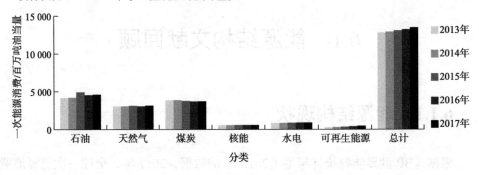

图 6-1　2013~2017 年全世界一次能源消费情况

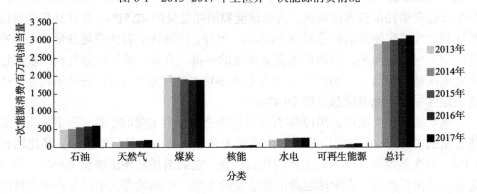

图 6-2　2013~2017 年中国一次能源消费情况

6.1.2　国内外文献回顾

　　20 世纪 70 年代梅多斯等通过建立"世界末日模型"，首次对能源问题进行了系统研究[1]。自此之后，能源问题在世界范围受到普遍关注，学术界也纷纷展开研究。关于能源替代性方面的研究着手较早，J. Kraft 和 A. Kraft 研究了美国能源工业部门中石油与电力及其他六种主要化石能源之间的替代性[2]。Harvey 和 Marshall 研究英国的石油和电力及煤炭和石油之间的互补替代性[3]。Redgwell 等剖析了中国和印度的能源消费结构，验证了两国在能源问题上的世界性地位[4]。

当前，发达国家的能源结构已基本完成了由煤向石油的转换，并努力开拓更加节能环保的新能源领域，如太阳能、核能、风能等。相比之下，国内的研究起步稍晚，但研究成果也在不断完备之中。其中，Guo 等[5]和 Feng 等[6]从能源结构变动的角度分析其对能源强度的影响；路正南[7]、史丹和张金隆[8]从优化产业结构角度研究调整能源结构的优势；冯泰文等[9]、孔婷等[10]及绍兴军和田立新[11]研究了能源各影响因素间的调节效应，把能源结构当作调节变量来研究能源生产消费问题。能源结构演化方面的研究有唐忆文等[12]、王顺庆[13]和马晓微[14]等。阚士亮等[15]通过对实地调研的数据进行统计分析，对山东省农村生活能源消费结构及其环境影响进行了定量化研究，从激励可再生能源产业、完善农村能源服务体系等方面出发为改善农村生活能源消费结构提供理论参考。而在有关测度模型方面，彭非和智冬晓利用中国发展指数测度低碳经济的能源发展水平[16]。李继尊利用主成分分析法，结合人工神经网络分析，建立了涵盖四个子系统、54 个预警指标的中国能源预警模型[17]。傅瑛和田立新建立了能源消费的 Logistic 模型，测度了江苏省短期能源消费总量[18]。孙涛和赵天燕基于环境库兹涅茨理论构建我国能源消耗的碳排放量测度模型，并对我国能源消耗过程中碳排放趋势进行检验，提出相关部门需进一步增加环境污染治理投资，促进中国经济增长与能源消耗碳排放量之间的关系向着倒"U"趋势转化[19]。王柳叶[20]根据能源结构与能源系统、能源结构与经济系统、能源结构与环境系统之间的联系，使用 3E 系统协调运行过程分析能源结构的影响因素，在 DPSIR（驱动力-压力-状态-影响-响应）模型的基础上构建能源结构合理度测度指标体系。吕明元从生态经济的视角（即能源、经济和环境等 3 个维度）构建综合评价能源结构合理度的指标体系，运用 AHP 建立生态经济模型，得到能源结构合理度的衡量标准，并对天津市能源结构的合理性进行了定量分析[21]。

尽管 20 世纪 90 年代以来，我国一次能源消费结构得到逐步优化，但是长期来看，对煤炭的过度依赖问题依然没有得到根本性转变。在全球气候变化和能源短缺大形势下，我们依然不可放慢优化能源结构的脚步。正确测度地域及部门的能源结构，有助于准确把握和评价不同层面的能源结构现状，为低碳经济发展指明更加科学合理的修正方向。因而本章通过对能源生产及消耗的演化分析，构建能源利用效率的测度模型，来提升本章研究的现实意义。

6.2　试点省市物质输入和输出结构的演化分析

6.2.1　信息熵理论及在能源结构分析中的应用概述

"熵"（entropy）建立在热力学第二定律基础之上，是一个用来表示分子不规则运动度的动态函数。它原指体系的混乱程度，用以描述自发过程不可逆性的状态函数。1848 年美国数学家申农（C.E.shannon）将熵的概念引入信息论中，提出了信息熵的概念和数学表达式。信息熵可以揭示热力学、生物学、物理学、社会科学等领域的运动规律，凡是与时间有关的不可逆过程均可表现为熵增加。因此，它又被广泛应用到物理学、化学、医学、心理学、地理学、经济管理学等多个领域并取得了众多成果。若用随机变量 X 表示一个不确定系统状态特征，对于离散型随机变量，设 x 的取值为 $X = \left(x_1, x_2, \cdots, x_n\right) \left(n \geqslant 2\right)$，每一取值对应的概率为 $P = \left(p_1, p_2, \cdots, p_n\right) \left(0 \leqslant P_i \leqslant 1, i = 1, 2, \cdots, n\right)$，且有 $\sum P_i = 1$，则该系统的信息熵为

$$S = -\sum_{i=1}^{m} P_i \ln P_i \qquad (6\text{-}1)$$

而能源生产和消费系统是一个与外界不断进行物质、能量及信息交换的动态开放系统。在经济社会不断发展的过程中，能源结构也将发生时间和空间上的更替，展现其不可逆性的演化特性。因此，将信息熵引入能源结构中，可以很好地描述其在生产和消耗过程中的动态演变规律。众多学者也已经做过相关研究，如耿海青和梁学功[22]。

基于以上理论，假定我国拥有 n 种能源的总储量是 Q，先将各类能源以标准煤为单位进行无量纲化，计算出各类型能源占比 $P_i = Q_i / Q, (i = 1, 2, 3, \cdots, n)$，且 $\sum P_i = 1$。由式（6-1）可知，P_i 就是信息熵中的概率。为更深层次地阐释各能源种类之间的质量差别和结构格局差异，根据耿海青等的理论，可以用均衡度来进行量化表述。其均衡度表达式如下：

$$E = -\sum_{i=1}^{m} P_i \ln P_i / \ln m \qquad (6\text{-}2)$$

式中，$\ln m$ 是最大信息熵值，是当 P_i 都相等时的取值。那么均衡度就是信息熵与最大熵值之间的比值。E 在[0, 1] 取值范围内，取值越大，表示各能源种类之间比例差别越小；$E = 0$ 时，表示能源结构的复杂度最低。

基于均衡度的概念，构建出能源结构优势度公式：

$$D = 1 - E \qquad (6\text{-}3)$$

式中，D 是优势度，反映试点省市内一种或者几种占优势能源支配该试点省市能源结构类型的程度，同均衡度的意义相反，用来表示能源利用集中度。

我国是世界第一大能源生产和消费国，且煤炭消费占一次能源消费总量的 70% 以上。在生态文明建设背景下，优化能源结构是绿色经济的关键。面对来自外界和自身的节能压力，探求新的出路迫在眉睫。本节将根据熵值理论，研究我国低碳试点省市的能源结构演化轨迹。鉴于研究的可比性和信息的完整性，本节根据试点省市年鉴信息数据，选择 2001~2016 年煤、石油、天然气这 3 种主要能源进行测度，代入本节公式可得到各能源比例 P_i、信息熵 S_i、均衡度 E 及优势度等。

6.2.2　试点省市能源生产的演化分析

由于篇幅所限，本节选取广东省历年能源生产信息进行演化分析，具体如表 6-2 所示。

表6-2　广东省2001~2016年能源生产结构信息表

项目	2001 年	2002 年	2003 年	2004 年	2005 年	2006 年	2007 年	2008 年
煤炭 P_1	0.04	0.04	0.12	0.15	0.075	—	—	—
石油 P_2	0.52	0.5	0.45	0.44	0.46	0.46	0.42	0.42
天然气 P_3	0.12	0.11	0.08	0.11	0.13	0.16	0.16	0.17
煤炭 S_1	0.13	0.13	0.25	0.28	0.19	—	—	—
石油 S_2	0.34	0.35	0.36	0.36	0.36	0.36	0.36	0.36
天然气 S_3	0.25	0.24	0.2	0.24	0.27	0.29	0.29	0.3
信息熵	0.72	0.72[#]	0.82	0.89	0.82	0.65	0.66	0.67
均衡度	0.52	0.52	0.59	0.64	0.59[**]	0.59	0.6	0.61
优势度	0.48	0.48	0.41	0.36	0.41	0.41	0.4	0.39
项目	2009 年	2010 年	2011 年	2012 年	2013 年	2014 年	2015 年	2016 年
煤炭 P_1	—	—	—	—	—	—	—	—
石油 P_2	0.44	0.38	0.34	0.34	0.34	0.32	0.3	0.29

续表

项目	2009 年	2010 年	2011 年	2012 年	2013 年	2014 年	2015 年	2016 年
天然气 P_3	0.18	0.21	0.23	0.22	0.19	0.18	0.19*	0.17
煤炭 S_1	—	—	—	—	—	—	—	—
石油 S_2	0.36	0.37	0.37	0.37	0.37	0.38	0.37	0.38
天然气 S_3	0.31	0.33	0.34	0.33	0.32	0.33	0.32	0.31
信息熵	0.67	0.7	0.7	0.7	0.68	0.68	0.67	0.68
均衡度	0.61	0.63	0.64	0.64	0.62	0.62	0.60	0.59
优势度	0.39	0.37	0.36	0.36	0.38	0.38	0.40	0.41

*表示天然气 P_3（2015）=33 800/6 422.11=0.19；**表示均衡度 E（2005）=$\sum P_i \ln P_i / \ln m$=（0.075×ln0.075）/ln3+（0.046×ln0.46）/ln3+（0.13×ln0.13）/ln3≈0.59；#表示信息熵 S（2002）=$-\sum P_i \ln P_i$=-（0.04×ln0.04+0.5×ln0.5+0.11×ln0.11）≈0.72

注：P_i 为广东省统计年鉴中各能源占总能源的比重；信息熵 S 的计算参照式（6-1），均衡度和优势度的计算参照式（6-2）、式（6-3）；—表示该年度数据非常小，可以忽略不计

　　从信息熵角度来看,广东省能源生产结构 15 年来经历了 3 次波动。2001~2005 年广东省的煤炭产量除 2005 年有略微下降外,在能源结构中所占的比例呈现先上升后下降的趋势,对应的煤炭的信息熵值呈现倒 U 形。这说明煤炭在能源结构中所占的地位在下降。石油开采水平除了 2003~2005 年异常增多,其余年份均比较稳定,其信息熵稳定在 0.36 附近,说明石油的产量在能源结构中始终没有改变,一直占据很重要的位置。天然气的熵值在 2001~2003 年出现下降,说明在这段时间内天然气的产量在增加,之后出现很小程度的上升,说明天然气的生产量没有跟上使用量的增加。2001 年和 2002 年的均衡度相同,说明这两年的能源结构没有发生很大的变化,但是各种能源所占比例的差别比较大。2002~2004 年的均衡度上升,说明这几年的能源结构比例在逐渐调整,且每种能源所占比例在逐渐趋同。2004~2005 年均衡度有所下降,幅度较小。2006~2011 年的均衡度不断增大。2011~2016 年均衡度值又有所下降。优势度正好呈现与均衡度相反的趋势,优势度在 2005~2012 年呈下降趋势,从 2013 年开始优势度有所增长。

6.2.3　试点省市能源消耗的演化分析

　　试点省市能源消费尤其是化石能源主要是集中在工业、建筑业及交通运输业中,所以本节将分三部门量化试点省市的能源消费结构。

1）工业能源消耗演化分析

如表 6-3、图 6-3 和图 6-4 所示，广东省 2001~2009 年，总的信息熵呈现基本持平的趋势，2009~2011 年有所下降，2011~2013 年又有所上升，趋势平缓，2013~2016 年呈现先下降后上升的趋势，且变化幅度很小。煤炭信息熵在 2003 年有所下降，2004~2005 年呈上升趋势，2005~2011 年呈现下降趋势，2011~2016 年整体变化较小。石油信息熵在整个期间内变化较小。天然气信息熵最低，且整体上呈现很平稳的趋势。均衡度和优势度走势相反。上述现象表明广东省工业子系统能源消费结构从 2011 年开始向着不合理和不理想的状态演进，主要原因在于 2010~2011 年煤炭消费量增长较快，煤炭信息熵下降，因而整体信息熵下降，使得以煤为主的单一能源结构更加不合理。

表6-3 广东省2001~2016年工业能源消耗结构信息表

年份	2001	2002	2003	2004	2005	2006	2007	2008
煤炭 P_1	0.6	0.58	0.6	0.55	0.53	0.52	0.56	0.61
石油 P_2	0.4	0.42	0.39	0.45	0.47	0.48	0.44	0.39
天然气 P_3	—	—	0.000 4	0.000 4	0.000 4	0.000 8	0.001 2	0.001 7
煤炭 S_1	0.31	0.31	0.3	0.33	0.34	0.34	0.32	0.3
石油 S_2	0.37	0.36	0.37	0.36	0.35	0.35	0.36	0.37
天然气 S_3	—	—	—	—	—	0.01	0.01	0.01
信息熵	0.67	0.68	0.67	0.69	0.69	0.7	0.69	0.68
均衡度	0.61	0.62	0.61	0.63	0.63	0.64	0.63	0.62
优势度	0.39	0.38	0.39	0.37	0.37	0.36	0.37	0.38
年份	2009	2010	2011	2012	2013	2014	2015	2016
煤炭 P_1	0.61	0.68	0.75	0.73	0.73	0.72	0.74	0.76
石油 P_2	0.38	0.31	0.24	0.21	0.21	0.19	0.2	0.22
天然气 P_3	0.011 0	0.003 5	0.003 8	0.005 3	0.005 3	0.004 7	0.004 9	0.005 0
煤炭 S_1	0.3	0.26	0.21	0.23	0.23	0.22	0.25	0.23
石油 S_2	0.37	0.36	0.34	0.33	0.33	0.33	0.32	0.33
天然气 S_3	0.05	0.02	0.02	0.03	0.03	0.04	0.03	0.02
信息熵	0.72	0.64	0.58	0.59	0.59	0.58	0.57	0.58
均衡度	0.65	0.59	0.53	0.53	0.53	0.53	0.54	0.56
优势度	0.35	0.41	0.47	0.47	0.47	0.47	0.46	0.44

注：P_i 为广东省统计年鉴中工业行业各能源占总能源消费的比重；信息熵 S 的计算参照式（6-1），均衡度和优势度的计算参照式（6-2）、式（6-3）；—表示该年度数据非常小，可以忽略不计

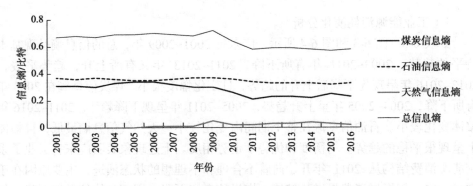

图 6-3　广东省工业能源消耗信息熵趋势图

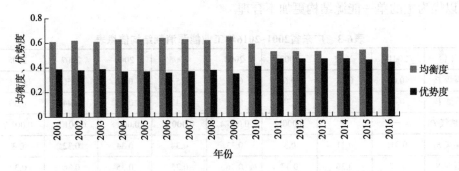

图 6-4　广东省工业能源消耗均衡度及优势度直方图

2）建筑业能源消耗演化分析

如表 6-4，图 6-5 和图 6-6 所示，2001~2016 年，广东省建筑业总信息熵、煤炭信息熵和石油信息熵均呈以下变化：2001~2004 年基本持平，2005 年大幅下降，2006~2011 年基本不变。2011~2015 年，煤炭信息熵和建筑业总信息熵呈现先下降后上升的状态。其中，2005 年广东建筑子系统汽油消费量大幅上升，增长比率高达 150.84%，煤炭消费量增长率为 17.22%。建筑子系统没有天然气能源的消耗，因此均衡度较低，呈现出建筑子系统能源结构不合理的局面。

表6-4　广东省2001~2016年建筑业能源消耗结构信息表

年份	2001	2002	2003	2004	2005	2006	2007	2008
煤炭 P_1	0.03	0.03	0.03	0.03	0.02	0.02	0.02	0.02
石油 P_2	0.97	0.97	0.97	0.97	0.98	0.98	0.98	0.98
天然气 P_3	—	—	—	—	—	—	—	—
煤炭 S_1	0.1	0.11	0.11	0.11	0.08	0.08	0.08	0.08
石油 S_2	0.03	0.03	0.03	0.03	0.02	0.02	0.02	0.02
天然气 S_3	—	—	—	—	—	—	—	—

续表

年份	2001	2002	2003	2004	2005	2006	2007	2008
信息熵	0.13	0.14	0.14	0.14	0.1	0.1	0.1	0.1
均衡度	0.12	0.12	0.12	0.12	0.1	0.1	0.09	0.1
优势度	0.88	0.88	0.88	0.88	0.9	0.9	0.91	0.9
年份	2009	2010	2011	2012	2013	2014	2015	2016
煤炭 P_1	0.02	0.02	0.02	0.01	0.02	0.02	0.03	0.02
石油 P_2	0.98	0.98	0.98	0.99	0.98	0.98	0.97	0.98
天然气 P_3	—	—	—	—	—	—	—	—
煤炭 S_1	0.08	0.08	0.08	0.06	0.06	0.06	0.07	0.06
石油 S_2	0.02	0.02	0.02	0.01	0.02	0.02	0.01	0.02
天然气 S_3	—	—	—	—	—	—	—	—
信息熵	0.1	0.1	0.11	0.07	0.08	0.09	0.1	0.09
均衡度	0.1	0.1	0.1	0.1	0.11	0.11	0.1	0.11
优势度	0.9	0.9	0.9	0.9	0.89	0.89	0.9	0.89

注：P_i 为广东省统计年鉴中建筑行业各能源占总能源消费的比重；信息熵 S 的计算参照式（6-1），均衡度和优势度的计算参照式（6-2）、式（6-3）；—表示该年度数据非常小，可以忽略不计

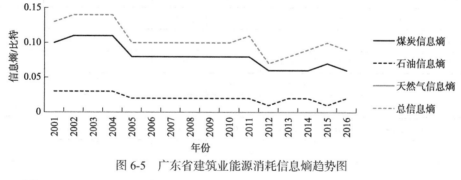

图 6-5　广东省建筑业能源消耗信息熵趋势图

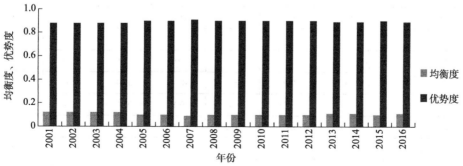

图 6-6　广东省建筑业能源消耗均衡度及优势度直方图

3）交通运输业能源消耗演化分析

如表 6-5，图 6-7 和图 6-8 所示，2001~2002 年广东交通运输子系统总信息熵、煤炭信息熵均出现大幅下降，石油信息熵呈小幅降低。原因在于 2002 年广东交通运输部门消耗的煤炭降低幅度较大。2002~2009 年总信息熵、煤炭信息熵和石油信息熵均基本持平，表明该阶段能源结构较为稳定。2010~2011 年，总信息熵、天然气信息熵、煤炭信息熵和石油信息熵均基本不变，这是由于 2010 年和 2011 年广东交通运输子系统开始耗用天然气能源，使得能源结构更加合理。2011~2013 年信息熵呈现大幅度上升，尤其是石油信息熵上升幅度较大。2013~2016 年石油信息熵总体呈小幅升高，天然气信息熵大幅降低。2001~2011 年均衡度较低，主要是由于交通运输能源以石油消耗为主，其他能源消耗比例较低。2012~2016 年均衡度有所上升，这是石油占比上升所导致的。

表6-5　广东省2001~2016年交通运输业能源消耗结构信息表

年份	2001	2002	2003	2004	2005	2006	2007	2008
煤炭 P_1	0.01							
石油 P_2	0.99	1	1	1	1	1	1	1
天然气 P_3	—							
煤炭 S_1	0.03	0.01		0.01				
石油 S_2	0.01							
天然气 S_3	—							
信息熵	0.04	0.01	0.01	0.01	0.01	0.01	0.01	0.01
均衡度	0.03	0.01	0.01	0.01				
优势度	0.97	0.99	1	0.99	1	1	1	1
年份	2009	2010	2011	2012	2013	2014	2015	2016
煤炭 P_1	—	—	—					
石油 P_2	1	1	1	0.97	0.93	0.93	0.92	0.91
天然气 P_3	—	0.001	0.001		0.008	0.008	0.009	0.008
煤炭 S_1					—	—		
石油 S_2				0.03	0.06	0.06	0.05	0.07
天然气 S_3		0.01	0.01	—	0.04	0.04	0.03	0.02
信息熵	0.01	0.01	0.01	0.03	0.1	0.11	0.14	0.16
均衡度	—	0.01	0.01	0.03	0.07	0.07	0.09	0.08
优势度	1	0.99	0.99	0.97	0.93	0.93	0.91	0.92

注：P_i 为广东省统计年鉴中交通运输行业各能源占总能源消费的比重；信息熵 S 的计算参照式（6-1），均衡度和优势度的计算参照式（6-2）、式（6-3）；—表示该年度数据非常小，可以忽略不计

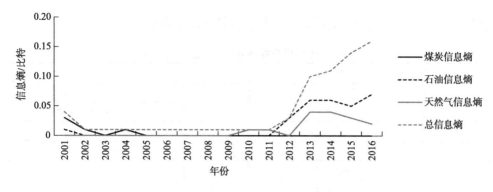

图 6-7　广东省交通运输业能源消耗信息熵趋势图

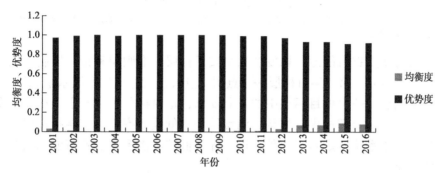

图 6-8　广东省交通运输业能源消耗均衡度及优势度直方图

6.3　试点省市能源结构的测度模型

6.3.1　测度模型的构建

基于 6.2 节的测算可知，试点省市能源结构主要还是依赖煤，能源结构不合理的状况亟待改变。实现能源的可持续发展是践行生态文明建设的必由之路。在系统地研究试点省市能源结构现状和社会经济总效益的基础上，构建低碳经济下试点省市能源结构测度模型，有助于恰当评价能源结构水平，预测能源结构演化趋势，为调整试点省市能源结构提供参考，有助于政府部署能源战略，落实低碳节能目标。国内外关于能源结构测度指标的研究不胜枚举。测度模型的构建原则包括科学性、综合性、相对独立性、动态性及可操作性。本书通过归纳整理现有文献，筛选出具有代表性的指标，使其更有科学性（表6-6）。

表6-6　低碳城市能源结构测度的最终指标

序号	指标	序号	指标
X_1	能源生产总量	X_7	单位工业增加值能耗
X_2	非煤炭能源生产比重	X_8	能源消费弹性系数
X_3	能源消费总量	X_9	能源碳排放系数
X_4	非煤炭能源消费比重	X_{10}	碳排放强度
X_5	人均能源消费量	X_{11}	人均碳排放量
X_6	单位 GDP 能耗		

注：①能源消费总量＝能源期初库存量＋一次能源生产量＋能源进口量（调入量）－能源出口量（调出量）－能源期末库存量；②能源消费弹性系数是能源消费量增长速度与国民经济增长速度之比；③能源碳排放系数是碳排放总量与能源消费量之比

　　本书将试点省市能源结构发展水平按目标层、准则层和指标层制定三级评价体系（图 6-9）。第一层目标层——点明试点省市能源结构发展水平总体要求；第二层准则层——根据目标层中的发展要求，把目标分解到若干个相互联系的子系统中，本节分解成供应结构、消费结构和低碳效率；第三层指标层——基于上述三个子系统设定若干评价指标，评价低碳经济下试点省市能源结构发展的具体状况。

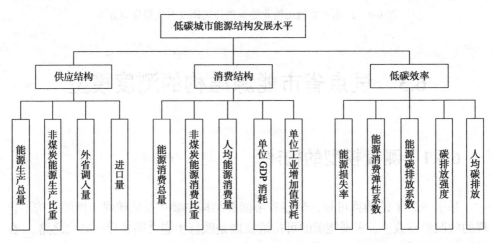

图 6-9　低碳城市能源结构测度模型

6.3.2　评价方法的选择及测算步骤

本章数据来自试点省市统计年鉴和《中国能源统计年鉴》，时间跨度为

2001~2016 年。不同的指标对综合评价结果的影响是截然不同的。在统计学中，统计指标包括正指标和逆指标。正指标是指数值越大越好的指标，逆指标则是数值越小越好。基于可比性原则，首先将各指标进行标准化处理：把逆指标取原指标的倒数转换成正指标，然后对所有正指标进行无量纲化，测算出试点省市能源结构发展水平的综合评价值。本章中的逆向指标包括外省调入量、进口量、人均能源消费量、单位 GDP 能耗、单位工业增加值能耗、能源损失率、能源消费弹性系数、能源碳排放系数、碳排放强度、人均碳排放量。

目前国内外关于指标评价方法的颇多，主要分成两大类：主观赋权法（如 AHP）和客观赋权法（主成分分析法）。其中，主观赋权法受到人为因素影响较大，致使结果不能完全真实地反映客观事实；而客观赋权法主要是根据各指标间的相互关系确定权重，可避免主观因素造成的误差。因此，本章选取客观赋权法（主成分分析法）进行后续研究。主成分分析法是在考虑各指标间的相互关系的前提下，利用降维思想把多个指标转换成较少的几个互不相关的综合指标，从而使进一步研究变得简单的一种统计方法。它可以避免信息重复的问题。本章将通过该方法提炼指标因子，用较少的综合指标代表所有指标特性，综合反映试点省市能源结构发展水平评价值。其操作过程如下：

1）样本指标标准化

对原始数据进行标准化处理是消除指标间量纲影响的一个必要程序。假设 n 个样本中包括 m 项指标，用 x_{ij} 表示第 i 个样本的第 j 项指标值，则原始数据矩阵可表示为 $\boldsymbol{X} = \begin{bmatrix} x_{11} & \cdots & x_{1m} \\ \vdots & & \vdots \\ x_{n1} & \cdots & x_{nm} \end{bmatrix}$。本章采用 Z-scores 法进行无量纲化处理：

$$Z_{ij} = \left(x_{ij} - \overline{x}_j \right) \big/ S_j \tag{6-4}$$

$$\overline{x}_j = \frac{1}{n} \sum_{i=1}^{n} x_{ij} \tag{6-5}$$

$$S_j = \sqrt{\left[\sum_{i=1}^{n} \left(x_{ij} - \overline{x}_{ij} \right)^2 \right] \big/ (n-1)} \tag{6-6}$$

式中，$i = 1, 2, \cdots, n; j = 1, 2, \cdots, m$。标准化得矩阵 $\boldsymbol{Z}$：

$$\boldsymbol{Z} = \begin{bmatrix} z_{11} & \cdots & z_{1n} \\ \vdots & & \vdots \\ z_{n1} & \cdots & z_{nm} \end{bmatrix} \tag{6-7}$$

2）确定样本相关矩阵 $\boldsymbol{A}$

r_{jk} 是指标 j 与指标 k 的相关系数，则相关系数矩阵 $\boldsymbol{A} = \left(r_{jk} \right)_{nxp}$，

$$r_{jk} = \frac{1}{n-1}\sum_{i=1}^{n}\left[\left(x_{ij}-\overline{x}_j\right)\big/S_j\right]\left[\left(x_{ik}-\overline{x}_k\right)\big/S_k\right] \qquad (6\text{-}8)$$

即

$$r_{jk} = \sum_{i=1}^{n}Z_{ij}Z_{ik} \qquad (6\text{-}9)$$

式中，$i=1,2,\cdots,n; j=1,2,\cdots,m; k=1,2,\cdots,m$。

3）计算相关矩阵 A 的特征值和特征向量

根据特征方程 $Ax=\lambda x$，可求得 m 个特征值 $\lambda_j\left(j=1,2,\cdots,m\right)$，它是确定主成分数据的依据。在 SPSS 软件中，其值已经自动排序，最大是 λ_1，最小值 λ_m。每一个特征值所对应的特征向量设为 $\partial_j\left(j=1,2,\cdots,m\right)$，将其标准化后的指标变量转换为主成分：

$$F_j = \partial_1 Z_1 + \partial_2 Z_2 + \cdots + \partial_m Z_m \left(j=1,2,\cdots,m\right) \qquad (6\text{-}10)$$

则 F_1 称为第一主成分，F_2 称为第二主成分，依次类推，F_m 是第 m 主成分。

4）求方差贡献率，确定主成分个数

在选取尽量少的 p 个主成分（$p<m$）时，要尽量不使信息失真。可以用方差衡量各指标所包含的信息量，即各成分所包含的信息占总信息的百分比，且各指标贡献率之和等于 m。通常当 p 个指标的累计贡献率不小于 80% 时认为所选成分可作为主成分来表述样本特征。前 p 个指标成分的累计贡献率 K 可表示为

$$K = \sum_{j=1}^{p}\frac{\lambda_j}{m} \qquad (6\text{-}11)$$

5）对 p 个主成分进行综合评价

以方差贡献率为权重，根据 $F_j\left(j=1,2,\cdots,m\right)$ 对这 p 个主成分进行加权求和，测算其能源结构综合评价值 V：

$$V = \sum_{j=1}^{p}\frac{\lambda_j}{\sum_{j=1}^{m}\lambda_j}F_j \qquad (6\text{-}12)$$

6.3.3 基于试点省市的能源利用效率测度模型应用

由于篇幅所限，选取广东省进行说明。

本章研究的 11 个指标中，有 7 个指标是逆指标（人均能源消费量、单位 GDP 能耗、单位工业增加值能耗、能源消费弹性系数、能源碳排放系数、碳排放强度、人均碳排放量），需要进行正向转换。转换后指标数据如表 6-7 所示。

表6-7 广东省11项评价指标数据表

指标	2001 年	2002 年	2003 年	2004 年	2005 年	2006 年	2007 年	2008 年
X_1（能源生产总量）	1 663.92	1 709.51	2 142.86	2 793.95	2 268.07	1 688.95	1 637.62	1 804.74
X_2（非煤炭能源生产比重）	0.89	0.87	0.69	0.64	0.79	1	1	1
X_3（能源消费总量）	4 133.16	4 418.55	5 709.53	5 559.57	6 856.76	7 932.75	8 781.71	9 560.78
X_4（非煤炭能源消费比重）	0.6	0.61	0.58	0.65	0.67	0.67	0.65	0.62
X_5（人均能源消费量）	0.47	0.50	0.64	0.61	0.75	0.84	0.91	0.97
X_6（单位 GDP 能耗）	0.34	0.33	0.36	0.29	0.30	0.30	0.28	0.26
X_7（单位工业增加值能耗）	0.82	0.78	0.81	0.64	0.64	0.62	0.58	0.54
X_8（能源消费弹性系数）	0.57	0.57	1.68	-0.14	1.19	0.88	0.55	0.56
X_9（能源碳排放系数）	4.64	4.86	4.65	5.32	5.09	4.96	5.04	4.9
X_{10}（碳排放强度）	1.59	1.59	1.68	1.57	1.55	1.48	1.39	1.27
X_{11}（人均碳排放量）	2.46	2.73	3.34	3.56	3.8	4.23	4.69	4.91
指标	2009 年	2010 年	2011 年	2012 年	2013 年	2014 年	2015 年	2016 年
X_1（能源生产总量）	3 109.46	3 136.45	2 902.99	3 029.29	3 225.51	3 357.83	3 533.12	3 717.56
X_2（非煤炭能源生产比重）	0.57	0.59	0.6	0.61	0.62	0.63	0.61	0.59
X_3（能源消费总量）	9 988.49	9 447.69	9 399.97	9 380.38	9 989.71	11 490.13	12 154.94	12 858.22
X_4（非煤炭能源消费比重）	0.61	0.54	0.5	0.51	0.52	0.52	0.51	0.5
X_5（人均能源消费量）	0.99	0.90	0.89	0.89	0.94	1.07	1.12	1.17
X_6（单位 GDP 能耗）	0.25	0.21	0.18	0.16	0.16	0.17	0.17	0.16
X_7（单位工业增加值能耗）	0.54	0.43	0.37	0.36	0.38	0.34	0.31	0.29
X_8（能源消费弹性系数）	0.61	-0.33	-0.03	-0.03	-0.03	0.13	0.11	0.09
X_9（能源碳排放系数）	4.89	5.41	5.69	5.68	5.72	5.72	5.81	5.91
X_{10}（碳排放强度）	1.24	1.11	1.01	1	1.02	0.94	0.89	0.85
X_{11}（人均碳排放量）	4.82	4.89	5.1	5.1	5.11	5.33	5.57	5.77

注：数据来源于广东省历年统计年鉴、《中国统计年鉴》、国家统计局及现有资料的计算和整理

把数据录入 SPSS 中进行降维处理，可知指标间相关性较高，可以进行主成分分析，其结果如表 6-8 和表 6-9 所示。

表6-8　总方差表

成分	初始特征值			提取平方和载入		
	合计	方差贡献率	累积方差贡献率	合计	方差贡献率	累积方差贡献率
1	8.570	77.905%	77.905%	8.570	77.905%	77.905%
2	1.219	11.080%	88.985%	1.219	11.080%	88.985%
3	0.642	5.840%	94.825%			
4	0.339	3.078%	97.903%			
5	0.148	1.342%	99.246%			
6	0.048	0.441%	99.686%			
7	0.027	0.248%	99.934%			
8	0.005	0.046%	99.980%			
9	0.002	0.017%	99.997%			
10	0.000	0.002%	100.000%			
11	4.974×10^{-5}	0.000%	100.000%			

注：提取方法为主成分分析法

表6-9　成分载荷矩阵

指标	成分	
	1	2
Z-score（X_1（能源生产总量））	−0.895	−0.300
Z-score（X_2（非煤炭能源生产比重））	0.686	0.591
Z-score（X_3（能源消费总量））	−0.910	0.386
Z-score（X_4（非煤炭能源消费比重））	0.810	0.335
Z-score（X_5（人均能源消费量））	−0.854	0.488
Z-score（X_6（单位 GDP 能耗））	0.981	0.001
Z-score（X_7（单位工业增加值能耗））	0.984	−0.124
Z-score（X_8（能源消费弹性系数））	0.703	0.322
Z-score（X_9（能源碳排放系数））	−0.926	−0.143
Z-score（X_{10}（碳排放强度））	0.980	−0.079
Z-score（X_{11}（人均碳排放量））	−0.917	0.368

注：提取方法为主成分分析法；已提取了 2 个成分

从表 6-8 中可以清晰分辨出两个主成分，其累积贡献率已达 88.985%，超过 80%，可以认为两个因子 F_1 和 F_2 的特性反映出原始 11 个指标的基本信息。而成分载荷矩阵是表示主成分和对应的原变量之间的相关系数，系数越大，则主成分对该变量的代表性也越大。由成分载荷矩阵可知，第一主成分对各指标的解释很充分。其中，能源消费总量 X_3、单位 GDP 能耗 X_6、单位工业增加值能耗 X_7、能

源碳排放系 X_9、碳排放强度 X_{10}、人均碳排放量 X_{11} 与第一主成分 F_1 的相关性都在 0.9 以上；而能源生产总量 X_1、非煤炭能源消费比重 X_2、能源消费总量 X_3、非煤炭能源消费比重 X_4、人均能源消费量 X_5、能源消费弹性系数 X_8、人均碳排放量 X_{11} 在第二主成分 F_2 的载荷量较大。而根据成分得分系数矩阵求得的主成分值如下：

$$F_1 = -0.104Z_1 + 0.080Z_2 - 0.106Z_3 - 0.094Z_4 - 0.100Z_5 + 0.114Z_6 \quad (6\text{-}13)$$
$$+ 0.115Z_7 + 0.082Z_8 - 0.108Z_9 + 0.114Z_{10} - 0.107Z_{11}$$

$$F_2 = -0.246Z_1 + 0.485Z_2 + 0.316Z_3 + 0.275Z_4 - 0.400Z_5 - 0.001Z_6 \quad (6\text{-}14)$$
$$- 0.102Z_7 + 0.264Z_8 - 0.117Z_9 - 0.065Z_{10} + 0.302Z_{11}$$

式中，Z_i 中各变量 X_i 均为经过均值为 0、标准差为 1 标准化后的变量。从式子中所传达的意思可知，第 1 公因子 F_1 基本支配了 X_3、X_6、X_7、X_9、X_{10}、X_{11}；而第 2 公因子基本支配 X_1、X_2、X_3、X_4、X_5、X_8、X_{11}。与表 6-10 的分析结果吻合。一类代表能源消费和碳排放绝对量，一类代表能源利用效率调整。

表6-10 成分得分系数矩阵表

指标	成分	
	1	2
Z-score（X_1（能源生产总量））	−0.104	−0.246
Z-score（X_2（非煤炭能源生产比重））	0.080	0.485
Z-score（X_3（能源消费总量））	−0.106	0.316
Z-score（X_4（非煤炭能源消费比重））	0.094	0.275
Z-score（X_5（人均能源消费量））	−0.100	0.400
Z-score（X_6（单位 GDP 能耗））	0.114	0.001
Z-score（X_7（单位工业增加值能耗））	0.115	−0.102
Z-score（X_8（能源消费弹性系数））	0.082	0.264
Z-score（X_9（能源碳排放系数））	−0.108	−0.117
Z-score（X_{10}（碳排放强度））	0.114	−0.065
Z-score（X_{11}（人均碳排放量））	−0.107	0.302

注：提取方法为主成分分析法；构成得分

以主成分 F_1、F_2 的特征值为权重，进行指标的综合评价：$V = 0.779F_1 + 0.1108F_2$。F_1 越大，表示能源消耗量增加且碳排放量及强度也大，从而推高综合评价值 V。基于此等式，可得广东省能源利用效率发展水平综合评价结果，如表 6-11 和图 6-10 所示。

表6-11 广东省能源效率发展水平测度表

年份	主成分 F_1	主成分 F_2	综合得分
2001	4.29	−1.09	3.62
2002	3.85	−0.98	3.25
2003	3.70	−0.56	3.17
2004	1.58	−1.70	1.17
2005	2.46	0.42	2.21
2006	2.44	1.69	2.35
2007	1.56	1.87	1.60
2008	0.91	2.07	1.06
2009	−0.38	0.26	−0.30
2010	−1.83	−0.82	−1.71
2011	−2.38	−0.71	−2.17
2012	−2.49	−0.67	−2.26
2013	−2.62	−0.50	−2.36
2014	−3.14	0.16	−2.73
2015	−3.69	0.25	−3.20
2016	−4.27	0.32	−3.69

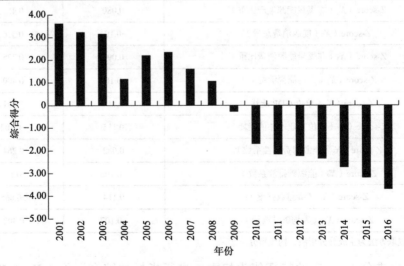

图 6-10 广东省能源效率发展水平测度综合得分

  指标标准化后使得分值有正负之分，但并无实际的意义，对结果的解释没有影响，所以综合得分绝对值越大表明能源利用效率越高。由以上分析可知，2009年是广东省能源利用效率转折点。2001~2016 年广东省能源利用效率发展水平呈现 U 形发展趋势，2001~2004 年广东省能源利用效率在逐渐降低，主要是因为广东省相关部门过度关注地区生产总值的增长，而不注重节能减排、低碳生产技术的开发与利用。2004~2009 年综合得分呈先增后降的趋势，2009~2016 年，综合得分的绝对值开始逐年升高，说明随着环境问题的日益严重及人民生活水平的提高，公众不仅仅关注地区生产总值的增长，有关环境质量的呼声也越来越高。此时，政府部门关注的重点也不仅仅局限于地区生产总值的增长，一系列节能减排政策，如《广东省清洁生产审核及验收办法》等的出台都促使能源的使用效率逐步提升。这与广东省经济发展步调基本一致。截至 2016 年，能源利用效率水平开始与 2001 年持平。

参 考 文 献

[1]梅多斯 D，等. 增长的极限[M]. 于树生译. 北京：商务印书馆，1984.

[2]Kraft J，Kraft A. Interfuel substitution and energy consumption in the industrial sector[J]. Applied Energy，1980，6（4）：275-288.

[3]Harvey A C，Marshall P. Inter-fuel substitution，technical change and the demand for energy in the UK economy[J]. Applied Economics，1991，23（6）：1077-1086.

[4]Redgwell C，Zillman D，Omorogbe Y，et al. Beyond the Carbon Economy[M]. Oxford：Oxford University Press，2008.

[5]Guo J，Chai J，Xi Y M. Analysis of influences between the energy structure change and intensity in China[J]. China Population，Resources and Environment，2008，18（14）：38-34.

[6]Feng T W，Sun L Y，Zhang Y. The relationship between energy consumption structure，economic structure and energy intensity in China[J]. Energy Policy，2009，37（12）：5475-5483.

[7]路正南. 产业结构调整对中国能源消费影响的实证分析[J]. 数量经济技术经济研究，1999，（12）：53-55.

[8]史丹，张金隆. 产业结构变动对能源消费的影响[J]. 经济理论与经济管理，2003，（8）：30-32.

[9]冯泰文，孙林岩，何哲. 技术进步对中国能源强度调节效应的实证研究[J]. 科学学研究，2008，（5）：987-993.

[10]孔婷，孙林岩，何哲，等. 能源价格对制造业能源强度调节效应的实证研究[J]. 管理科学，2008，（3）：3-9.

[11]邵兴军，田立新. 能源强度直接效应、间接效应与影响路径的实证分析[J]. 系统工程，2011，（7）：59-63.

[12]唐忆文，沈露莹，郭宏超，等. 上海能源消费结构与能源战略[J]. 上海经济研究，2005，（2）：52-61.

[13]王顺庆. 我国能源结构的不合理性及对策研究[J]. 生态经济，2006，（11）：63-65.

[14]马晓微. 中国能源消费结构演进特征[J]. 中国能源，2008，30（10）：23-27.

[15]阚士亮，张培栋，孙荃，等. 大中型沼气工程生命周期能效评价[J]. 可再生能源，2015，33（6）：908-914.

[16]彭非，智冬晓. 中国发展指数（RCDI2009）与低碳经济测度[J]. 兰州商学院学报，2010，26（5）：1-7.

[17]李继尊. 中国能源预警模型研究[D]. 中国石油大学博士学位论文，2007.

[18]傅瑛，田立新. 江苏能源消费 Logistic 模型的统计检验估计法及预测[J]. 江苏理工大学学报（社会科学版），2001，（1）：17-19.

[19]孙涛，赵天燕. 我国能源消耗碳排放量测度及其趋势研究[J]. 审计与经济研究，2014，29（2）：104-111.

[20]王柳叶. 我国能源结构合理度测度研究[D]. 哈尔滨工程大学硕士学位论文，2014.

[21]吕明元，张文静. 工业企业生态化转型调研与分析——基于天津市工业企业的问卷调查[J]. 环境保护与循环经济，2016，36（7）：4-9.

[22]耿海青，梁学功. 关于建立煤炭行业生态补偿机制的探讨[J]. 中国煤炭，2006，（5）：4，15-18.

第7章 低碳城市工业经济低碳发展问题研究

7.1 工业经济相关问题概述

随着经济的快速发展，资源约束下环境问题日益突出，生态文明建设要求社会经济系统在物质增长的同时，环境和资源日益改善以满足循环经济的发展需求。当前经济增长与环境资源状况呈现耦合关系，违背了可持续发展的要求和目标。工业生产是推动国家 GDP 高速增长的核心力量，但基于能源消耗助推生产力提升是以 CO_2 的高排放为代价的，而低碳经济是气候变化背景下各国政府不可动摇的战略选择[1]。

7.1.1 工业经济现状评述

资源约束条件下，资源过度开采和废弃物排放引发的资源短缺和雾霾等环境问题日益突出。其中，化石能源的利用、农产品的消耗及金属矿产的开采在迅速消耗有限资源和降低生物多样性的同时产生了大量的污染物，严重制约了中国经济水平和人民生活质量的提高[2]。为更好地满足人民的生活需求，工业经济系统需像生物组织一样运行顺畅以提供必要的产品和服务。它从周边环境中吸收物质和能量，并将其转变为产品，然而最终这些产品将以废弃物的形式被排放到环境中。经济系统的输入端主要包括化石燃料、矿物质、生物质及水分和氧气，输出端主要包括向水、空气和土壤中排放气体、液体污染物及固体废弃物。这种物质流动成为工业和社会代谢中最为常见的物质转换过程[3]。

社会代谢中的输入和输出流均会对环境产生一定的压力。目前，人类需求的满足（生活质量的改善）与这种压力成正相关性，经济可持续发展的总体目标是达到某种状态，即在人类生活质量提高的同时，环境压力呈现下降的趋势[4~6]，该现象称为解耦（图 7-1）。

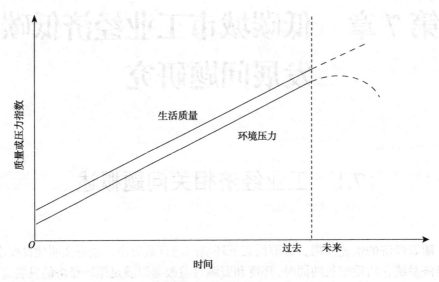

图 7-1　环境压力与生活质量的解耦分析

　　存在一系列表征环境压力的指标可以用于解耦分析，经济合作与发展组织（Organization for Economic Cooperation and Development，OECD）为探讨如何打破环境质量下降与经济发展之间的耦合，通过测度经济增长与物质消耗投入、生态环境的压力和经济发展状态的评估，提出了"解耦"（decoupling）概念，促进了各国建立各类经济活动"解耦指标"的理论研究[7]。当前国内解耦分析方法主要集中于使用解耦指数及构建解耦模型对经济增长与资源和能源消耗及碳排放的解耦程度进行分析，使用物质流指标进行解耦分析的较少，大都限于直接物质输入和直接物质输出两项指标进行研究，而鲜有对物质流指标的组成部分做进一步细分进行更具体的研究[8]。因此，本章拟对物质流指标做进一步细分，并分别赋予其权重，研究细分指标与经济增长的解耦程度，利于提出更符合实际、操作性更强的节能减排对策及建议，为生态文明建设提供一定的理论支撑。

7.1.2　物质流指标下工业经济解耦方法概述

1. 物质流分析方法

经济与环境通过物质和能量流动紧密联系，而这些流动正是引发日益严重的环境问题的关键原因，因此这些流动指标可以作为测算人类活动对环境压力的间接的评价指标[9]。投入产出分析被用于对人类活动相关的物质和能量流予以评估。

对于一个特定的经济社会系统，最具综合性和系统性的物质流分析方法如下所示：①通过追踪各个经济子系统之间的物质流动，构建投入产出表以打开经济活动中的黑箱；②在宏观层面建立总物质需求和输出的账户和平衡表。后者被称为经济系统的物质流分析，20 世纪 90 年代，国际上一些研究院对该方法进行了系统深入的研究，包括世界资源研究所，乌博特气候、环境和能源研究所和欧盟统计局。2001 年欧盟统计局提出了一套系统标准化的经济系统物质流分析框架[10]。

一系列经济系统物质流分析指标得以创建，最常用的指标被分为如下几个部分：①输入指标。DMI，包括国内资源开采和进口产品；TMR，包括国内使用和未使用的开采以及进口和相关的间接流动。②输出指标。DPO，包括工业生产和家居生活中的空气排放物、固体废弃物、废水及产品耗散性损失；TDO，包括国内生产输出及未使用的国内开采。③消耗指标。DMC，等于国内物质输入减去出口；TMC，等于总物质需求减去出口及其隐藏流；NAS，表示经济的物质增长率，每年都有新的物质进入经济存储，如新建建筑物和耐用品，同时旧的建筑物等物质被拆除，成为废弃物。经济系统的物质流分析指标经常以时间序列进行表现和分析，为使分析结果更具针对性和可操作性，并增加国家之间的可比性，这些指标可以与人口数量、面积及经济输出等指标结合起来分析。

2. 解耦因素分析方法

国内外学者对环境和经济之间关系的研究已经经历了几十个年头。为了表达解耦关系，人们一般研究经济驱动力和环境压力的相互关系。环境压力可以用能源或物质的消耗、交通拥挤程度、废弃物的产生和排放状况来表征，与此同时，GDP 被作为生活质量的一种标志，包括生存和福利情况，因此 GDP 被用来作为经济驱动力的指标。根据经济增长和环境压力指标的变化相关性，解耦分为相对解耦和绝对解耦两类。如图 7-2 所示，在一定期间内，当经济增长速率高于物质消耗或废弃物排放的速率时，在此时间段内，二者依然存在一定的耦合关系，称为相对解耦。随着经济的增长，物质消耗和废弃物排放反而减少，二者之间耦合关系破裂，称为绝对解耦。2002 年，经济合作与发展组织建议使用解耦因素，该指标将以表格的形式体现以增加可视性。

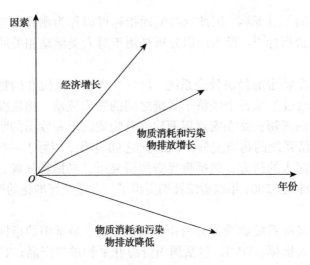

图 7-2　解耦的分类

该因子计算公式如下：

$$K_{dec} = 1 - \dfrac{\left\{\dfrac{环境压力变量}{经济驱动力变量}\right\}_{期末}}{\left\{\dfrac{环境压力变量}{经济驱动力变量}\right\}_{期初}} \qquad (7\text{-}1)$$

当 K_{dec} 的值大于 0 时，解耦现象发生。当环境压力变量为 0 时，K_{dec} 的值为最大值 1。该解耦因子不区分相对解耦和绝对解耦，然而该因素适合国际之间的比较。一个图表就可以显示过去需要许多表格和文字包含的内容，可视性强。

3. 基于物质流指标的解耦权重图解法

Jan Kovanda 提出对特定的物质流分析指标赋予各个组成部分在解耦贡献上的权重。权重是指组成部分对物质流分析指标下降的贡献的程度，而不仅仅是组成部分自身的下降程度。若进口自身相对下降 50%，但进口的绝对价值在 DMI 中占的比例为 20%，因此只有直接物质输入下降中只有 10% 可以归因于进口因素。权重体现了各个组成部分对某一个指标去耦现象的贡献程度，本章将继续研究指标及其组成部分的指数值（相对的）[11]。

本章将这种方法运用于直接物质输入指标，该指标也是综合性最小的物质流分析指标之一，DMI 各组成部分在解耦分析（从起始年开始计算）中的权重，可以用如下公式计算：

$$DF_{s,t_k} = \left(DF_a / DMI_a\, DMI_i\right)_{t_0} - \left(DF_a / DMI_a\, DMI_i\right)_{t_k} \qquad (7\text{-}2)$$

$$DM_{s,t_k} = \left(DM_a / DMI_a\, DMI_i\right)_{t_0} - \left(DM_a / DMI_a\, DMI_i\right)_{t_k} \qquad (7\text{-}3)$$

式中，t_0 代表起始年度，$t_k = t_0 + KD$，$K = 1, 2, 3, \cdots, n-1$，D 是 1 年；n 是考察年度；DF_{s,t_k} 是 t_0 到 t_k 期间国内化石能源输入对直接物质输入解耦的权重；DM_{s,t_k} 是 t_0 到 t_k 期间金属矿物开采对直接物质输入解耦的权重；DMI_a 是直接物质输入的绝对值；DMI_i 是指数价值（基期年度 t_0 年指数价值为 100）；DF_a 和 DM_a 分别是化石能源输入和金属矿产开采的绝对值。

同样的方法可以应用到其他物质流指标的解耦分析中，在对 DMC 和 TMC 的分析中与上述分析会有所不同，在这两个指标的计算中会有扣除（如在 DMI 中去掉得到 DMC，在 TMR 中扣除 EX 和 IFEX 得到 TMC），因此出口及相关隐藏流的权重值应乘以（−1），在总物质消耗的解耦分析中，出口及其隐藏流的权重值可以通过如下公式计算获知：

$$EX_{s,t_k} = \left[\left(EX_a / TMC_a TMC_i \right)_{t_0} - \left(EX_a / TMC_a TMC_i \right)_{t_k} \right] \times (-1) \qquad (7\text{-}4)$$

$$IFEX_{s,t_k} = \left[\left(IFEX_a / TMC_a TMC_i \right)_{t_0} - \left(IFEX_a / TMC_a TMC_i \right)_{t_k} \right] \times (-1) \qquad (7\text{-}5)$$

式中，t_0 代表起始年度，$t_k = t_0 + KD$，$K = 1, 2, 3, \cdots, n-1$，D 是 1 年；n 是考察年度；EX_{s,t_k} 是 t_0 到 t_k 期间出口对直接总物质输出解耦的权重；$IFEX_{s,t_k}$ 是 t_0 到 t_k 期间进口对出口隐藏流对解耦的权重；TMC_a 是总物质输出的绝对值；TMC_i 是指数价值（起始年度 t_0 年指数价值为 100）；EX_a 和 $IFEX_a$ 分别是出口及其隐藏流的绝对值[12]。

7.2　试点省市工业经济解耦评析

7.2.1　工业经济发展数据

《国家发展改革委关于开展低碳省区和低碳城市试点工作的通知》（发改气候〔2010〕1587 号）将广东、辽宁、湖北、陕西、云南五省和天津、重庆、深圳、厦门、杭州、南昌、贵阳、保定八市作为第一批试点省市。为了使研究结果更具代表性，本章选取广东、辽宁、陕西、湖北和天津五个省市的工业部门作为样本，包括煤炭开采和洗选业、石油和天然气开采业、黑色金属矿采选业、有色金属矿采选业、非金属矿采选业等采矿业，农副食品加工业、食品制造业、造纸及纸制品业、化学原料及化学制品制造业等制造业，电力、热力的生产和供应业，水的生产和供应业等行业。

1. 直接物质输入

直接物质输入（DMI）指标主要选取低碳试点省份的工业部门消耗的化石能源输入和金属矿产开采两部分。化石能源输入主要包括原煤、天然原油和天然气的消耗量，根据各省市年鉴的能源平衡表、区域总体开采量、进出口量、库存量和消耗量进行统计；部分不能直接获取的，根据工业部门消耗能源比例予以估算或直接在相关部门官方网站获取。金属矿产开采则包含各省市每年开采的金属矿产开采量，一般通过各省市统计年鉴、各省市矿产资源总体规划及国土资源部门相关资料获取。样本省市 DMI 数据如表 7-1 所示。

表7-1　样本省市DMI数据（单位：万吨）

地区输入指标	2001 年	2002 年	2003 年	2004 年	2005 年	2006 年	2007 年	2008 年
广东工业总产值	18 909.91	21 788.71	27 375.56	34 443.48	41 661.74	51 131.94	62 759.92	74 414.31
广东直接物质输入	2 422.94	8 865.23	10 386.12	10 718.05	11 796.07	12 926.45	14 396.16	14 939.41
广东化石能源输入	2 070.42	8 395.73	9 790.23	10 000.58	11 039.00	12 023.80	13 243.75	13 872.68
广东金属矿产开采	352.52	469.50	595.89	717.47	757.07	902.65	1 152.41	1 066.73
湖北工业总产值	3 239.51	3 589.26	3 631.29	4 960.25	6 066.96	7 454.07	9 601.52	13 454.94
湖北直接物质输入	4 569.87	5 290.00	5 731.45	6 841.05	9 053.22	9 492.17	9 272.53	9 925.00
湖北化石能源输入	3 565.96	4 181.65	4 477.15	5 490.42	7 481.81	7 834.16	7 496.44	7 230.19
湖北金属矿产开采	1 003.91	1 108.35	1 254.30	1 350.63	1 571.41	1 658.01	1 776.09	2 694.81
辽宁工业总产值	4 480.32	4 888.02	6 112.96	8 603.90	10 814.51	14 167.95	18 249.53	22 720.54
辽宁直接物质输入	7 632.96	8 582.81	9 484.61	10 660.39	10 835.34	12 433.77	11 820.61	11 806.01
辽宁化石能源输入	5 958.66	6 627.41	7 298.41	7 998.99	7 739.94	8 679.17	7 618.71	7 677.21
辽宁金属矿产开采	1 674.30	1 955.40	2 186.20	2 661.40	3 095.40	3 754.60	4 201.90	4 128.80
陕西工业总产值	1 946.94	2 205.98	2 708.86	3 389.88	4 109.32	5 248.39	6 587.41	8 358.86
陕西直接物质输入	5 847.36	7 347.79	9 193.12	10 722.96	13 507.89	18 408.88	21 724.61	26 491.80

续表

地区输入指标	2001 年	2002 年	2003 年	2004 年	2005 年	2006 年	2007 年	2008 年
陕西化石能源输入	5 730.60	7 210.33	9 031.98	10 488.85	13 167.03	18 023.80	21 369.03	26 142.67
陕西金属矿产开采	116.76	137.46	161.14	234.11	340.86	385.08	355.58	349.13
天津工业总产值	869.15	968.44	1 217.88	1 549.70	1 957.95	2 261.52	2 661.87	3 418.87
天津直接物质输入	1 434.63	1 767.02	1 943.16	2 294.31	2 800.71	3 378.01	3 640.28	4 204.09
天津化石能源输入	1 039.33	1 284.44	1 377.21	1 505.83	1 845.43	2 092.67	2 038.15	2 550.05
天津金属矿产开采	395.30	482.58	565.95	788.48	955.28	1 285.34	1 602.13	1 654.04
地区输入指标	2009 年	2010 年	2011 年	2012 年	2013 年	2014 年	2015 年	2016 年
广东工业总产值	75 886.62	93 462.97	103 493.35	25 810.07	27 426.26	70 289.78	73 358.71	76 561.63
广东直接物质输入	14 884.32	16 945.22	19 509.82	19 636.53	20 124.90	22 592.88	24 274.55	26 081.39
广东化石能源输入	13 772.76	15 705.88	18 186.01	18 408.00	18 682.10	20 976.68	22 526.88	24 191.64
广东金属矿产开采	1 111.56	1 239.34	1 323.81	1 228.53	1 442.90	1 615.62	1 746.82	1 888.68
湖北工业总产值	15 567.02	21 623.12	25 753.14	12 796.81	13 604.05	23 789.90	26 628.06	29 804.81
湖北直接物质输入	9 659.55	11 182.33	11 989.57	12 618.24	13 389.88	14 730.82	15 814.97	16 978.91
湖北化石能源输入	7 678.52	8 308.08	9 187.57	9 726.52	10 376.69	11 184.73	11 947.59	12 762.47
湖北金属矿产开采	1 981.03	2 874.25	2 802.00	2 891.72	3 013.20	3 561.52	3 892.44	4 254.11
辽宁工业总产值	28 152.73	36 219.42	41 776.73	49 031.54	52 832.01	75 488.25	91 441.38	110 765.91
辽宁直接物质输入	12 542.51	13 121.99	13 571.25	18 248.51	19 161.31	18 885.81	20 166.42	21 533.87
辽宁化石能源输入	7 682.31	7 648.99	8 056.75	12 835.51	13 188.43	11 872.22	12 518.64	13 200.26
辽宁金属矿产开采	4 860.20	5 473.00	5 514.50	5 413.00	5 972.88	7 006.33	7 649.44	8 351.57
陕西工业总产值	9 553.70	12 421.80	15 811.48	18 973.78	20 871.15	27 873.07	34 059.53	41 619.08

续表

地区输入指标	2009 年	2010 年	2011 年	2012 年	2013 年	2014 年	2015 年	2016 年
陕西直接物质输入	34 056.66	41 133.16	47 336.32	56 802.02	62 515.20	83 223.36	100 023.24	120 214.43
陕西化石能源输入	33 666.64	40 735.95	46 313.33	55 575.61	61 166.16	81 631.95	98 038.39	117 742.21
陕西金属矿产开采	390.02	397.21	1 022.99	1 226.41	1 349.04	1 368.32	1 717.38	2 155.48
天津工业总产值	3 622.11	4 410.85	5 430.84	6 123.06	6 678.60	8 454.03	9 931.20	11 666.49
天津直接物质输入	4 903.55	5 261.19	6 501.34	6 447.01	6 937.19	8 465.12	9 539.72	10 750.74
天津化石能源输入	2 779.35	3 099.08	3 510.82	4 322.76	4 647.69	5 212.53	5 891.60	6 659.13
天津金属矿产开采	2 124.20	2 162.11	2 990.52	2 124.25	2 289.50	3 236.41	3 629.85	4 071.12

资料来源：各省市历年统计年鉴及自有资料估算

2. 直接物质输出

直接物质输出（DPO）选取了工业部门 CO_2 排放、SO_2 排放、固体废弃物排放、烟尘排放四个指标。SO_2、固体废弃物和烟尘排放数据均来自各省市环境状况公报或统计年鉴，而 CO_2 排放则是根据试点省市原煤、汽油、柴油、燃料油及天然气等能源消耗量及《2006 年 IPCC 国家温室气体排放清单指南》中的各种碳排放系数予以测算。计算公式为

$$C_i = \sum_{k=1}^{i} LH_k \times CE_k \times AC_{ik} \qquad (7\text{-}6)$$

式中，C_i 是 i 部门能源消费 CO_2 排放量（万吨）；LH_k 是燃料 K 的低位热值；CE_k 是燃料 K 的 CO_2 排放系数；AC_{ik} 是 i 部门燃料 K 的消费量。为确保测算的准确性与可靠性，各种燃料的 CO_2 排放系数尽量采用中国的数据，来源于《中国能源统计年鉴 2008》、国家发改委气候司《关于公布 2009 年中国区域电网基准线排放因子的公告》《中国温室气体清单研究》。本章研究的工业子系统 CO_2 排放数据不包括起源于其他能源的排放量，也不包括 CO_2 以外的温室气体排放量。样本省市直接物质输出数据统计如表 7-2 所示。

表7-2　样本省市直接物质输出数据（单位：万吨）

地区输出指标	2001 年	2002 年	2003 年	2004 年	2005 年	2006 年	2007 年	2008 年
广东直接物质输出	14 536.87	15 395.69	19 385.41	20 106.3	23 903.77	24 520.44	27 460.2	29 864.76

续表

地区输出指标	2001 年	2002 年	2003 年	2004 年	2005 年	2006 年	2007 年	2008 年
广东二氧化碳排放	12 434.88	13 237.5	17 012.08	17 359.11	20 853.07	21 311.44	23 462.9	24 893.56
广东二氧化硫排放量	93.45	95.34	105.4	112.76	127.4	124.7	117.6	109.7
广东固废污染	1 990.3	2 044.88	2 246	2 609.2	2 896.2	3 057	3 852.4	4 833.3
广东烟尘排放量	18.24	17.97	21.93	25.23	27.1	27.3	27.3	28.2
湖北直接物质输出	8 646.2	9 636.118	10 464.13	12 153.78	15 961.58	16 971.34	16 745.5	16 943.82
湖北二氧化碳排放	5 738.76	6 859.538	7 407.154	8 947.452	12 600.31	13 180.17	12 337.89	11 850.55
湖北二氧化硫排放量	48.44	47.28	46.48	60.84	60.85	65.36	60	56.23
湖北固废污染	2 818	2 694	2 977	3 112	3 266	3 692	4 315	5 014.17
湖北烟尘排放量	41	35.3	33.5	33.49	34.42	33.81	32.61	22.87
辽宁直接物质输出	26 916.92	27 805.5	31 206.45	34 288.43	33 696.43	38 797.32	42 077.25	43 568.4
辽宁二氧化碳排放	18 944.1	19 559.53	22 852.23	25 305.96	23 306.72	25 635.37	27 580	27 580
辽宁二氧化硫排放量	60.76	57.3	63.73	64.93	96.15	103.69	106.72	100.08
辽宁固废污染	7 864.57	8 146.26	8 249.98	8 878.56	10 241.83	13 012.62	14 341.81	15 841.42
辽宁烟尘排放量	47.49	42.41	40.51	38.98	51.73	45.64	48.72	46.9
陕西直接物质输出	4 812.67	5 340.18	4 982.96	6 536.18	7 977.91	8 525.54	9 539.86	10 959.3
陕西二氧化碳排放	2 320.77	2 371.52	1 943.55	2 617.28	3 281.14	3 621.94	3 949.59	4 727.1
陕西二氧化硫排放量	54.2	55.41	63.78	70.6	79.99	79.68	84.56	80.66
陕西固废污染	2 408.2	2 887	2 947.9	3 819.7	4 587.53	4 797.3	5 480.02	6 136.86
陕西烟尘排放量	29.5	26.25	27.73	28.6	29.25	26.62	25.69	14.68
天津直接物质输出	2 420.86	2 353.1	2 427.03	2 663.37	3 046.18	3 194.71	3 376.21	3 477.2
天津二氧化碳排放	1 817.56	1 682.24	1 751.78	1 883.82	1 891.81	1 871.8	1 946.82	1 971.37
天津二氧化硫排放量	19.85	20.08	23.02	20.14	24.12	23.23	24.12	20.98

续表

地区输出指标	2001 年	2002 年	2003 年	2004 年	2005 年	2006 年	2007 年	2008 年
天津固废污染	575	643	643.58	752.55	1 122.59	1 291.73	1 399	1 479
天津烟尘排放量	8.45	7.78	8.65	6.86	7.66	7.95	6.27	5.85

地区输出指标	2009 年	2010 年	2011 年	2012 年	2013 年	2014 年	2015 年	2016 年
广东直接物质输出	30 489.64	29 868.47	43 933.54	43 830.51	44 150.48	50 530.63	55 332.92	60 591.61
广东二氧化碳排放	25 622.64	24 282.67	37 317.38	37 683.68	38 135.78	42 858.6	46 892.64	51 306.39
广东二氧化硫排放量	101.3	98.9	81.9	77.2	73.2	84.27	81.87	79.54
广东固废污染	4 740.9	5 455.8	6 507.86	6 042	5 911.8	7 593.07	8 379.89	9 248.24
广东烟尘排放量	24.8	31.1	26.4	27.63	29.7	30.87	31.67	32.5
湖北直接物质输出	18 210.44	20 507.3	22 881.05	23 520.66	24 207.72	27 379.63	29 506.16	31 797.87
湖北二氧化碳排放	12 574.58	13 623.4	15 195.02	15 815.89	15 938.76	17 792.39	18 913.04	20 104.27
湖北二氧化硫排放量	52.74	51.6	59.5	54.86	52.4	56.42	56.54	56.65
湖北固废污染	5 561.45	6 812.99	7 595.79	7 614.94	8 180.61	9 689.32	10 820.74	12 084.27
湖北烟尘排放量	21.67	19.31	30.74	34.97	35.95	27.81	27.4	26.99
辽宁直接物质输出	45 528.39	49 165.82	28 433.62	106 723.39	109 772.52	100 467.62	115 555.38	132 908.97
辽宁二氧化碳排放	28 174.95	31 627.98	0	53 393.01	54 914.9	44 129.53	47 582.34	51 305.3
辽宁二氧化硫排放量	91.88	78.48	104.89	25 952.74	28 003.44	31 001.2	29 112.4	33 654.74
辽宁固废污染	17 221.41	17 419.57	28 269.61	97.9	94.73	12 213.71	12 275.81	12 338.24
辽宁烟尘排放量	40.15	39.79	59.12	27 279.74	26 759.45	26 147.88	27 145.6	25 113.79
陕西直接物质输出	10 398.8	9 660.71	12 439.94	13 520.4	14 732.86	16 025.33	17 461.11	19 025.53
陕西二氧化碳排放	4 762.91	2 573.5	5 146.55	5 506.22	5 891.66	6 265.92	6 785.59	7 348.36
陕西二氧化硫排放量	74.18	70.69	83.12	86.36	89.72	90.7	93.15	95.67
陕西固废污染	5 546.62	6 986.08	7 170.57	7 887.05	8 709.61	9 640.49	10 558.8	11 564.59

续表

地区输出指标	2009 年	2010 年	2011 年	2012 年	2013 年	2014 年	2015 年	2016 年
陕西烟尘排放量	15.09	30.44	39.7	40.77	41.87	38.27	40.07	41.96
天津直接物质输出	3 503.59	3 965.06	4 003.74	4 524.37	4 806.17	5 041.85	5 365.18	5 709.24
天津二氧化碳排放	1 965.01	2 075.54	2 238.39	2 665.92	3 175.11	2 860.22	3 009.38	3 166.33
天津二氧化硫排放量	17.3	21.76	22.19	21.55	20.78	21.07	20.99	20.91
天津固废污染	1 515.41	1 862.38	1 736.59	1 831	1 604	2 148.98	2 323.57	2 512.34
天津烟尘排放量	5.87	5.38	6.57	5.91	6.28	5.42	5.24	5.077

资料来源：各省市历年统计年鉴及自有资料估算

7.2.2　基于物质流指标的解耦权重测算

运用式（7-2）~式（7-5）对 5 个试点省市的物质输入指标和物质输出指标进行测算，得出各省市对应各个指标的解耦权重及生态强度，分析其在 2002~2016 年的趋势。

1. 广东省解耦权重分析

根据广东省 CO_2、SO_2、固体废弃物及烟尘排放量测算 2002~2016 年广东省各个物质流指标的解耦权重，以其指数价值表示的趋势如图 7-3 所示。

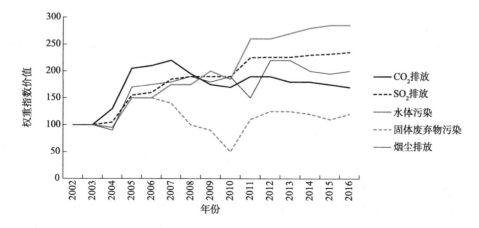

图 7-3　广东省 2002~2016 年各物质流指标权重指数价值趋势图

如图 7-3 所示，从整体趋势来看，CO_2 权重在 2002~2007 年持续上涨，呈现较快上涨趋势，在 2007~2010 年有所下降，2010~2016 年整体呈下降趋势，下降幅度很小，表明随着广东省地区生产总值的快速增长，CO_2 排放量在整个工业部门直接物质输出对经济增长的解耦中贡献比例逐年增大，表明实现广东省工业经济发展与环境压力实现解耦的关键在于控制广东省 CO_2 的排放。而其他物质流指标中，烟尘排放和固体废弃物污染指标波动较大，表明广东省固体废弃物排放及烟尘排放应得到足够重视，以有效应对雾霾现象的恶化。由于受区域成矿地质条件限制，煤、石油、天然气、铝、铁、磷、钾盐等矿产资源禀赋条件较差，找矿潜力有限。截至 2007 年底，广东省查明资源储量的固体矿产（不包括放射性矿产铀、钍）已累计开发利用 77 种。金属矿产、非金属矿产、矿泉水和地下热水采掘业年产值为 55 亿~213.5 亿元。2007 年底省内有各类矿山企业 2 511 个，其中大型矿山 45 个，中型矿山 34 个。2007 年全省矿产采选业产值 788.2 亿元，矿业延伸加工产业产值 11 376.55 亿元，两者合计占工业总产值的 22.02%。

2. 湖北省解耦权重分析

根据湖北省化石能源输入量，金属矿产开采量，CO_2、SO_2、固体废弃物及烟尘排放量测算 2002~2016 年湖北省各个物质流指标的解耦权重，以其指数价值表示的趋势如图 7-4 所示。

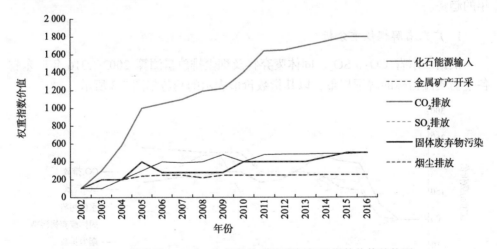

图 7-4　湖北省 2002~2016 年各物质流指标权重指数价值趋势图

如图 7-4 所示，从整体趋势来看，物质输入和输出的各项指标均呈上升趋势，其中 CO_2 排放的权重在 2002~2016 年增速较快。与广东省一样，随着湖北省地区生产总值的快速增长，CO_2 排放量在整个工业部门直接物质输出对经济增长的解耦中贡献比例逐年增大，表明控制 CO_2 的排放将有利于实现湖北省工业经济发展与环境压力实现解耦。化石能源输入和金属矿产开采呈现较低的增长率，表明湖北省能源消耗主要以化石能源为主。湖北省矿产供需总量失衡，开发利用布局和结构不够合理，石油、煤、铁、铜、铝等大宗矿产长期供不应求，矿产资源利用方式粗放、资源利用率低、重开发和轻保护等问题严重。

3. 辽宁省解耦权重分析

根据辽宁省化石能源输入量，金属矿产开采量，CO_2、SO_2、固体废弃物及烟尘排放量测算 2002~2016 年辽宁省各个物质流指标的解耦权重，以其指数价值表示的趋势如图 7-5 所示。

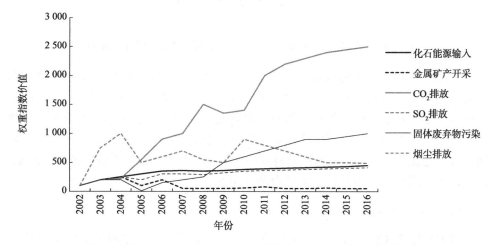

图 7-5 辽宁省 2002~2016 年各物质流指标权重指数价值趋势图

由图 7-5 所示，辽宁省 2002~2016 年各个物质流指标中，CO_2 排放权重整体上升，呈现较快增长趋势，并且固体废弃物污染权重和烟尘排放权重也不断增长，表明 CO_2 排放量、固体废弃物污染和烟尘排放量在整个工业部门直接物质输出对经济增长的解耦中贡献比重逐年增大，辽宁省应加强对 CO_2 排放、固体废弃物污染和烟尘排放的控制，固体废弃物的过多排放会导致土地资源承载力下降，烟尘的排放会导致雾霾现象的加重。

4. 陕西省解耦权重分析

根据陕西省化石能源输入量，金属矿产开采量，CO_2、SO_2、固体废弃物及烟尘排放量测算 2002~2016 年陕西省各个物质流指标的解耦权重，以其指数价值表示的趋势如图 7-6 所示。

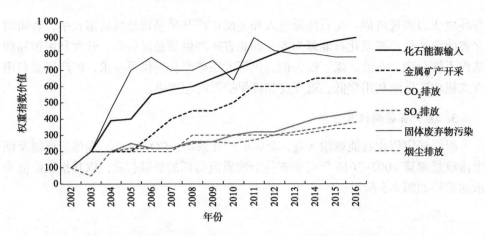

图 7-6　陕西省 2002~2016 年各物质流指标权重指数价值趋势图

由陕西省物质流指标权重指数价值趋势图可以看出，2002~2016 年陕西省固体废弃物污染、化石能源输入和金属矿产开采解耦权重呈较快上涨趋势，表明陕西省地区生产总值的快速增长伴随着较高的化石能源输入和金属矿产开采。陕西省矿产资源中煤和天然气能源资源储量丰富，金、钼、铅、锌等贵金属、有色金属具有一定优势，铁、锰等钢铁原料基本保证，而石油、富铁矿等资源较为短缺。因此，应合理布局资源开采，提高资源利用率。

5. 天津市解耦权重分析

根据天津市 CO_2、SO_2、固体废弃物及烟尘排放量测算 2002~2016 年天津市各个物质流指标的解耦权重，以其指数价值表示的趋势如图 7-7 所示。

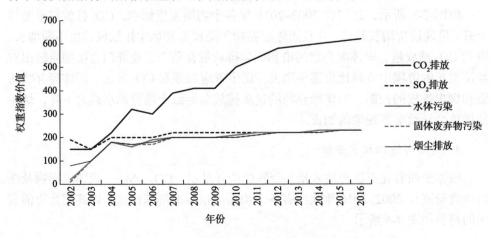

图 7-7　天津市 2002~2016 年各物质流指标权重指数价值趋势图

由图 7-7 所示，天津市 CO_2 排放权重较大，从一定程度上解释了京津冀的雾霾现象，因此严格控制天津市工业部门烟尘排放量对减轻雾霾、提高大气质量具有重要意义。同时，天津市作为老工业城市，随着滨海新区开发开放，CO_2 排放的日益增多应受到重视，因此采取措施合理控制工业企业的碳排放具有重要的现实意义。

7.2.3　试点省市工业经济解耦现状分析

根据低碳试点省市解耦权重分析结果，广东、湖北、辽宁和天津四个省市工业部门的 CO_2 排放权重均呈现较为明显的上涨趋势，表明近些年试点省市工业 GDP 的快速增长是以较高的碳排放为前提的，并且碳排放对工业经济增长的解耦贡献逐年升高，因此，实现经济增长与直接物质输出解耦的关键在于碳排放的控制。该五省市工业部门的化石能源输入权重均呈现比较稳定的增长，增长幅度较小，表明在近十余年间试点省市工业部门的能源消耗仍以原煤、原油、天然气等传统能源为主，能源消费结构较为单一。五省市的工业部门相关的金属矿产开采权重呈现稳定的增长且增幅较小，表明工业部门消耗的金属矿产开采仍以当地资源开采为主，在资源约束的情形下，资源开采给当地资源和环境造成的压力逐年增大。五省市工业部门烟尘排放权重稳定增长，表明工业部门产生的烟尘排放对环境造成的压力逐年加强。其中，陕西省和辽宁省工业部门固废污染增长较快，而固体废弃物的产生和排放对土地承载力有较大影响。

综上所述，中国不同区域工业部门能源消耗差异较大，控制 CO_2 排放的关键在于进一步优化工业能源消耗模式，提高能源利用效率，降低能源强度并适度引入清洁能源。要实现未来工业的可持续绿色增长，必须始终坚持科学技术是第一生产力的方针，大力发展单位增加值能耗和排放低的战略新兴行业。各省市矿产资源开采仍存在矿产开发利用粗放浪费、资源利用效率低等问题，因此应本着区域经济发展相协调的原则，应转变矿产资源利用方式，坚持集约节约，调整优化矿产资源开发利用的结构和规模。在保障经济增长的同时减少对资源环境的压力，实现化石能源输入、金属矿产开采和碳排放等物质流输入输出指标与经济增长的解耦，保证中国工业经济的绿色增长，促进生态文明建设又好又快发展。

7.3　工业经济低碳发展路径选择
——以天津市为例

7.3.1　系统动力方法概述

　　系统动力学——借助计算机模拟技术,通过结构功能分析,研究和解决复杂动态反馈性系统问题的仿真方法[13]。该方法于 1956 年由麻省理工学院的福瑞斯特教授创立。系统动力学结合了系统论、控制论和信息论的知识原理,从系统的内部机制和微观结构入手,使得定量与定性相结合,辅以计算机模拟技术,来分析系统内部动态结构和动态行为的关系,探索解决问题的最优方案。适于解决经济、社会、环境、能源等组成的非线性复杂系统中的问题。其创立初期主要是为了帮助企业分析生产管理、库存管理等存在的系列问题,经过 60 多年的推行衍变,系统动力学在多个科学领域扎根生长。1969 年,福瑞斯特的《城市动力学》一书将系统动力学引用到广泛的社会科学领域。1972 年,由罗马俱乐部发表的《增长的极限》震惊世界,至此引发了可持续发展新理念的诞生。20 世纪 80 年代初期,我国学者把它引进国内,开始了其在我国科研领域的新探索,80 年代中期系统动力得到初步应用。20 世纪 90 年代,系统动力学在我国自然科学领域、社会科学领域和工程技术领域得到全面的发展与应用[14]。

7.3.2　天津市工业经济低碳发展系统建模

1. 模型总体构想

　　CO_2 的排放很大一部分是由化石能源的消耗引起的,本章正是基于这一现状,通过工业行业化石能源的消费得出其碳排放量,进而对其碳排放情景进行模拟。碳排放强度和能源强度有直接关系,能源强度的下降动力来自各产业能源利用效率的提高。技术的进步和能源消费结构的改变都是能源利用效率提高的表现,本模型正是从碳排放的两个影响因素——工业能源消费量和单位能源碳排放量出发进而建立的。模型主要由四个子系统构成—— 碳足迹经济子系统、碳足迹能源子系统、碳足迹环境子系统、碳足迹人口子系统（图7-8）。

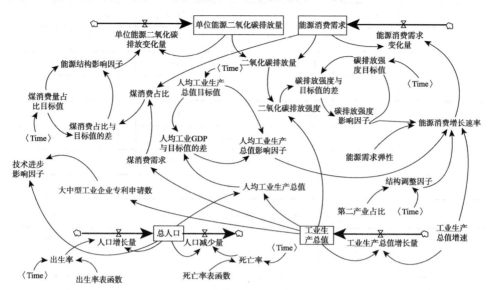

图 7-8　天津市工业碳足迹系统动力学模型

2. 模型有效性检验

Vensim 软件对系统动力学模型的检验包括 cheek model 和 check units，在设立方程过程中本章模型已通过上述检验。基于整个系统建模的目的，本章将从人口、经济、能源三大系统入手，选取天津市常住人口、工业生产总值、能源消费需求三个关键指标，通过测算前五年实际值与仿真值之间的相对误差来检验模型的准确性。其检验结果如表 7-3~表 7-5 所示。

表7-3　常住人口总量（单位：万人）

常住人口	2005 年	2006 年	2007 年	2008 年	2009 年	2010 年
实际	1 043	1 044.72	1 077.285 8	1 117.575 4	1 179.193 2	1 299.29
仿真	1 043	1 062.69	1 095.3	1 136.05	1 198.2	1 251.34
差值率	0	1.72%	1.67%	1.65%	1.61%	3.69%
常住人口	2011 年	2012 年	2013 年	2014 年	2015 年	2016 年
实际	1 354.58	1 413.15	1 472.21	1 517	1 547	1 562
仿真	1 323.81	1 380.15	1 421.55	1 566.69	1 578.12	1 590.3
差值率	2.27%	2.34%	3.44%	3.28%	2.01%	1.81%

表7-4　工业生产总值（单位：亿元）

工业生产总值	2005 年	2006 年	2007 年	2008 年	2009 年	2010 年
实际	1 957.95	2 261.52	2 661.87	3 418.87	3 622.11	4 410.85
仿真	1 957.95	2 271.22	2 634.62	3 056.16	3 545.14	4 112.36
差值率	0	0.43%	−1.02%	−10.61%	−2.13%	6.77%
工业生产总值	2011 年	2012 年	2013 年	2014 年	2015 年	2016 年
实际	5 430.84	6 123.06	6 778.6	7 215.36	7 718.45	8 123.69
仿真	4 770.34	5 533.6	6 116.12	7 716.36	7 911.46	8 611.4
差值率	12.16%	9.63%	9.77%	6.94%	2.50%	6.00%

表7-5　能源消费需求（单位：万吨）

能源消费需求	2005 年	2006 年	2007 年	2008 年	2009 年	2010 年
实际	1 318.64	1 501.24	1 671.81	1 857.76	2 012.48	2 336.49
仿真	1 318.64	1 463.94	1 649.48	1 858.1	2 092.85	2 362.11
差值率	0	−2.48%	−1.34%	0.02%	3.99%	−1.10%
能源消费需求	2011 年	2012 年	2013 年	2014 年	2015 年	2016 年
实际	2 602.85	2 811.08	2 954.26	3 122.64	3 211.75	3 365.79
仿真	2 661.96	3 001.07	3 119.7	3 215.64	3 127.9	3 411.4
差值率	−2.27%	−6.76%	−5.60%	2.98%	−2.61%	1.36%

一般来说，系统动力学模型所允许的误差范围是 15%以内。由表 7-3~表 7-5 可知，除了 2011 年工业生产总值偏差率达到 10%之外，其余都在 10%以内，运行结果符合系统误差要求，模型的仿真结果与历史数据的拟合程度较好。

3. 天津市工业子系统仿真结果及分析

系统仿真就是根据系统分析的目的，在分析系统各要素性质及其相互关系的基础上，建立能描述系统结构或行为过程，且具有一定逻辑关系或数量关系的仿真模型，据此进行试验或定量分析，以获得正确决策所需的各种信息。

本章取时间步长为 1 年，仿真的完成时间为 15 年。通过建立数学模型和结构模型，设定模型初始值和参数估计值，根据 Vensim 仿真程序，模拟天津市 2005~2020 年碳足迹系统的运行情况。得到常住人口、工业生产总值、人均工业生产总值、能源消费需求、CO_2 排放量及碳排放强度（表 7-6）预测值。

表7-6　碳排放强度仿真结果

年份	2005	2006	2007	2008	2009	2010	2011	2012
碳排放强度	1.738	1.580	1.458	1.416	1.375	1.336	1.298	1.261
年份	2013	2014	2015	2016	2017	2018	2019	2020
碳排放强度	1.224	1.189	1.155	1.121	1.088	1.057	1.027	0.999

由图 7-9 可知，天津市常住人口总体呈上升趋势，2015 年之前上升趋势明显，之后增势放缓。到 2015 年常住人口达到 1 595.27 万人，符合天津市"十二五"规划——"常住人口控制在 1 600 以内"的发展目标。由图 7-9、图 7-10 可知，在工业生产总值逐年上升的同时，能源消费需求也随之增加，最终导致 CO_2 排放量也呈上升态势。而 CO_2 排放强度是由工业生产总值和 CO_2 排放量两者的增速共同决定的，CO_2 排放强度是逐年下降的，从 2005 年的 1.738 降低到 2020 年的 0.999，下降了 42.52%，基本达到了哥本哈根会议中设定的 40%~45% 的下降目标，但是没有达到天津市《"十二五"控制温室气体排放工作方案》目标——2015 年全市碳排放强度比 2010 年下降 17%，2015 年仅下降 15.5%，仍有差距。并且其万元生产总值能耗比"十一五"末降低 11% 左右，亦没有实现下降 18% 的"十二五"目标。基于此，我们需从增加生产总值和降低碳排放量两方面寻求新的突破，以实现低碳发展新格局。

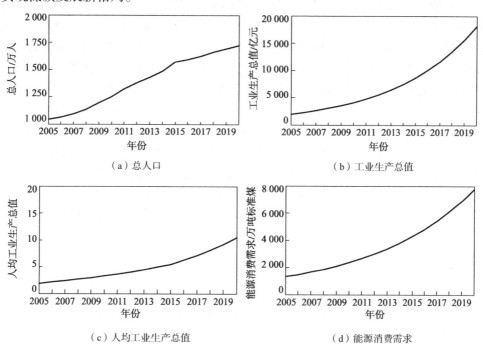

（a）总人口　　　　　　　　　　　（b）工业生产总值

（c）人均工业生产总值　　　　　　（d）能源消费需求

图 7-9　天津市工业发展及能源消费趋势图

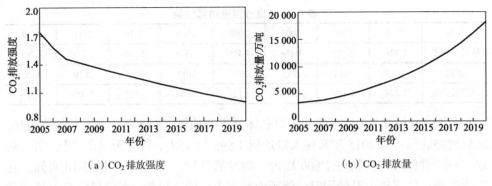

（a）CO_2排放强度　　　　　　　　（b）CO_2排放量

图 7-10　天津市 CO_2 排放强度及排放量趋势图

7.3.3　天津市工业经济情景模拟

1. 影响因数分析

模型中影响 CO_2 排放的关键因素包括能源结构和技术进步。而由于天津市的化石能源消耗过度依赖煤炭，所以调整能源结构应该从减少煤炭消耗为出发点，提高石油、天然气的消耗比例，以求达到优化结构的目的。而据披露，天津市已探明的矿产资源有 35 种，储量矿产 18 种，煤炭基础储量 2.97 亿吨，渤海湾海域石油储量 98 亿吨，天然气储量达 1 900 多亿立方米。天津日照较长，80%的年份太阳能年辐射总量达到 5 610 兆焦耳/米²，太阳能资源较为丰富。此外，天津市地热适中，地热资源丰富，目前已发现 10 个地热异常区，面积约 8 700 平方千米。基于以上能源储量现状，本章优化能源消费结构的设想将有理可循，有据可依。除了能源储量为此提供了现实的操作基础外，政府调控力度也是不容忽视的力量，尤其是在社会主义发展的现阶段，政府的态度往往能决定事件 50%的成败。另一个调控指标——技术进步，本章以工业企业专利申请量代表其进步程度。天津市"十二五"规划中也设定了天津市发明专利的拥有量为 9 万件/万人的目标。并且，天津市近年来不断加大科技投资力度，不断引进和培养科技研究人员。鉴于此，本章可以参照"十二五"规划标准，调整设定其工业企业专利申请量，以求达到技术进步。

2. 情景设定

当前得出的低碳发展情景是基于哥本哈根会议中我国承诺的减排目标及天津市实际现状而得到的预测结果。后文调整控制变量的目的是试图对低碳情景进一步优化，最终达到超低碳发展情景。天津市作为我国 4 个直辖市之一，享受国家扶持的优惠待遇，经济发展速度较快，与此同时就应该起到节能环保的表率作用。基于前文因素分析设定 3 种发展模式，如图 7-11 所示。

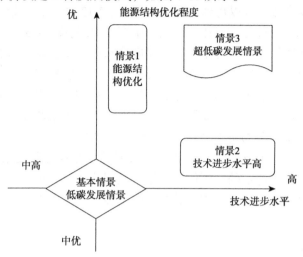

图 7-11 低碳发展情景构思

经过反复调试运行，得到不同情景下各参数组合的值，见表 7-7。

表7-7 模拟情景系统参数调整对比表

情景序号	调控参数名称	具体调控目标
基本情景	能源结构	能源结构影响因子分别为 0.95，1； 煤炭消费占比年下降速度为 1.2%
	技术进步	技术进步影响因子分别为 1，0.95； 万人专利拥有量为 3 件
	碳排放强度目标值	2020 年比 2005 年下降 45%
情景 1	能源结构	能源结构影响因子分别为 0.9，0.95； 煤炭消费占比年下降速度为 3%
	技术进步	技术进步影响因子分别为 1，0.95； 万人专利拥有量为 3 件
	碳排放强度目标值	2020 年比 2005 年下降 50%
情景 2	能源结构	能源结构影响因子分别为 0.95，1； 煤炭消费占比年下降速度为 1.2%
	技术进步	技术进步影响因子分别为 0.95，0.9； 万人专利拥有量为 4 件
	碳排放强度目标值	2020 年比 2005 年下降 50%
情景 3	能源结构	能源结构影响因子分别为 0.9，0.95； 煤炭消费占比年下降速度为 3%
	技术进步	技术进步影响因子分别为 0.95，0.9； 万人专利拥有量为 4 件
	碳排放强度目标值	2020 年比 2005 年下降 50%

3. 情景模拟结果分析

通过调控各参数，可以得到如图 7-12 与图 7-13 所示各情景模式下，天津市 CO_2 排放量和 CO_2 排放强度对比趋势图。由图 7-12 与图 7-13 可知，通过优化能源结构（主要是降低煤炭消费比例）和促进技术进步（主要是增加科技投资，提高工业专利申请量），可以在基本低碳发展情境下，实现进一步经济的可持续发展。如表 7-8 所示，在情景 1 和情景 2 下，CO_2 排放量和排放强度差异都不大，技术进步调控下低碳效果略优。总体低碳发展水平都明显优于调控前。由此可见，能源结构和技术进步对于节能减排的贡献都很大。情景 3 与基本情景相比，差异更加显著，尤其是 2015 年之后，差距进一步拉大。在各方假设条件协调运行下，能源结构优化和技术进步的共同作用，使得低碳节能效果更佳明显。当然实现超低碳是一种理想的低碳发展模式，需要考虑更多的制约因素，需要全社会的共同参与。

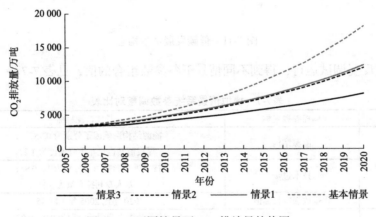

图 7-12　不同情景下 CO_2 排放量趋势图

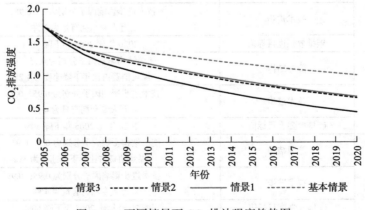

图 7-13　不同情景下 CO_2 排放强度趋势图

表7-8　低碳情景对照表

模型设定	CO_2碳排放量/万吨				CO_2排放强度				减排强度	与目标值差距	是否达标
	2005 年	2010 年	2015 年	2020 年	2005 年	2010 年	2015 年	2020 年	2020 年	2020 年	2020 年
基本情景	3 403.41	5 818.49	10 000.00	18 297.50	1.738	1.336	1.155	0.999	-42.5%	0.025	否
情景 1	3 403.41	4 943.13	7 608.03	12 237.00	1.738	1.172	0.891	0.678	-61.0%	-0.110	是
情景 2	3 403.41	900.37	7 596.63	12 194.23	1.738	1.140	0.867	0.660	-62.0%	-0.120	是
情景 3	3 403.41	4 174.58	5 932.72	7 907.81	1.738	1.000	0.669	0.448	-74.2%	-0.242	是

4. 基于情景模拟的减排对策

伴随经济的高速发展，资源消耗增加的确无可厚非，如何缓解资源环境的客观约束，是城市化发展目标下更高难度的挑战。本章通过对天津市工业现状进行综合分析，运用系统动力学模拟预测了天津市碳排放情景，综合考量能源结构、技术进步等因素的影响，可以发现，天津市工业行业低碳发展主要受能源结构、产业结构、技术进步的制约，应该致力于这三个方面的改善工作。

1）能源结构进一步优化

经济的增长需要能源消耗的绝对性支持。天津市化石能源消费量由 2001 年的 1 018.299 万吨标准煤增长到 2011 年的 2 196.007 万吨标准煤。其中煤的消耗占据了能源市场的半壁江山，而天然气对工业经济的贡献极为有限。基于此，天津市碳排放量逐年增加是必然结果。天津市应该拓宽资源利用渠道，逐步减轻对煤等矿产资源的依赖度，深化地热资源开发推广工作。加强海洋资源的节约高效使用，提升太阳能等资源的综合利用率。总而言之，天津市要做好"开源节流"工作，从而切断工业经济发展和碳排放量增长的必然联系。

2）产业结构进一步调整

产业结构调整空间较大。2011 年天津市石油化工产业工业总产值 3 894.8 亿元，环比增长 30.9%，占全市工业的 18.7%。从 2012 年天津相关统计年鉴中可查，工业产值主要靠石油和天然气开采业、石油加工炼焦及核燃料加工业、化学原料及化学制品制造业、黑色金属冶炼及压延加工业等行业的支撑。显然，天津市高能耗、高碳排放行业占比较大，导致碳排放量呈上升趋势。鉴于此，天津市应加快培育发展战略新兴产业，优化产业布局，提升产业聚集度。

3）技术研发进一步跟进

天津市新能源产业呈现"三大板块、一个聚集区"的发展格局，"三大板块"为风力发电、绿色电池和太阳能电池三大领域。前两者占据全国三分之一以上市场份额，但是除了这三大板块参与市场竞争优势显著外，其他可再生能源的开发成本高，资源集中度不够，产品缺乏市场竞争力，而这主要是因为研发技术多为引进，自主研发成果屈指可数，亟待节能环保技术的新突破。这一因素将直接作用于能源结构，进而影响到工业碳足迹。制定可再生能源持续发展的长效机制迫在眉睫。总的来说，天津市自主创新能力近年来有所提升，天津市要牢牢稳住基组学、蛋白组学、化学、化工、精密仪器、干细胞、膜材料与分离技术等领域的全国领先地位，争取更大的突破。

7.4 工业节能减排的思考

7.4.1 工业节能减排面临的形势

1. 工业转型升级助推工业节能减排

1）大力提高服务业和战略性新兴产业在国民经济中的比重

国家统计局数据显示，2010~2015 年重点行业规模以上企业收入年均增长18%。2016 年，战略性新兴产业工业部分增加值同比增长 10.5%；服务业部分收入增长 15.1%，也好于服务业整体水平。根据"十三五"规划的相关要求，到 2020年，战略性新兴产业增加值占 GDP 比重要达到 15%，形成新一代信息技术、高端制造、生物、绿色低碳、数字创意等 5 个 10 万亿元级规模的新支柱，并在更广领域形成大批跨界融合的新增长点，将有利于整体工业附加价值的提升。

2）加快淘汰落后产能，促进工业结构优化升级

党的十九大报告提出，要"推动经济发展质量变革、效率变革、动力变革"[①]。通过产业结构优化提高企业效率、坚持绿色发展、优化资源配置。在坚持生态保护的前提下，以技术创新、体制机制革新激发企业的发展活力，提高技术效率、收益效率和投入产出比，从而带动产业整体效率提升，实现科学发展、有序发展，高质量发展。同时，各地持续推动《工业和信息化部 国家发展和改革委员会 财政部 人力资源和社会保障部 国土资源部 环境保护部 农业部 商务部 中国人民银行 国务院国有资产监督管理委员会 国家税务总局 国家工商行政管理总局 国家质量监督检验检疫总局 国家安全生产监督管理总局 中国银行业监督管理委员会 国家能源局关于利用综合标准依法依规推动落后产能退出的指导意见》落实，

---

① 习近平：决胜全面建成小康社会 夺取新时代中国特色社会主义伟大胜利——在中国共产党第十九次全国代表大会上的报告. http://www.ccps.gov.cn/xytt/201812/t20181212_123897. shtml，2017-10-29.

不断取得新的进展和成效。

3）限制"两高"行业的发展

按照规划的要求，"十三五"期间我国将继续严格控制高耗能、高排放和产能过剩行业新上项目，强化节能、环保、土地、安全等指标约束，依法严格工业项目节能评估审查、环境影响评价、建设用地审查，严格贷款审批。这些举措，在一定程度上限制"两高"行业的发展，降低单位工业增加值能耗。

2. 两化融合与节能减排技术强力支撑工业节能减排

为深入贯彻党的十七大和十七届五中全会精神，加快电子信息和绿色通信技术在工业节能降耗中的应用，促进信息化和工业化的深度融合，工业和信息化部、商务部等五部委联合印发《关于加快推进信息化与工业化深度融合的若干意见》（工信部联信〔2011〕160 号），引导工业企业把信息化作为企业发展的内在要素，实现两者的协调、互动和一体化发展，提高企业能源资源利用效率，推动产业转型升级。

我国重大节能减排技术筛选评价工作已经取得阶段性进展，燃气蒸汽联合循环发电技术、高炉富氧喷吹焦炉煤气技术等重大节能减排技术在钢铁、石化、建材等重点耗能行业即将全面推广，大幅度提高工业节能减排水平。随着循环低碳经济重大技术示范项目的开展，大宗工业固体废弃物的综合利用的推进，以及重金属行业重大清洁生产技术的推广应用，能源资源减量化、再循环逐渐深入。这些举措，有利于提高相关行业的资源利用效率，减少污染物的排放，对单位工业产品能耗下降形成强有力的支撑。

3. 履行国际承诺与绿色贸易壁垒，要求加大工业节能减排力度

作为碳排放大国，哥本哈根会议之后，我国政府承诺到 2020 年单位 GDP CO_2 排放比 2005 年下降 40%~45%，碳减排压力大。为此，在"十二五"规划纲要中也首次把碳强度作为约束指标，明确要求未来 5 年，单位 GDP CO_2 排放量比 2005 年降低 17%。而当前，我国处在工业化和城市化迅速发展的历史阶段，经济的发展必将导致对高耗能产品需求旺盛。

此外，以节能减排和低碳为内容的绿色贸易壁垒直接影响我国产业竞争力。例如，碳关税问题，欧盟从环保角度制定了许多标准，包括能耗与环保标准等，我国工业产品出口面临压力巨大，要保持工业品的出口规模、保持国内产业的竞争优势，迫切需要加大工业节能减排力度，提高资源使用效率，降低能源消耗。

综上所述，"十三五"期间，我国的工业节能减排不仅面临着经济发展增速放缓、产业结构调整优化与信息技术发展所带来的外在机遇，同时也面临着履行国际碳排放承诺与国际绿色壁垒贸易加速形成的诸多外在挑战。在这种形势下，还

应当针对工业减排过程中的遇到的具体问题，提出解决策略。

7.4.2　工业节能减排存在的主要问题

1. 工业节能减排投入资金匮乏

按照工业能源强度下降 18% 的目标，在"十三五"期间，使用在工业节能的投资平均每年将达到 1 500 亿~2 000 亿元，随着节能向更艰难领域推进，投资也将逐步提高。工业节能减排投资额巨大，单纯依靠企业自身积累与政府财政投入十分有限。此外，由于工业节能减排专业性较强，融资成本相对较高，容易形成不可变现、不可抵押的优质资产；银行等金融机构对工业节能减排项目评估能力不足；现行的节能减排鼓励与约束政策主要针对工业企业，缺乏对金融系统的引导等原因，金融机构对节能减排项目的信贷意愿不足。事实上，我国 90% 以上的节能减排项目都需要在金融资本的大力支持才能实施。所以，突破金融资本难以进入节能减排领域的瓶颈是当务之急。

2. 工业节能减排税收机制需要完善

《"十三五"节能减排综合性工作方案》中明确提出了积极推进资源税和环境税费改革。其中，原油、天然气和煤炭资源税计征办法由从量征收改为从价征收并适当提高税负水平，选择防治任务重、技术标准成熟的税目开征环境保护税，改革的效果从 2012 年起逐步显现。但在我国资源紧缺，环境破坏日趋严重的情况下，资源税除了石油天然气煤炭之外，还应该向其他税目扩展，加强资源税调节力度，提高资源税在税收收入中的比重。环境税改革处在起步阶段，需要不断改进各环境税税目；拓展污染产品税、污染排放税等税目的征税范围。

3. 缺乏差异化的工业节能减排机制

从区域角度看，"十三五"节能减排约束性指标虽然已经分解到了各区域，并具有了一定的差异性，但这种区域分配方式较为粗略，没有切实体现出较为合理的东中西部差异。随着经济结构调整压力的加大，东部沿海地区的产业向中西部地区转移和延伸呈现加速之势，转出的大多是"高消耗、高排放、高污染"的重化工项目，高耗能工业企业的比重从东向西呈现越来越高的趋势。中西部地区处于工业发展初期或者由初期向中期过渡的时期，在利用高能耗工业拉动经济发展同时，又不得不面临节能减排的压力。因此，中西部地区相对于东部地区的节能减排压力更大。统一的节能减排政策既不利于能源资源利用效率相对较低的中西部地区的发展，也不利于东部沿海地区进一步发挥竞争优势、实现优化发展。

从企业角度看，不同企业间节能减排差异明显。大型企业拥有较强的资金和技术实力，在采用节能减排新技术、新工艺方面存在优势。而数量较多的中小企业，大都布局分散，技术资金实力不强，基础管理工作薄弱，自主开展节能减排技术改造的能力不足。政府应该针对不同企业，实施差别化手段和工具，分类推进节能减排工作。

4. 工业节能减排基础管理工作薄弱

目前，我国针对工业节能和污染物排放的基础数据统计、报告、核实制度尚不健全，工业行业和企业能源消费的计量统计，主要依靠企业自行申报，有关政府部门汇总分析，加之有关部门能源统计力量有限，经费短缺，严重影响了统计信息的及时性、准确性。此外，我国节能减排预警机制不完善，缺乏科学监测工业排放与节能效果的评价指标体系，不利于工业节能减排工作的开展。

总体说来，"十三五"时期，我国工业节能减排面临投入资金匮乏、缺乏差异化的工业节能减排政策及节能减排基础管理薄弱等问题。

7.4.3　我国工业节能减排对策建议

1. 创新工业节能减排投融资机制

发挥政府财政节能减排专项资金的引导作用，引导重点工业企业加大节能减排投入，促进地方财政资金向工业节能减排项目倾斜；研究制定针对重点行业的绿色信贷指南，鼓励金融机构创新工业节能减排项目信贷模式，选择中西部若干重工业地区，开展金融机构绿色信贷绩效评级试点，并构建顺畅的地方环保部门向国家报送绿色信贷环境信息的网络途径和数据平台；研究建立工业节能减排产业基金，在重点耗能行业先行试点，积累并总结经验，试点成功后在整个工业行业广泛推广。

2. 完善工业节能减排税收政策

开征环境税是经济合作与发展组织成员保护环境的通行做法，开征环境税有助于环境友好型、资源节约型社会的构建。建议开征以下环境税：一是工业固体废弃物税；二是按工业废水排放量定额征收的水污染税；三是工业 SO_2、CO_2 等大气污染税。实施有差别的税收优惠政策：对采用高能效技术、生产高能效产品的工业企业给予同不额度的税收减免；对发展循环经济、推进清洁生产等成绩显著的工业企业给予税收减免等优惠政策；对高能耗行业及不执行节能标准的耗能产品，加大征税力度。

3. 制定科学合理的差异化工业节能减排政策

结合东中西部地区间的经济发展水平、产业特点、能源资源禀赋、资源能源利用效率等方面的差异，在淘汰落后产能、节能减排技改资金安排等方面，充分考虑东部与中西部地区差异；针对重点行业与一般行业的区别，在节能减排技术装备推广、能源消耗和主要污染物排放总量控制等方面，研究制定工业行业节能减排差异化政策；基于不同工业企业规模、能力等的差异，在节能减排服务、绿色采购、绿色信贷等方面，研究制定工业企业节能排差异化政策，分类推进节能减排工作。

4. 建立工业节能减排绩效评级机制

加强工业节能统计分析基础工作，针对统计分析机构人员不足、力量薄弱的现状，整合国家节能减排专项资金，完善部门的人员配置和设备配套，加强工业节能评估中心的节能能力的建设；根据工业节能减排的要求，启动合理的工业节能减排评价指标体系研究工作，逐步建立工业节能减排绩效评价制度；借助"两化"融合的契机，建立各地工业能源资源消耗和环境损耗监测体系，成立区域工业能耗监测平台，定期核算比较最新的能耗情况，发布工业绿色发展指数；开展六大高耗能企业的节能减排绩效评估试点工作，定期发布其绩效评级结果。

参 考 文 献

[1]邓华，段宁. "脱钩"评价模式及其对循环经济的影响[J]. 中国人口·资源与环境，2004，14（6）：128-134.

[2]王明霞. 脱钩理论在浙江循环经济发展模式中的运用[J]. 林业经济，2006，（12）：19-24.

[3]王崇梅，毛荐其. "脱钩"理论在烟台开发区循环经济发展模式中的应用[J]. 科技进步与对策，2010，27（2）：45-48.

[4]徐盈之，徐康宁，胡永舜. 中国制造业碳排放的驱动因素及脱钩效应[J]. 统计研究，2011，（7）：55-61.

[5]陆钟武，王鹤鸣，岳强. 脱钩指数：资源消耗、废物排放与经济增长的定量表达[J]. 资源科学，2011，（1）：2-9.

[6]彭佳雯，黄贤金，钟太洋，等. 中国经济增长与能源碳排放的脱钩研究[J]. 资源科学，2011，（4）：626-633.

[7]孙耀华，李忠民. 中国各省区经济发展与碳排放脱钩关系研究[J]. 中国人口·资源与环境，

2011，（5）：87-92.

[8]仲云云，仲伟周. 我国碳排放的区域差异及驱动因素分析——基于脱钩和三层完全分解模型的实证研究[J]. 财经研究，2012，（2）：123-133.

[9]李波，张俊飚. 基于投入视角的我国农业碳排放与经济发展脱钩研究[J]. 经济经纬，2012，（4）：27-31.

[10]Kovanda J，Hak T. What are the possibilities for graphical presentation of decoupling?An example of economy-wide material flow indicators in the Czech Public[J]. Ecological Indicators，2007，（7）：123-132.

[11]蔡林. 系统动力学在可持续发展中的应用[M]. 北京：中国环境科学出版社，2008.

[12]唐建荣，郜旭东，张白羽. 基于系统动力学的碳排放强度控制研究[J]. 统计与决策，2012，（9）：63-65.

[13]赵蕾. 系统动力学在规划环境影响评价中的应用研究[D]. 西安科技大学硕士学位论文，2009.

[14]李虹，徐樟丹. 基于系统动力的城市工业低碳发展路径研究[J]. 科技管理研究，2015，35（8）：227-231，243.

第8章 试点省市低碳发展态势预测

为应对气候变化，保证人类可持续发展，全球范围内纷纷举起环境保护的旗帜。面对当前越来越严格的碳限制，各国政府陆续制定了基于其国情的低碳经济发展战略。以美国和欧盟为首的西方国家，率先呈现出了碳减排目标战略，试图从定量目标的设计上约束碳排放量，以求达到经济与环境和谐发展的目的。

面对气候变暖，中国也采取了一系列的政策措施，不断完善应对气候变化的政策体系（表8-1）。据欧盟委员会联合研究中心与荷兰环境评估署2013年发布的《全球二氧化碳排放长期趋势2013》年度报告，尽管2008年以来全球经济增速放缓，温室气体排放量降低，但2011年全球CO_2排放量仍维持持续增长趋势，碳排放量达到340亿吨，增长了3%，创十年来历史新高。2017年5月8日至18日，《联合国气候变化框架公约》2017年首轮谈判在德国波恩举行，近4 000名代表与会。《巴黎协定》设定了全球经济去碳化的长期目标，但落实《巴黎协定》的方法指引需要在2018年《联合国气候变化框架公约》第24次缔约方大会前完成。中国在《巴黎协定》的达成与生效过程中做出了积极贡献，波恩会议期间，中国代表团以更积极的姿态主动发声，在关键议题上提出"中国方案"，推动《巴黎协定》落实细则的谈判进程。中国"建设性的态度"也得到该公约秘书处执行秘书埃斯皮诺萨的赞赏。作为世界人口最多的国家，中国人均碳排放量达到7.2吨，与印度CO_2排放量合计约占全球碳排放总量的三分之二。向低碳经济转型已经成为世界经济发展的大趋势，低碳经济是气候变化背景下各国政府不可动摇的战略选择。

表8-1　中国应对气候变化的重要政策措施事件表

重要时间	相关政策	具体战略部署
2007年	发布《中国应对气候变化科技专项行动》	设定了"十一五"期间的阶段性目标及到2020年国家应对气候变化的长期性目标；另外明确提出2010年单位GDP能耗比2005年降低20%的目标

续表

重要时间	相关政策	具体战略部署
2008 年 10 月	发布《中国应对气候变化的政策与行动》	强化 2007 年国家提出的战略目标：到 2010 年，力争使可再生能源开发利用总量在一次能源消费结构中的比重提高到 10%左右并且力争使工业生产过程的氧化亚氮排放量稳定在 2005 年的水平
2009 年 12 月	签订《哥本哈根协议》	到 2020 年我国碳排放强度在 2005 年的基础上降低 40%~45%，非化石能源占一次能源的 15%左右
2011 年 3 月	通过《中华人民共和国国民经济和社会发展第十二个五年规划纲要》	2015 年单位 GDP CO_2 排放比 2010 年下降 17%，单位 GDP 能耗比 2010 年下降 16%，非化石能源占一次能源的 11.4%
2013 年 11 月	发布《中国应对气候变化的政策与行动 2013 年度报告》	到 2012 年，全国单位 GDP CO_2 排放比 2011 年下降 5.02%，中国节能环保产业产值达到 2.7 万亿元
2014 年 9 月	发布《国家应对气候变化规划（2014-2020 年）》	2014 年单位 GDP CO_2 排放量同比下降 6.2%，比 2010 年累计下降 15.8%，完成了"十二五"碳强度下降目标的 92.3%
2015 年 12 月	和《联合国气候变化框架公约》的近 200 个其他缔约国通过了《巴黎协定》气候协议.	2030 年左右碳排放达到峰值且将努力早日达峰；单位 GDP 碳排放强度比 2005 年下降 60%~65%；非化石能源占一次能源消费比重达到 20%左右
2016 年 4 月及 11 月	签订《巴黎协定》气候协议；国务院发布《"十三五"控制温室气体排放工作方案的通知》	明确提出到 2020 年，单位 GDP CO_2 排放量比 2015 年下降 18%，力争部分重化工业 2020 年左右实现率先达峰；加强能源碳排放指标控制，实施能源消费总量和强度双控

8.1　方法选择与问题提出

8.1.1　预测方法评析

对于碳排放预测方法运用，国内外学者已经做出众多尝试，并取得了不错的研究成果，主要有基于统计学的指数平滑法、时间序列法、多元统计回归法及情景分析法、投入产出法、人工神经网络法、系统动力学模型、灰色预测法等。Kainuma 等基于情景分析法，运用 Asian-Pacific Integrated Model 预测了日本的碳排放量，其发现在现行经济发展水平中坚持减排方略，未来日本的 CO_2 排放量将环比下降 6%，有望回落到 1990 年的排放水平[1]。Tsokos 和 Xu 采用微分动力系统构建包含 6 个变量的 CO_2 排放方程，测算了 CO_2 排放变化率并预测了实现中长期减排目标的时间点[2]。Steckel 等基于情景分析法预测了未来碳排放趋势，确立了未来我国在节能减排中不可或缺的地位[3]。朱跃中采用了 LEAP（long-range energy alternatives planning，长期能源替代规划）模型对我国交通运输业碳排放进行情景预测，研究发现未来我国交通运输部门的碳排放量将快于能源需求增速，到 2020 年交通运输业 CO_2 排放量预计将达到 11.56 亿吨[4]。刘建翠采用线性回归法，对未来中国交通运输业的运输产品进行预测，在此基础上测算其碳排放量。结果显示，到 2050 年中国交通运输业的 CO_2 排放占全社会的比重为 14% 左右，低于当前发达国家的比重[5]。米国芳和赵涛测算了 1997~2009 年中国火力发电企业碳排放数据，并采用灰色 GM（1，1）模型预测分析中国火力发电企业的碳排放情况，结果表明，我国火力发电企业碳排放年平均增长速度达到 12.03%，2011~2013 年碳排放量将分别达到 98 839.92 万吨、111 548.45 万吨和 126 587.62 万吨[6]。渠慎宁等利用 STIRPAT 模型研究我国未来碳排放峰值问题，研究表明，在当前发展趋势下若能保持碳排放强度合理下降，则中国的碳排放峰值出现时间在 2020~2045 年。此外，他们还采用一阶衰减法系统预测我国废弃物的碳排放情形，预测碳排放峰值达到时点。结果显示，在 1981~2009 年我国废弃物的碳排放总体呈现快速上升趋势，其排放峰值将于 2024 年出现[7, 8]。Tian 等基于改进的 BP 神经网络，结合 1990~2008 年数据，用构建中国碳排放演化模型来预测未来十年中国碳排放量。研究指出，我国要加强国家宏观层面的减排措施，改进减排技术[9]。孙建卫等在区域投入产出分析基础之上，对我国生产可满足国民经济所需能源消耗所引起的直接或间接碳排放进行分析，并探索了各部门之间的碳关联[10]。周宾等应用系统动力学原理构建碳足迹测度模型，对 2005~2020 年甘南藏族自治州及各市县的碳足迹进行仿真测度，数据显示，至 2020 年，甘南藏族自治州万元生产总值综合能耗将控制在 0.46 吨[11]。欧阳强和李奇基于经济增长速度、人口规模、产业结构及城市化水平指标，运用 GM（1，1）灰色预测模型预测湖南省 2010~2012 年的碳排放量，结果显示：若维持当前指标水平，湖南省未来碳排放量将维持高位增长趋势[12]。张乐勤等基于 STIRPAT 模型，研究测算了安徽省人口、人均 GDP、全社会固定资产投资、第二产业贡献值、单位生产总值能耗等驱动因子的边际弹性系数，并运用灰色 GM（1，1）模型预测了安徽省 2015 年和 2020 年的碳排放量及排放强度[13]。

　　综上可知，基于这些方法的研究应用各有千秋，其预测结果大多难分伯仲。而灰色建模理论是一种适用于研究数据样本较少、信息相对缺乏等不确定性问题的预测方法。它于 1982 年由邓聚龙教授创立，随后国内外学者不断推广，在众多研究领域成就斐然。灰色预测模型具有的一大优势就是建模时不需要太多的样本，不需要样本有较好的分布规律，计算量小而且有较强的适应性。借鉴学术界最新研究成果，综合考量我国碳排放研究的实际情况，本章将采用灰色预测法建立低碳试点省市碳排放预测模型。

8.1.2　灰色预测模型构建

GM（1，1）灰色预测模型建构方法如下：

第一步，获取非负原始数据序列。

$$x^{(0)} = \left\{ x^{(0)}(1), x^{(0)}(2), \cdots, x^{(0)}(n) \right\} (n = 1, 2, 3, \cdots) \tag{8-1}$$

通过对原始数据序列 $x^{(0)}$ 进行一次累加，生成新的函数序列 $x^{(1)}$，如下所示：

$$x^{(1)} = \left\{ x^{(1)}(1), x^{(1)}(2), \cdots, x^{(1)}(n) \right\} (n = 1, 2, 3, \cdots) \tag{8-2}$$

式中，

$$x^{(1)}(k) = \sum_{i=1}^{k} x^{(0)}(i), (k = 1, 2, 3, \cdots, n) \tag{8-3}$$

第二步，构建动态灰色预测模型。

根据生成的新序列 $x^{(1)}$ 建立 GM（1，1）模型的基本形式，其所对应的白化方程（也称影子方程）如下：

$$\begin{cases} \dfrac{\mathrm{d}x^{(1)}}{\mathrm{d}t} + ax^{(1)} = b \\ x^{(1)}(1) = x^{(0)}(1) \end{cases} \tag{8-4}$$

式中，a, b 是待估参数，a 是 GM（1，1）模型的发展灰数，b 是 GM（1，1）模型的内生控制灰数。基于白化方程，进一步化解可以得到其连续时间响应函数：

$$\hat{x}^{(1)}(k+1) = \left[x^{(0)}(1) - \frac{b}{a} \right] \mathrm{e}^{-ak} + \frac{b}{a} \tag{8-5}$$

由积分原理，式（8-4）在定义域 $[k-1, k]$ 内求积分可得 GM（1，1）模型的基本方程式：

$$x^{(0)}(k) + a\int_{k-1}^{k} x^{(1)}(t)\mathrm{d}t = b \tag{8-6}$$

假设 $z^{(1)}(k) = a\int_{k-1}^{k} x^{(1)}(t)\mathrm{d}t \ (k = 2, 3, \cdots, n)$，则称 $z^{(1)}(k)$ 为模型的背景值，它可根据数值积分中的梯形公式计算，是决定模型拟合精度的关键指标：

$$z^{(1)}(k) = a\int_{k-1}^{k} x^{(1)}(t)\mathrm{d}t = \frac{1}{2} \left[x^{(1)}(k-1) + x^{(1)}(k) \right] (k = 2, 3, \cdots, n) \tag{8-7}$$

此外，设矩阵 $\hat{A} = \begin{pmatrix} a \\ b \end{pmatrix}$，利用最小二乘法可得参数 a，b 的解 $\hat{a}$，$\hat{b}$：

$$\begin{pmatrix} \hat{a} \\ \hat{b} \end{pmatrix} = \left(\boldsymbol{B}^{\mathrm{T}} \boldsymbol{B} \right)^{-1} \boldsymbol{B}^{\mathrm{T}} \boldsymbol{Y}_n \qquad (8\text{-}8)$$

式中，$\boldsymbol{B} = \begin{bmatrix} -z^{(1)}(2) & \cdots & 1 \\ \vdots & & \vdots \\ -z^{(1)}(n) & \cdots & 1 \end{bmatrix}$，$\boldsymbol{Y}_n = \begin{bmatrix} x^{(0)}(2) \\ \vdots \\ x^{(0)}(n) \end{bmatrix}$。

把 $\hat{a}$，$\hat{b}$ 的值代入式（8-6）可得动态预测模型还原值：

$$\hat{x}^{(0)}(k+1) = \hat{x}^{(1)}(k+1) - \hat{x}(k) = \left(1 - \mathrm{e}^{\hat{a}}\right)\left(x^{(0)}(1) - \frac{b}{a}\right) \mathrm{e}^{-ak} \qquad (8\text{-}9)$$

第三步，检验模型精度。

常用的检验方法主要有残差平方和检验和后验差检验。其原理都是通过对误差值的测算校对来判断模型的精确度。

1）残差平方和检验

假设序列 $\varepsilon^{(0)}(t) = \left| x^{(0)}(t) - \hat{x}^{(0)}(t) \right|$ $(t = 1, 2, \cdots)$ 表示 t 时刻实际数据序列与预测数据序列的绝对误差值。序列 $\theta^{(0)}(t) = \dfrac{\varepsilon^{(0)}(t)}{x^{(0)}(t)}$ 表示 t 时刻模拟相对误差值，其平均相对误差为 $\overline{\theta}^{(0)} = \dfrac{1}{n} \sum\limits_{t=1}^{n} \vartheta^{(0)}(t)$。给出一定值 ∂，当 $\overline{\theta}^{(0)} < \partial$ 时，则模型通过残差检验。

2）后验差检验

假设原始序列平均值 $\overline{x} = \dfrac{1}{n} \sum\limits_{k=1}^{n} x^{(0)}(k)$，其方差 $s_1^2 = \dfrac{1}{n-1} \sum\limits_{k=1}^{n} \left(x^{(0)}(k) - \overline{x} \right)^2$；残差平方和数列 $\varepsilon^{(0)}(t)$ 的均值和方差分别为 $\overline{\varepsilon} = \dfrac{1}{n} \sum\limits_{k=1}^{n} \varepsilon^{(0)}(k)$，$s_2^{\ 2} = \dfrac{1}{n-1} \sum\limits_{k=1}^{n} \left(\varepsilon^{(0)}(k) - \overline{\varepsilon} \right)^2$。由此可得模型的后验差值为 $C = \dfrac{s_2}{s_1}$。另设模型的小误差概率 $p = P\left(\left| \varepsilon^{(0)} - \overline{\varepsilon} \right| < 0.674\,5 s_1 \right)$。给出一定值 C_0 和 P_0，当 $C < C_0$ 且 $P > P_0$ 时，则称模型通过后验差检验。

以上两种方法都能检验模型的精确度，其中要求残差检验中的相对误差越小越好；而后验差中 C 值取小，P 值取大表明模型精度高。若给定一组 "∂、C_0、P_0" 值，就可以预测模型的精度等级。常用的预测精度等级划分对照表如表 8-2 所示。

表8-2 预测精度等级划分对照表

预测精度等级	∂	C_0	P_0
一级	0.01	0.35	0.95
二级	0.05	0.5	0.8
三级	0.1	0.65	0.7
四级	0.2	0.8	0.6

灰色预测模型 GM（1，1）是依据系统特征值的发展趋势所进行的预测。具体来说，就是依托现有指标，预测刻画未来各时点数值的发展变化趋势。一般将不平稳的、波动性较大的随机原始数列进行累加，形成具一定规律可循的时间序列。鉴于模型的有效性及低碳试点省市的批复时间，本章将 2001 年设为起始年份，即选取 2001~2016 年共 16 年数据进行模型精度检验。运用 Matlab 数理统计软件和灰色预测软件进行计算研究。

8.2　试点省市工业行业碳排放预测

8.2.1　工业行业数据准备

工业行业的碳排放主要源自化石能源的消耗。基于第 4 章、第 5 章的整理统计，可以得到各试点省市工业行业碳排放编年表（表 8-3）。

表8-3 各试点省市工业行业碳排放编年表（单位：万吨）

年份	广东	湖北	辽宁	陕西	云南	天津
2001	7 209.5	7 511.8	8 794.08	2 902.32	2 541.75	2 527.95
2002	7 632.43	7 973.02	8 766.48	3 368.63	3 264.16	2 937.56
2003	10 432.35	8 631.46	9 307.66	2 864.15	4 124.41	2 894.51
2004	9 540.36	9 547.89	9 832.72	3 911.07	2 692.04	3 348.78
2005	11 392.64	10 417.44	10 894.48	4 932.01	6 957.48	3 401.9
2006	13 823.65	11 251.83	12 060.55	4 601.73	7 134.96	3 947.38
2007	15 420.91	12 309.79	14 942.14	5 513.27	7 381.41	4 427.91
2008	17 000.56	12 856.76	15 310.85	6 097.61	7 900.5	4 966.86

年份	广东	湖北	辽宁	陕西	云南	天津
2009	18 585.3	14 215.75	17 345.48	6 925.72	8 664.6	5 454.59
2010	16 228.92	12 917.36	19 694.91	7 655.56	8 630.21	5 239.14
2011	16 131.5	18 328.88	21 720.6	8 573.01	8 825.8	5 777.83
2012	15 523.74	15 815.89	21 572.74	9 147.4	9 205.31	6 508.36
2013	15 747.25	15 938.76	23 496.9	9 696.25	9 601.14	7 036.11
2014	19 105.87	18 593.09	27 061.98	11 268.51	11 428.21	7 643.71
2015	20 083.99	19 829.06	29 735.01	12 494.93	12 361.99	8 298.19
2016	21 112.19	21 147.2	32 672.06	13 854.83	13 372.06	9 008.7

注：基于第 4 章、第 5 章相关数据整理和计算；只考虑化石能源消耗引起的

工业大省辽宁碳排放量稳居第一，尤其是 2009 年之后领先趋势明显。紧随其后的是广东和湖北，两省排放水平旗鼓相当。相较之下，云南、陕西、天津三省市碳排放水平差距较大。其中天津处于最低水平，这与天津是直辖市且工业总量相比于其他省份偏少也有一定的关系。广东碳排放量平均环比增长率为 8.12%，湖北的碳排放量平均环比增长率为 7.75%，辽宁的碳排放量平均环比增长率为 9.31%，陕西的碳排放量平均环比增长率为 11.62%，云南的碳排放量平均环比增长率为 16.47%，天津的碳排放量平均环比增长率为 9%。从总体趋势来看，碳排放情况基本符合省域间经济发展水平及产业结构。

8.2.2　工业行业低碳趋势预测及分析

根据 GM（1，1）模型的构建步骤，我们可以首先统计出广东、湖北、辽宁、陕西、云南和天津的工业行业 AGO 序列和紧邻均值生成序列，如表 8-4 所示。

表8-4　各省市工业行业AGO序列和紧邻均值生成序列

地区 序列	广东	湖北	辽宁	陕西	云南	天津
AGO 序列	7 209.5	7 511.8	8 794.08	2 902.32	2 541.75	2 527.95
	14 841.93	7 973.02	8 766.48	3 368.63	3 264.16	2 937.56
	25 274.28	8 631.46	9 307.66	2 864.15	4 124.41	2 894.51
	34 814.64	9 547.89	9 832.72	3 911.07	2 692.04	3 348.78
	46 207.28	10 417.44	10 894.48	4 932.01	6 957.48	3 401.9

续表

地区 序列	广东	湖北	辽宁	陕西	云南	天津
AGO 序列	60 030.93	11 251.83	12 060.55	4 601.73	7 134.96	3 947.38
	75 451.84	12 309.79	14 942.14	5 513.27	7 381.41	4 427.91
	92 452.4	12 856.76	15 310.85	6 097.61	7 900.5	4 966.86
	111 037.7	14 215.75	17 345.48	6 925.72	8 664.6	5 454.59
	127 266.62	12 917.36	19 694.91	7 655.56	8 630.21	5 239.14
	143 398.12	18 328.88	21 720.6	8 573.01	8 825.8	5 777.83
	158 921.86	15 815.89	21 572.74	9 147.4	9 205.31	6 508.36
	174 669.11	15 938.76	23 496.9	9 696.25	9 601.14	7 036.11
	193 774.98	18 593.09	27 061.98	11 268.51	11 428.21	7 643.71
	213 858.97	19 829.06	29 735.01	12 494.93	12 361.99	8 298.19
	234 971.16	21 147.2	32 672.06	13 854.83	13 372.06	9 008.7
紧邻均值生 成序列	11 025.715	11 498.31	13 177.32	4 586.635	4 173.83	3 996.73
	20 058.105	19 800.55	22 214.39	7 703.025	7 868.115	6 912.765
	30 044.46	28 890.225	31 784.58	11 090.635	11 276.34	10 034.41
	40 510.96	38 872.89	42 148.18	15 512.175	16 101.1	13 409.75
	53 119.105	49 707.525	53 625.695	20 279.045	23 147.32	17 084.39
	67 741.385	61 488.335	67 127.04	25 336.545	30 405.505	21 272.035
	83 952.12	74 071.61	82 253.535	31 141.985	38 046.46	25 969.42
	101 745.05	87 607.865	98 581.7	37 653.65	46 329.01	31 180.145
	119 152.16	101 174.42	117 101.895	44 944.29	54 976.415	36 527.01
	135 332.37	116 797.54	137 809.65	53 058.575	63 704.42	42 035.495
	151 159.99	133 869.925	159 456.32	61 918.78	72 719.975	48 178.59
	166 795.485	149 747.25	181 991.14	42 668.065	82 123.2	54 950.825
	184 222.045	167 013.175	207 270.58	53 150.445	92 637.875	62 290.735
	203 816.975	186 224.25	235 669.075	93 704.705	104 532.975	70 261.685
	224 415.065	206 712.38	266 872.61	106 879.585	117 400	78 915.13
	117 485.58	108 642.99	141 604.32	56 903.5	62 043.015	41 709.74

资料来源：由式（8-1）、式（8-2）计算统计并整理

　　构建灰色预测模型，分别计算出各省市待估参数值 a，b 的结果，以及残差平方和与平均相对误差，统计出各省市的预测值。本章对以试点省市 2001~2016 年数据建立的灰色预测模型分别进行了残差检验和后验差检验。其中残差检验的平均相对误差值中，除湖北外，都在 0.05 以下，广东、辽宁和陕西精度等级为一级，云南和天津为二级，都通过了残差检验。而基于后验差的精度检验，所有省市的 C 值和 P 值都达到了一级标准，完全通过后验差检验。综上，鉴于精度检验自身的

差异性,两种检验方法出现的微小差别实属正常情况,所以,可以运用所建立的灰色预测模型 GM(1,1)进行碳排放预测。

从图 8-1 可以看出,广东省、湖北省、辽宁省、陕西省、云南省和天津市的预测值曲线与观测值曲线基本一致。其中,广东省的观测值在 2003~2004 年、2009~2013 年出现下降的趋势,但总体处于上升的状态,且增幅不断减小;云南省 2001~2016 年观测值都在预测曲线上下小幅度波动;湖北省、辽宁省、陕西省、天津市的预期效果最佳,预期值与观测值误差很小,说明灰色模型在各试点省市能源碳排放量预测方面得到了很好的应用。云南省 2008 年的碳排放量为 7 900.50万吨,2015 年为 12 361.99 万吨,之后涨幅下降,到 2020 年碳排放量预计为18 448.82 万吨,主要原因是云南省历来不是重工业省份,能源需求相比于其余试点省市要低。天津市碳排放量从 2008 年的 4 966.86 万吨上升到 2015 年的 8 298.19万吨,预计到 2020 年碳排放量达 12 507.49 万吨,上升幅度较 2015 年之前缓和。天津市属于工业城市,随着京津冀一体化的发展,天津市的工业碳排放量的增长量在缓和,这与天津市的低碳发展政策是密切相关的。而辽宁省和湖北省仍将维持高速增长态势,碳排放量从 2008 年的 15 310.85 万吨上升到 2015 年的 29 735.01万吨,预计 2020 年达 47 690.85 万吨。辽宁省始终属于工业省份,现在处于经济振兴阶段,工业对于能源的需求量必然增加。虽然辽宁省也在积极探索低碳工业生产的道路,但是在未来的一段时间内,碳排放量逐年增长依然是一个事实。同样地,由于本身碳排放基数较大,湖北省 2015 年和 2020 年的碳排放量分别达到了 19 829.06 万吨和 27 376.52 万吨。

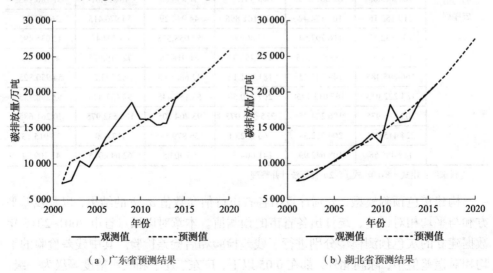

(a)广东省预测结果　　　　　　　　　　(b)湖北省预测结果

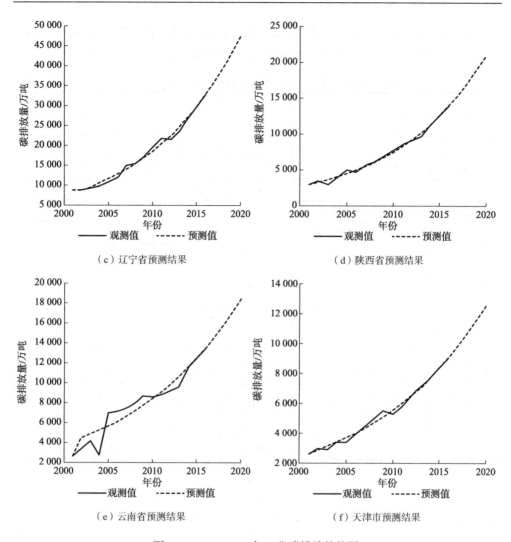

图 8-1 2001~2020 年工业碳排放趋势图

8.3 试点省市建筑行业碳排放预测

8.3.1 建筑行业数据准备

建筑行业的碳排放，除了源自化石能源如原煤、油、燃气的消耗之外，对于电力的依赖度较大，所以间接产生的碳排放也是不容小视的。基于第 4 章、第 5 章的整理统计，可以得到各试点省市建筑行业碳排放编年表（表 8-5）。

表8-5　各试点省市建筑行业碳排放编年表（单位：万吨）

年份	广东省	湖北省	辽宁省	陕西省	云南省	天津市
2001	297.09	234.99	185.95	474.57	113.48	82.5
2002	334.21	225.5	188.52	219.53	105.7	60.46
2003	373.45	230.25	197.04	239.19	158.8	55.35
2004	453.09	299.33	206.94	259.78	101.17	98.87
2005	531.61	343.09	225.42	178.19	208.25	127.07
2006	572.91	410.28	224.33	247.17	243.15	151.54
2007	653.97	451.52	247.97	166.83	257.24	182.25
2008	682.24	453.14	212.94	352.7	310.82	327.98
2009	694.63	556.09	239.6	307.14	338.14	337.23
2010	749.98	738.26	273.75	420.09	408.67	424.41
2011	781.04	821.02	289.9	426.77	507.28	481.2
2012	806.37	909	529.452	439.57	552.94	503.95
2013	788.99	952.67	574.359	448.36	586.11	524.01
2014	938.87	1 163.2	536.4	509.2	734.61	787.14
2015	1 004.46	1 332.8	603.56	554.04	850.84	934.47
2016	1 074.62	1 527.13	679.12	602.83	985.46	1 109.38

注：基于第 4 章、第 5 章相关数据的整理和计算；只考虑化石能源消耗引起的

　　从表 8-5 可知，2001~2010 年，广东省的建筑碳排放量遥遥领先，主要是由于广东省是中国的第一经济大省，随着经济的不断发展，"三高"产业所带来的环境污染问题相对于其他省市也较为严重[14]。湖北省第二，并且从 2011 年开始超越广东省。这是因为湖北省的第一、第二及第三产业的大力发展使得经济不断增长，人民生活水平逐步提高，但却忽视了经济发展所带来的环境问题[15]。辽宁省增长趋势相对较平缓，从 2001 年的 185.95 万吨增加到 2016 年的 679.12 万吨，年均增长 32.9 万吨左右。从 2008 年开始，辽宁省碳排放量呈现上升趋势，这说明我国辽宁省建筑业发展的同时，因建筑施工发生的资源消耗并没有得到最优利用，环境保护工作没有切实做到位[16]。而云南省、陕西省和天津市并驾齐驱。其中陕西省 2001 年碳排放量为 474.57 万吨，之后出现大幅度下降，碳排放量在 15 年间的增长并不稳定，2001~2016 年虽存在上下波动但总体上呈缓慢增长的状态，2016 年达到最高值，但与 2001 年碳排放量相差较小。这说明陕西

省自 2001 年后调整能源结构并积极开发采用减排技术力求达到碳减排的目的，但其对建筑业的整体影响较小，虽呈现上下波动的趋势，但整体上碳排放量还是增长的态势[17]。云南省的地理条件使得整个省对天然气的利用率较低，煤炭是其碳排放贡献最大的能源，因而云南省碳排放量总体上呈现上升的趋势。天津市碳排放量总体上也呈现着不断上升的趋势，原因有两个：一是经济的快速发展；二是天津市主要以煤炭作为能源的主要来源。纵观全局，碳排放情况基本符合省市人口发展水平和人民生活质量。

8.3.2　建筑行业低碳趋势预测及分析

整合上述信息可得表 8-6 和表 8-7。平均相对误差值中，除了陕西省以外都在 0.05 以下，广东省的精度等级为一级，湖北省、辽宁省、云南省和天津市为二级，都通过了残差检验。而基于后验差的精度检验，所有省市的 C 值和 P 值都达到了一级标准，都通过了后验差检验。综上，可以运用所建立的灰色预测模型 GM（1，1）进行建筑行业碳排放预测。

表8-6　建筑行业碳排放预测模型检验统计汇总表

区域	$\hat{a}$	精度等级	C	P	精度等级	是否通过检验
广东省	0.007 0	一级	0.011 8	1	一级	是
湖北省	0.026 6	二级	0.011 0	1	一级	是
辽宁省	0.012 3	二级	0.013 5	1	一级	是
陕西省	0.062 7	三级	0.038 6	1	一级	是
云南省	0.026 1	二级	0.006 0	1	一级	是
天津市	0.028 7	二级	0.007 1	1	一级	是

表8-7　试点省市建筑行业碳排放预测汇总表（单位：万吨）

年份	广东省	湖北省	辽宁省	陕西省	云南省	天津市
2017	1 152.31	1 752.61	740.00	653.19	1 153.92	1 440.54
2018	1 233.09	2 008.58	828.82	710.37	1 338.57	1 732.41
2019	1 319.53	2 301.93	928.29	772.56	1 552.77	2 083.42
2020	1 412.03	2 638.13	1 039.70	840.197	1 801.25	2 505.54

由图 8-2 可知，除了湖北省之外，其他试点省市建筑行业低碳发展态势较乐观。从 2008 年提出减排战略以来，建筑行业的碳减排效果已经初显。其中广东省 2008 年的建筑行业碳排放量为 682.24 万吨，2015 年为 948.16 万吨，2020 年预计

上升为 1 412.03 万吨。辽宁省 2008 年的碳排放量为 212.94 万吨,2015 年为 444.84 万吨,约为 2008 年的 2 倍,到 2020 年碳排放量预计为 1 039.70 万吨。陕西省 2008 年的碳排放量为 352.7 万吨,上升到 2015 年的 618.13 万吨,增加 75%,预计到 2020 年碳排放量为 840.197 万吨,上升幅度较 2015 年之前缓和。而云南省和天津市建筑业碳排放水平也呈上升趋势。2015 年和 2020 年的碳排放量分别达到 850.84 万吨、1 801.25 万吨和 934.47 万吨、2 505.54 万吨。随着国家发改委于 2010 年 7 月 19 日发布《国家发展改革委关于开展低碳省区和低碳城市试点工作的通知》,在广东、辽宁、湖北、陕西、云南五省及天津、重庆、深圳、厦门、杭州、南昌、贵阳、保定八市开展试点工作,各试点省市 2017~2020 年碳排放量增长的幅度明显小于过去。对于目前而言,各省市处于工业化发展时期,并且各省市长期以来的粗放型发展模式使得其在短时间内降低碳排放量是不太可能的,但各试点省市正积极向低碳城市转型,预测其 2017~2020 年的碳排放量增长态势有所缓解。单独就湖北省而言,根据模型结果分析其 2017~2020 年碳排放量相对于其他低碳试点省市具有明显的增长,其原因可能是湖北省的化石能源消费结构的特殊性,根据以往的数据显示,湖北省消耗煤炭的数量急剧上升,石油消费量近几年也有上升的趋势。而相对于石油和煤炭,天然气的绝对消费量和相对消费比例均比较低。湖北省历史年度的人口增长相对于其他省市增长幅度较大,人口规模的增长对于碳排放而言起到的是综合推进的作用。模型预测是根据历史年度的数据推算而成的,从图 8-2 也可以看出湖北省建筑业碳排放量相对于其他试点省市具有大幅度增长的趋势。湖北省近几年第二产业比重逐年上升,其经济发展水平相对较高,因而其碳排放量也有上升且幅度较大的趋势。

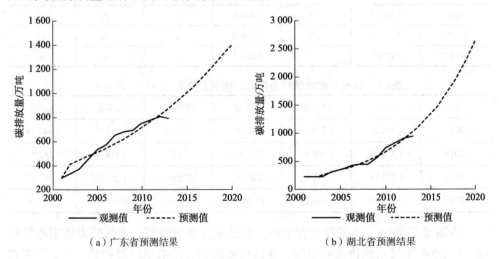

（a）广东省预测结果　　　　　　　　　　　（b）湖北省预测结果

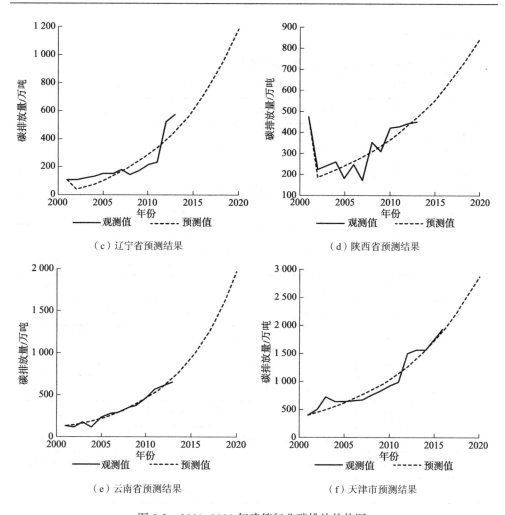

图 8-2　2001~2020 年建筑行业碳排放趋势图

8.4　试点省市交通运输行业碳排放预测

8.4.1　交通运输行业数据准备

交通运输行业对于化石能源的消耗主要集中在油和部分原煤及电力上。基于此，本节按照第 4 章、第 5 章的整理统计，得到各试点省市的交通运输行业碳排放编年表（表8-8）。

表8-8　各试点省市交通运输行业碳排放编年表（单位：万吨）

年份	广东省	湖北省	辽宁省	陕西省	云南省	天津市
2001	2 280.65	1 014.12	1 463.34	474.57	610.23	463.99
2002	2 490.67	1 287.81	1 481.71	545.02	803.75	577.15
2003	3 000.83	1 678.75	1 420.69	804.04	891.1	841.24
2004	3 496.63	1 635.67	1 553.96	914.37	398.31	741.5
2005	4 100.46	2 019.33	2 555.44	1 116.26	1 252.4	738.96
2006	4 228.19	2 160.45	2 820.45	1 160.59	1 362.15	765.39
2007	4 676.61	2 335.67	3 077.21	1 340.51	1 464.95	778.96
2008	5 034.26	2 748.69	3 119.43	1 659.2	1 511.73	879.31
2009	5 318.75	2 659.29	3 295.72	1 967.54	1 550.1	956.33
2010	5 913.84	2 889.89	3 418.26	2 140.54	1 910.62	1 065.81
2011	6 176.08	3 508.15	3 715.13	2 328.9	2 059.24	1 137.69
2012	9 286.41	3 471.04	3 850.55	2 375.48	2 100.42	1 743.81
2013	10 623.17	3 411.65	3 932.18	2 470.5	2 163.44	1 811.26
2014	10 830.1	4 058.85	4 665.95	3 108.71	2 603.98	1 817.21
2015	12 285.51	4 400.45	5 054.45	3 483.18	2 867.72	2 019.34
2016	13 936.51	4 770.81	5 475.3	3 902.77	3 158.17	2 243.96

注：基于第4章、第5章相关数据的整理和计算；只考虑化石能源消耗引起的

从表8-8可知，广东省的交通运输业碳排放量一直处于高位且持续上升，这是由于其经济发展带来的较大货运量及交通工具数量随人口的增长而不断增长。辽宁省第二，紧随其后的是湖北省。而陕西省在近十余年间，交通运输业碳排放量渐渐超过云南省，相较之下，天津市交通运输业碳排放量水平在人口量、产业结构、低碳政策等各种因素综合促进下保持最低水平。综上可见，交通运输业碳排放情况基本符合省域间人口经济发展水平和居民出行结构。

各省市交通运输业碳排放量年均增长率依次为 12.83%、10.87%、8.35%、15.08%、11.58%、11.08%，其中陕西省的碳排放量年均增长率最大，这是由于在这期间随着城市化水平增高，农业用地不断转为建设用地，交通运输水平不断升高，柴汽油农用机车的使用不断增多。而排在第二位的是旅游大省云南省，由于

旅游城市交通工具业务量受人口及天气影响较大，所以变动幅度也相对较大。年均增长率最低的是辽宁省，这表明辽宁省的碳排放控制得比较好。

8.4.2　交通运输行业低碳趋势预测及分析

整合上述信息可得表 8-9 和表 8-10。平均相对误差值中，广东省、辽宁省和天津市的精度等级均为一级，湖北省、陕西省和云南省均为二级，都通过了残差检验。而基于后验差的精度检验，所有省市的 C 值和 P 值都达到了一级标准，都通过了后验差检验。综上，可以运用所建立的灰色预测模型 GM（1，1）进行交通运输业碳排放预测。

表8-9　交通运输行业碳排放预测模型检验统计汇总表

区域	$\grave{a}$	精度等级	C	P	精度等级	是否通过检验
广东省	0.008 7	一级	0.006 3	1	一级	是
湖北省	0.045 6	二级	0.030 5	1	一级	是
辽宁省	0.009 0	一级	0.007 0	1	一级	是
陕西省	0.021 2	二级	0.004 6	1	一级	是
云南省	0.026 5	二级	0.021 6	1	一级	是
天津市	0.005 7	一级	0.002 2	1	一级	是

表8-10　试点省市交通运输行业碳排放预测汇总表（单位：万吨）

年份	广东省	湖北省	辽宁省	陕西省	云南省	天津市
2017	15 542.27	5 182.26	5 960.16	4 430.68	3 495.57	2 451.18
2018	17 589.08	5 619.57	6 459.73	4 972.08	3 851.79	2 717.85
2019	19 905.43	6 093.78	7 001.16	5 579.63	4 244.30	3 013.53
2020	22 526.83	6 608.01	7 587.98	6 261.43	4 676.81	3 341.37

由图 8-3 可知，交通运输部门的碳排放主要源自道路交通，各试点省市交通运输业碳排放趋势的不同与它们各自的城市产业结构及运输方式、交通工具的偏重有着密切的联系。由图 8-3 可知，广东省交通运输业碳排放水平维持高位且继续保持逐步上升的态势，主要也是其碳排放基数较大，随人口增长交通工具大量增长，以及其工业经济的发达导致的运输业务量较大。而天津市交通运输业碳排放量维持低位，主要也是由于其碳排放基数较低，且其作为港口城市，运输业务

量主要来自海运。但其道路交通低碳减排效果也是比较明显的，这得益于天津市大力发展低碳交通——地铁的良好战略布局，以及车辆限号行驶的一系列政策。随着京津冀一体化进程的加速，天津市作为京津冀经济一体化的交通运输枢纽，必然还需要利用低碳化交通工具优化交通路径以承接交通一体化的发展。作为旅游省份的云南省交通运输业碳排放量到 2020 年基本达到 5 000 万吨，而作为农业大省的陕西省交通运输业碳排放量在 2020 年将会超过 6 000 万吨。2016 年之前，辽宁省和湖北省交通运输业碳排放量基本一致，到 2020 年两省的碳排放量分别是 7 587.98 万吨和 6 608.01 万吨。通过数据可知，辽宁省的年平均增长率最低，低碳减排效果比较明显，其次是湖北省，主要由于其低碳政策的逐步实施效果显现，陕西省的碳排放量增长率最大，笔者认为是由于原始数据的各年变化幅度较大。

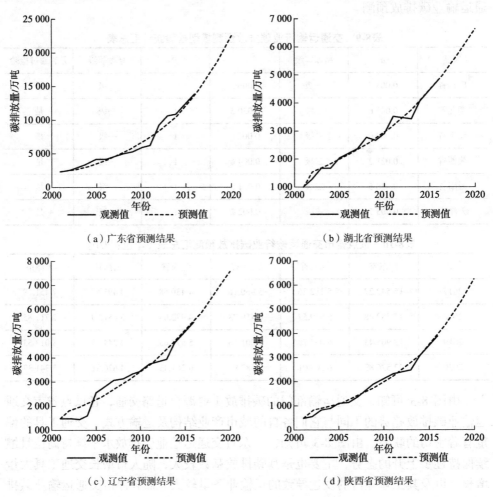

（a）广东省预测结果　　　　　　　　　　（b）湖北省预测结果

（c）辽宁省预测结果　　　　　　　　　　（d）陕西省预测结果

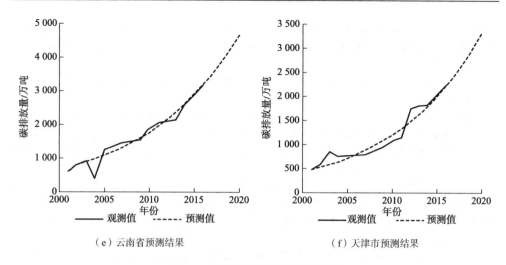

（e）云南省预测结果　　　　　　　　（f）天津市预测结果

图 8-3　交通运输业碳排放趋势图

　　碳排放量是由下至上计算得出的，其中的碳排放因子受车型、燃油种类、燃油品质、车辆燃油技术及车辆行驶速度影响。通过 2017~2020 年的预测数据与 2001~2016 年的数据对比来看，各低碳试点省市的年增长比率相对降低，即上升的增长速度相对缓慢，部分是由于各省市根据自身交通运输方式偏重做出的一系列低碳政策。另外，碳排放因子随着我国燃油品质标准的逐步提升，以及车辆的低碳科学技术应用促使的燃油技术的不断提高、能源利用效率的不断增强而降低，这使碳排放量也会相应降低。

参 考 文 献

[1]Kainuma M，Matsuoka Y，Morita T. The AIM/end-use model and its application to forecast Japanese carbon dioxide emissions[J]. European Journal of Operational Research，2000，122（2）：416-425.

[2]Tsokos C P，Xu Y. Modeling carbon dioxide emissions with a system of differential equations[J]. Nonlinear Analysis，2009，71（12）：e1182-e1197.

[3]Steckel J C，Jakob M，Marschinski R，et al. From carbonization to decarbonization?—Past trends and future scenarios for China's CO_2 emissions[J]. Energy Policy，2011，39（6）：3443-3455.

[4]朱跃中. 未来中国交通运输部门能源发展与碳排放情景分析[J]. 中国工业经济，2001，（12）：30-35.

[5]刘建翠. 中国交通运输部门节能潜力和碳排放预测[J]. 资源科学，2011，（4）：640-646.

[6]米国芳，赵涛. 中国火电企业碳排放测算及预测分析[J]. 资源科学，2012，（10）：1825-1831.

[7]渠慎宁，郭朝先. 基于 STIRPAT 模型的中国碳排放峰值预测研究[J]. 中国人口·资源与环境，2010，（12）：10-15.

[8]渠慎宁，杨丹辉. 中国废弃物温室气体排放及其峰值测算[J]. 中国工业经济，2011，（11）：37-47.

[9]Tian L X，Gao L L，Xu P L. The evolutional prediction model of carbon emissions in China based on BP neural network[J]. International Journal of Nonlinear Science，2010，10（2）：131-140.

[10]孙建卫，陈志刚，赵荣钦，等. 基于投入产出分析的中国碳排放足迹研究[J]. 中国人口·资源与环境，2010，（5）：28-34.

[11]周宾，陈兴鹏，王元亮. 区域累积碳足迹测度系统动力学模型仿真实验研究——以甘南藏族自治州为例[J]. 科技进步与对策，2010，（23）：37-42.

[12]欧阳强，李奇. 湖南省碳排放影响因素的灰色关联分析与预测[J]. 长沙理工大学学报（社会科学版），2012，（1）：65-69.

[13]张乐勤，李荣富，陈素平，等. 安徽省 1995 年-2009 年能源消费碳排放驱动因子分析及趋势预测——基于 STIRPAT 模型[J]. 资源科学，2012，（2）：316-327.

[14]边晶. 广东省碳排放的影响因素分析及趋势预测[D]. 暨南大学硕士学位论文，2013.

[15]杨树旺，杨书林，魏娜. 湖北省碳排放与经济增长关系研究[J]. 统计与决策，2012，（18）：104-107.

[16]齐宝库，李可柏，王欢，等. 辽宁省建筑业与资源环境协调发展评价研究[J]. 建筑经济，2013，（8）：17-20.

[17]韩翠翠. 陕西省产业碳排放影响因素分析[D]. 陕西师范大学硕士学位论文，2012.

第9章 碳交易及碳税视域下低碳城市减排路径选择

9.1 引　　言

低碳经济是一种以生态哲学方法论为指导的经济形式。世界是一个"人-社会-自然"的复合生态系统，人类社会在该系统中就会受到这种整体性的约束，更多体现在人与自然之间存在着碰撞及和谐方面。2013 年，在波兰首都华沙举行的联合国气候变化大会上，持续 20 年的气候谈判仍未能取得显著进展。时至今日，澳大利亚、日本等发达国家欲在减排目标上缩水，国际减排形势严峻。作为负责任的大国，中国一直在努力践行减排承诺。2016 年 9 月 4 日至 5 日，二十国（G20）集团峰会在中国杭州举行，中国宣布碳中和项目正式启动，显示了中国坚持可持续发展、绿色发展的目标已经付诸行动。2017 年，党的十九大报告明确提出，"建立健全绿色低碳循环发展的经济体系"，"加快生态文明体制改革"①。在建设生态文明大背景下，如何发展低碳环保经济、促进绿色 GDP 的实现对于建设绿色中国和实现全球碳减排具有现实意义。

为应对全球气候变化形势，人类已经开始采取一系列措施。首先要提出的是比较有典型意义的措施，即 1997 年 12 月发布的《京都议定书》，其中最重要的一点就包括建立能有效促进国家履行减排承诺的排放权交易机制。此外，碳税的实施不仅可以作为有效的经济手段，在节能减排效果方面也得到了越来越多专家学者的论证[1~4]。碳税是针对化石燃料燃烧过程向大气排放 CO_2 的行为进行税收干预，以达到减排目的的政府手段。碳税改革起源于欧洲，早在 20 世纪 90 年代欧洲就已经开始制定碳税，经过 20 多年的发展，碳税这一税种已经在欧洲各国建立

---

① 习近平. 决胜全面建成小康社会 夺取新时代中国特色社会主义伟大胜利——在中国共产党第十九次全国代表大会上的报告[M]. 北京：人民出版社，2017.

起来。本章选择芬兰、瑞典、挪威、丹麦，从碳税的税收政策及税收监管方面进行梳理（图 9-1）。

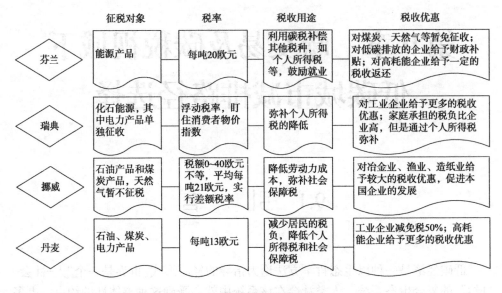

图 9-1　欧洲各国的碳税实践

碳税本质上是一种气候生态保护手段，属生态保护税[5]。碳税出现就是为了降低污染，起到抑制 CO_2 排放量的作用。环境税开征至今，已经产生了比较显著的效果。目前，我国对于征收碳税及其他减排措施来抑制碳排放的上升还未做出明确的法律规定，这对未来经济的可持续发展和人类的生存环境是不利的。碳税会对现有的经济发展模式和税收体制产生一定的影响，如 GDP 核算方式的改变、企业税收负担的加重、对产业结构的调整等。总体来讲，面对全球低碳经济的发展态势，以及可持续发展的国家战略，开展碳税的征收是大势所趋。

9.2　碳交易市场的发展现状及我国的选择

9.2.1　国际碳交易市场现状

依托于经济学中的外部性理论，排放贸易机制能使各国以较低的成本实现一定的减排目标。该机制的产生对那些碳排放量较大、减排任务较重的国家来说，有着巨大的诱惑力。目前，全球碳交易市场主要有两个机制：一个是欧盟的排放交易制度（EU Emission Trading System，EU ETS）；另一个是以《京都议定书》为基石建立起来的京都碳市场机制。除此之外，也存在一些其他的碳市场模式。

1. 国际碳市场发展的不确定性

近年来，国际碳贸易市场虽然发展迅猛，各个国家的关注度都比较高，但现实中仍存在着一系列的问题。截至目前，实际碳成交量相对于全球碳排放量来说十分有限。碳市场的流动性不足，缺乏可以直接对接的关联市场，且国际能源消费格局并无多大改变。

目前，碳市场并无规范化的全球性交易规则。但我们必须认识到，合理的政策是市场有效运行的重要支撑。市场的运作还依赖于经济增长的准确预测、技术改进的恰当评估，以及严密的交易规则和监管体系。碳市场的另一个重大影响因素是小型基金和企业，它们以自己的市场预期参与其中，期望获得长远的投资收益。这在未来碳市场前景变数不断的情况下是有巨大风险的。

2. 欧盟碳市场面临的挑战

在全球气候变化问题上，欧盟始终充当重要的推动角色，EU ETS 发展最为成熟。但是，EU ETS 只覆盖欧盟 CO_2 排放的 45%，还有更多的 CO_2 排放未被考虑。另外，EU ETS 只关注部分部门 CO_2 的排放情况，这给协调产业部门间的发展增加了难度。值得关注的还有各个国家内部的 ETS 部门在选取行业或部门时，未对温室气体排放量所占比例进行明确规定，存在着较大的差异性。其所释放的市场信号和欧盟各个成员国的国家分配计划未必能将各国未来的投资引导到低碳经济的方向上去。

9.2.2 我国区域碳交易市场的发展困境

我国自 2013 年 6 月以来先后在深圳、上海、北京、广东、天津、湖北、重庆 7 个省市启动了碳排放权交易试点，配额总量规模达到约 12 亿吨 CO_2 当量，构成了我国的碳金融交易市场体系。碳交易市场架构了实体经济与虚拟经济之间的桥梁，通过市场机制实现资源优化配置，提高了资金的有效配置[6]。但是从现实条件来看，我国人口众多，区域发展水平呈现明显的结构性特征，因此，本章从资金配置视角，分析当前我国特殊国情下区域碳交易市场发挥资金配置功能方面的问题，并提出相应的解决对策，以期对我国区域碳交易市场发展有所裨益。

1. 碳交易市场的资金配置功能

1997 年 12 月确立的《京都议定书》通过国际排放贸易（international emissions trading，IET）机制、联合履行（joint implementation，JI）机制和 CDM 三种灵活的机制构建起了国际性碳交易体系。该体系的建立为加强国际合作共同解决气候问题提供了良好的市场化机制。

首先，在传统经济发展模式下，低碳企业支付的碳减排等环境保护成本无法通过收入获得补偿，企业营利能力被削弱，从而减少了企业的经营现金流入。而碳交易市场通过碳交易有助于资金向低碳企业流动，对低碳企业形成补偿和激励。其次，营利能力的降低影响企业的融资活动中对资金的吸引力。有相关研究指出，对于电力行业，如果排放权完全按照历史产量水平进行分配，则边际电力生产利润可能随着碳成本上升而上升，并且其利润和预期的现金流与欧盟配额交易价格正相关[7]。

资金是低碳经济发展面临的重要制约因素。全球管理咨询公司麦肯锡于 2009 年 2 月 26 日在北京发布的题为"中国的绿色革命——实现能源与环境可持续发展的技术选择"的报告表明，中国想要构建"绿色经济"，就要投入大量的资金。到 2030 年，预计资金的投入量将达到 40 万亿元，即 1.8 万亿元/年，也就是要将 2011 年的 GDP 总值的 3.9%用于"绿色经济"的建设与投资[8]。在建设碳交易市场的过程中，有效发挥碳市场的资金配置功能是促进低碳经济快速发展的重要举措；同时，碳交易市场资金配置功能的健全是碳交易市场良好发展的重要保证。

2. 我国区域碳交易市场资金配置困境

2011 年由国家发改委办公厅批准的北京、天津、上海、重庆、湖北、广东、深圳 7 省市碳排放权交易试点工作已展开，并将逐步建立中国省际碳排放权交易系统。我国选择建设区域碳交易市场具有一定的效率优势。一方面，从产权角度分析，国有产权和私人产权在碳减排问题中不能达到最优的经济效率，因此，在我国可以选择建立区域产权，以达到最优的效率 [9]。另一方面，从交易成本角度分析，成本的变化会不同程度地影响排放权的初始分配，也会对市场交易价格、碳交易量及市场效率产生不小的影响。当边际交易成本逐渐减少时，交易价格会下降并且逐渐接近于交易成本为零时的均衡价格，交易量也会随之增加[10]。但是目前我国区域碳交易市场建设尚处在初期阶段，碳交易市场的各种功能尚不健全，从碳交易市场能否有效发挥资金配置功能的视角分析，目前我国区域碳交易市场主要面临以下问题。

（1）CDM 项目定价权缺失，国际融资潜力发挥不足。

CDM 是《京都议定书》为发展中国家和发达国家之间设计的合作机制。目前，我国碳排放权交易主要集中在 CDM 项目上，且我国已成为世界上最大的 CDM 供应国。截至 2017 年，我国获得 CERs（certified emission reduction，核证减排量）签发的 CDM 项目达到 1 584 项，是目前世界上拥有 CDM 项目最多的国家，同时占据了 CDM 签发量的大部分份额。但是我国存在以下几点问题：其一，CDM 的定价权问题，我国没有自主定价权；其二，CDM 项目的成交价格，我国的交易单价不及国际价格；其三，CDM 模式问题，我国企业往往集中一个模式，缺乏弹性，受制于 CER 长期锁定价格，丧失了在未来国际碳市场碳价格高涨时获得高收益的机会。另外，受我国地区发展水平和能源消费结构等因素的影响，我国 CDM 项目的区域性较强。从 CDM 项目的区域分布情况来看，我国 CDM 项目主要分布在西部、西南和西北地区。其中，四川、内蒙古、山西、云南分别为 69 452 721 吨 CO_2、48 025 050 吨 CO_2、46 689 318 吨 CO_2、42 955 459 吨 CO_2，而东部、南部和东北部重化工业地区，CDM 项目比较低。广东、湖北、重庆、上海、北京、天津等 6 省市碳排放权交易试点涵盖的 CDM 项目均较低，分别为 17 138 399 吨 CO_2、12 395 197 吨 CO_2、10 525 543 吨 CO_2、8 326 323 吨 CO_2、6 375 131 吨 CO_2、1 937 176 吨 CO_2。完善碳交易市场的交易量和碳信用期权市场，以此来驱动中国碳交易定价权[11]。因此，区域碳交易试点市场充分调动全国其他地区 CDM 项目资源，对提高我国碳交易定价权，进而增强我国 CDM 的国际融资能力具有重要意义。

（2）碳金融创新不足，国内融资渠道受限。

碳金融是发展中国家进行融资时重要的杠杆资本来源。在一个经济体制中，充分发挥金融对经济增长的促进作用，要做到三个提高：一要提高财务管理观念；二要提高金融服务意识；三要提高金融服务水平[12]。而作为碳金融重要资金来源的商业银行，在动员储蓄、资本分配、监管公司投资决策方面更有优势，有利于解决经济发展过程中的市场信息不对称问题，降低融资成本[13]。截至目前，只有少数国内商业银行在碳金融业务方面有所发展，如兴业银行、浦发银行和光大银行，并出现多个第一次 。

另外，作为一个集合性投资工具，低碳基金的产生为低碳金融的发展提供了有力后盾，是其重要融资工具，其交易过程如下：集合所有投资人的资金来购买碳指标或者对 CDM、JI 等项目进行投资。基金的管理人则是进行再投资，对世界范围内不同低碳项目进行投资，将赚得的资金再反馈给各个投资人，以达到交易[14]。该基金的优势在于让更多的投资主体参与进来，达到主体多元化的目的，同时激活了市场的活力，增加碳交易的流动性。

（3）市场主体减排成本差异小，市场资金效率优化程度低。

区域碳交易市场的市场主体数量有限，在一定程度上限制了碳交易市场优化市场资金配置效率的作用。在我国的碳排放权交易试点方案中，北京作为其中的试点之一，其交易主体强制指定为年均碳直接排放或间接排放总量大于等于 1 万吨的固定设施排放企业（单位）。其交易主体局限于北京市行政区范围内。而碳减排成本的差异是碳交易市场形成的重要因素之一[15]。不同主体间的碳减排成本差异形成碳排放权交易的动力，并伴随着资金在市场不同主体之间的再配置[16]。碳排放权交易可最终提高市场整体的减排效率，即碳资金回报率。一般经济发达地区的能源利用效率较高，碳减排的成本较高，难度较大；经济相对落后地区能源利用效率较低，减排空间大，成本也低。

我国建立自己的碳交易体系要根据本国的实际情况和国际环境相互协同决定。一方面，我国经济从粗放型向集约型增长的转型升级，要求我国企业提高能源利用效率，降低单位产出的能耗和排放成本；另一方面，世界进入低碳经济时代，世界主要碳排放国纷纷建立了有利于自身利益的交易体系和规则，如果中国不及早加入来建立自己的规则，那么在国际气候谈判和未来的全球碳市场、碳金融格局中必将处于被动和不利地位。

9.3　碳税设立的国际经验

9.3.1　碳税征收的北欧经验

20 世纪 90 年代，以芬兰为代表的北欧政府掀起了一场影响全球的税制改革。其主要的意图为利用碳税等环境税的税收来降低征收对员工的劳动税费。自此，世界各国纷纷加入这一改革队伍。如今各国在制定碳税政策时必然要学习和借鉴"欧洲经验"。经过 20 多年，芬兰、瑞典、挪威、丹麦和荷兰这些早期实行碳税的国家都有着自己独特的一套税收体制。

值得一提的国家便是芬兰。芬兰在 1990 年就开始引入碳税，是最早开征碳税的国家。和其他国家做法不同，芬兰的碳税改革并没有遵从"双重红利"所倡导的收入中性原则。碳税收入主要用来补偿一般预算，而非减少劳动要素收入[17]。

在 1991 年，瑞典和挪威也追随芬兰的步伐，引进碳税的概念并施行。瑞典开征碳税的举措是其进行"碳-能源税"机制改革中的重要一步，具有重大的意义。挪威更倾向于将碳税税收服务于企业，以期降低劳动成本，同时，也尝试减少对雇员社会保障税的支出以实现对劳动个税税收的降低。总的来说，挪威的碳税税率处于欧洲中等水平。其国内产业结构决定了税率政策的倾斜，它的税收优惠具有明显的产业差异和地区差异。多项研究表明，碳税的实施使得挪威的 CO_2 排放量较先前减少了 2.5%~11%。

丹麦在 1992 年通过立法的形式将碳税引入本国的税收体制中。区别于别国，它不仅对企业开征碳税，还对家庭也实行碳税的征收。丹麦在 1993~1998 年先后三次对碳税体制进行改革，以期完善和优化相应的配套政策。根据世界银行 2010 年的研究报告，1990~2006 年，丹麦 GDP 增加 2.3%，而碳排放量减少了 5%，可以说丹麦的经济增长与碳排放实现了脱钩发展。

9.3.2　其他发达国家碳税立法历程

北欧国家开征碳税的立法行动对整个世界产生了深远的影响，发达国家纷纷涉足碳税领域。随着人们对碳税的认知和接受程度不断提高，英国、爱尔兰和加拿大等都取得了积极的成效。经过长时间的准备，作为全球 CO_2 排放量占比最多的国家中的一员，英国自 2001 年就开始征收气候变化税，取代化石燃料税，该税种具有碳税性质。此外，英国基本遵循收入中性原则，将大部分的税收收入反哺于其他的支出方面：一是企业税收增加，会减少对养老金的支付，用部分收入来弥补这部分；二是作为碳基金和弥补建设能源项目的资金支持。

爱尔兰是碳税国家的最新加入者。对于是否开征碳税，其国内争议颇多，时间较长，直至 2010 年才正式开征碳税。初期仅对家庭消费的汽油和柴油计征 15 欧元/吨。而加拿大开展碳税税收主要是各个地区自愿性行为，并非全国性的。其魁北克省在 2007 年 10 月正式开征碳税，它与能源税紧密关联，并在能源税收中占主体地位。

9.4　碳税选择下城市低碳减排演化趋势研究

9.4.1　研究回顾

我国开征碳税仍争议颇多，国内研究多以可计算的一般均衡模型等研究碳税对我国能源消费、经济等的影响。其中金艳鸣、曹静、何建武、张明文、王文举、刘洁等通过研究，论证碳税能有效控制化石能源的消费，减排效果显著。短期来说，开征碳税会对大部分地区（尤其是经济发达区域如北上广及江浙地区）的经济带来一定的冲击，对少部分地区如西北地区反而有拉动作用。从长期来看，碳税对经济的抑制作用是可控的，并随着经济不断发展其冲击也会逐渐减弱。在最优碳税方面，Zhang 和 Liu 以产量最大化为目标，提出最优碳税为每吨 18.5 元[18]。杨超等[19]构建多目标最优碳税投入产出模型论证最优碳税为 17.99 元/吨。IPCC 曾研究了上百篇论文，发现最优碳税上下限分别为 95 美元/吨和 3 美元/吨，基于此，曹静结合中国国情研究得出 13~52 元/吨为最优区间[20]。方国昌等通过四维节能减排系统研究提出最优征收额度是 17.6~17.8 元/吨[21]。而"十二五"规划期间内，国家发改委提出碳税可以为 10 元/吨。国家发改委在 2016 年全国碳市场能力建设（广东）中心揭牌仪式上表示，我国 2020 年以后或开征碳税。综合以上信息，结合国际经验和实际国情，我国开征碳税的可调区间可设定为每吨 CO_2 征收 10~25 元碳税。

综上所述，本章研究首先基于经济、人口、能源和环境四个子系统进行天津市低碳发展系统建模，测算天津市自 2005 年以来工业部门能源消耗及低碳发展水平。然后引入碳税这一新的调节变量。假设天津市在 2020 年末开征碳税，并以每吨 10 元为起点在 10~25 元/吨区间进行未来 10 年时间跨度的仿真模拟，探求天津市工业部门开征碳税的可行性，并找到最优碳税征收额度。

9.4.2　基于碳税调控的天津市工业低碳演化路径选择

1. 天津市工业部门最优碳税配额设计

2014 年，国务院确立天津为中国第一个综合改革创新区，这为碳税试点提供了条件。因此，在模型中加入碳税这一新的调控变量。重新修正模型结构和参量设置，进行天津工业低碳情景模拟（图 7-8）具有一定的可行性。本章研究假设天津从 2020 年末开征碳税，系统仿真时间也将延长到 2030 年。在柯布-道格拉斯生产函数中引入能源要素是当前研究绿色经济的一种标准方法。

$$Y = K^{\alpha x} L^{\beta x} E^{\gamma x} X^{c + \delta x + \varepsilon} \tag{9-1}$$

式中，变量 Y、、K、L、E、X 分别表示生产总值、固定资产投资、就业人员、能源消费、碳税占一般预算收入比重。张明文等[22]基于式（9-1）及省级面板数据模型进行研究。王文举和向其凤又在此基础上进行拓展修正[23]。本章研究中调节变量——碳税的方程构建及参数取值将参照王文举和范允奇[24]的研究结论：每增加 1%碳税将导致天津市能源消费下降为原规模的 $1 - \gamma = 98.66\%$，而经济规模也将下降 $e^{\delta} = 25.94\%$。开始阶段，碳税的开征税率不能设置太高，否则不利于今后的发展。本书主要依据国家发改委政策——10 元/吨碳税为中心点展开，设定碳税调控区间为 10~25 元/吨，按 1 元/吨的增量额度观察系统演化发展。

经过反复调试，本章研究发现：随着碳税的引入并逐步发挥作用，系统中相应变量都会有所变化。碳税在促进天津市工业低碳减排时效果明显。由表 9-1 可知，当碳税设置为 10 元/吨时，碳减排量呈现逐年增加的趋势并且增加幅度变大，年均减排 4 552.4 万吨，并且随着碳税额度的提高，减排效果增强。18 元/吨是减排的转折点，此时的减排效果最佳，年均减排量可达 5 519.23 万吨。之后，减排效果又呈现下降趋势。即随着碳税额度在 10~25 元/吨空间调控时碳排放量呈 U 形演化趋势，18 元/吨是最优点。

表9-1 碳税核定减排效果对比

年份	无碳税	碳税：10 元/吨		碳税：18 元/吨		碳税：20 元/吨	
	碳排放量	碳排放量	减排量	碳排放量	减排量	碳排放量	减排量
2020	18 581.20	16 774.30	−1 806.90	16 293.09	−2 288.11	16 842.89	−1 738.31
2021	21 001.80	18 664.60	−2 337.20	18 129.11	−2 872.69	18 766.66	−2 235.14
2022	23 656.70	20 779.00	−2 877.70	20 182.89	−3 473.81	20 921.54	−2 735.16
2023	26 574.90	23 135.20	−3 439.70	22 471.51	−4 103.40	23 293.86	−3 281.04
2024	29 845.50	25 820.00	−4 025.50	25 079.35	−4 766.15	25 997.10	−3 848.40
2025	33 452.80	28 821.10	−4 631.70	27 994.39	−5 458.41	29 018.83	−4 433.97
2026	37 449.00	32 194.90	−5 254.10	31 271.35	−6 177.66	32 415.78	−5 033.22
2027	41 860.50	35 979.10	−5 881.40	34 996.92	−6 863.58	36 277.66	−5 582.84
2028	46 790.80	40 277.60	−6 513.20	39 178.11	−7 612.69	40 611.88	−6 178.92
2029	52 234.40	45 114.80	−7 119.60	43 883.19	−8 351.21	44 401.91	−7 832.49
2030	56 724.30	50 534.90	−6 189.40	47 980.47	−8 743.83	48 547.64	−8 176.66

初次引入 10 元/吨碳税后，碳排放强度不降反升。2020 年其值由原来无税时的 1.024 提高到 1.25 左右，增幅为 22%。纵向比较，碳税对强度的推动力随时间衍变在减小。到 2030 年，强度为 0.853 1，比无税时的 0.708 8 增长 20%。碳税在 10~17 元/吨变化时，排放强度整体下降趋势不明显。当碳税达到 18 元/吨时，减排效果出现显著变化，即与 10 元/吨相比，此时强度下降趋势明显，2020 年碳排放强度降低为 1.21。此外，通过分析可知，自 2027 年之后碳排放强度开始回落到无税时水平之下，并保持平稳下降趋势。到 2030 年碳排放强度仅为 0.605 7，与同期无税时比，降幅达 14.54%。但是随着税额的不断提高，排放强度整体又会反弹上升。当碳税为 20 元/吨时，2030 年的强度是 0.646 7。综上所述，中短期开征碳税将对天津市工业经济造成一定的冲击，对工业经济的持续增长具有抑制作用；

但从长期来看，其抑制效应将逐渐减弱并消失，即可实现节能减排与经济可持续运营协调发展，并且 18 元/吨是最优选择。

2. 天津市工业低碳建设未来展望及建议

天津市工业生产是推动其生产总值高速增长的核心力量，但基于能源消耗助推生产力提升是以 CO_2 的排放为代价的。基于现行发展基础及天津市"十三五"战略部署，天津市工业经济可基本实现低碳发展中长期目标——到 2020 年实现碳排放强度比 2005 年降低 40.05%。但 2015 年万元工业生产总值能耗比"十一五"末降低 15.63%左右，与"十二五"提出下降 18%的要求仍具差距，短期减排压力大。在本章研究模型中影响碳排放的关键因素有结构调整因素和技术进步因素。天津市工业化石能源消耗过度依赖煤炭。据披露，天津市已探明的矿产资源 35 种，除煤炭储量大外，渤海湾海域石油储量 98 亿吨，天然气储量达 1 900 多亿立方米；此外天津市还有丰富的太阳能和地热资源[25]。这在一定程度上为天津市工业发展转变能源消费结构提供了基础条件。但中国能源资源禀赋决定了能源结构调整的空间较小，主要的关键因素在于工业结构的调整。近年来，天津市逐步形成了以能源、信息产业等八个具有优势支柱产业为代表的经济模式，尤其是工业总产值的年均占比达到全市工业的 90%以上，高度依赖于工业发展。自 2009 年以来，石油化工和制造业年均总产值合计占八大产业工业总产值的 57%左右。鉴于此，天津市工业结构布局应向着新能源、新材料、生物医药、电子信息产业等不断倾斜，加大投资力度。

在 2020 年末对工业部门开征碳税是实现天津市工业低碳发展的有效手段。碳税额度在 10~25 元/吨区间，按 1 元/吨逐步递增时，其工业碳排放量将呈现 U 形演化趋势，而对每吨 CO_2 排放征收 18 元税额是最优选择。此外，从中短期来说，碳税将给天津市工业经济带来负面冲击，抑制其经济增长。但随着碳税制度的不断完善和改革的深化推进，其抑制效应会逐渐消失。在最优碳税开征为 18 元/吨时，天津市工业碳排放强度将于 2027 年后出现超低水平的发展景象。其碳排放强度仅为 0.605 71，比同期无税条件下降 14.54%。碳税立法在我国尚属空白，基于天津市滨海新区特殊的战略地位，从工业部门先行先试颇具优势。在设立初期，还应充分考虑社会的可接受性，并结合其他配套措施和碳交易等市场手段，逐步完善碳税制度。

9.4.3 试点省市碳税构建对策与建议

哥本哈根气候会议上我国提出的减排目标和承诺，对于我国经济发展的压力无疑较大。借鉴国际碳税立法和实践经验，运用税收手段来调控减排，是我国未来进行碳税减排的重要一步。开征碳税也将有利于提高我国"碳政治"和"碳外交"谈判中的地位与话语权，在维护基本国家利益的基础上，争取更多的利益。

1. 确定计税依据，选择合理的课税对象

碳税是环境税中众多税种的一员，较早开征碳税的西方国家在确定计税依据时经历了一段时间的探索。最初的计税依据是对能源含碳量进行征税；第二个阶段是以"含碳量+能源含量"模式征税；发展至今，西方国家基本统一以 CO_2 排放量为计税依据。

一般认为，碳税的征收对象是在生产、经营和消费过程中，产生 CO_2 的含碳能源。并非所有的 CO_2 排放行为都应纳入征收范围。因此，应该根据具体的能源结构确定征收对象。传统的含碳能源主要包括三类：煤炭、石油和天然气。回顾以往，可以发现大多数发达国家征收碳税的范围定在了化石能源（石油及石油类的相关产品、煤炭）、清洁能源（天然气等）和电力等。开征碳税必须对环境效果、社会经济承受力等多方因素进行综合考量，再结合本国具体国情加以确定。煤炭在我国能源结构中占比较重，因为我国的电能的产生大部分依赖于对煤炭的消耗，而且煤油的使用也来源于煤炭的提炼。另外，我国北方农村主要是通过燃烧煤炭进行供热，其 CO_2 排放量相当大，所以必须把煤炭作为首要征收对象。为了避免"重复课税"且考虑到电力对整个工业经济的影响，避免对工业体系造成过重负担，在对电力征收碳税时可以采取暂缓征收或征收优惠的形式，以减轻碳税开征初期的阻力。综合考量，在碳税起征阶段，其征收范围可初步界定为煤炭、石油和天然气等含碳能源的消耗。

2. 科学设立征税环节和税率

如何确立科学的纳税环节是立法框架中的重要一环。同发达国家的税务机关征管效率比较而言，我国税务机关在这方面的执行效率不高。同时，对于碳税征管的成本问题也没有进行关注和重视，这是后期应该注意的两个方面。针对碳税的征收对象的类别及特点，再根据物质的课税环节，我们可以将征税分为三个阶段：一是在生产阶段征税，定义为"上游"；二是在消费阶段进行征收，定义为"下游"；三是在批发和零售环节进行征收，定义为"中游"。但是还是以前两个阶段为主。如果对"上游"征税，定义主要的直接纳税人为对含碳的能源进行开采或者进行加工的企业。这种方式下，由于企业数量较少，征收方便，可节约一定的成本。但由于其不是能源的终端消费端口，碳税的价格信号传递效果较弱，碳减排效果相对较弱。如果在"下游"征税，即选择向能源的最终消费者征收。此种方式抑制碳排放的效果最佳。但终端消费者分布广泛，加大了碳税征收的难度，相应的征收成本也将增加。实际操作过程中，往往采用折中方式——在批发和零售环节征收，即"中游"。总而言之，我国税收的开征环节进行设计时，将产品的类别进行分类，对应到不同的环节上，要注意的是，不同的产品应该依据两点即征收产生的成本的多少和减排的最优成效共同约束。具体如表9-2所示。

表9-2　碳税征收环节设计

能源类别	细分能源	征收环节
一次能源产品	原油、煤炭、天然气等	上游生产环节
二次能源产品	成品油、煤油及液化气等	中游销售环节

目前，我国对碳税的征收仍处在设计阶段，面对国内外环境的变化和本国经济发展水平带来的各种不确定性，在确定碳税价格的数值时，不要盲目跟从别国，应将关注点集中在本国的现实情况以及技术层面的发展状况，对于法律问题的关注可以暂缓。所以，我国在设计如何征收碳税方针时，首先要在稳步推进为前提的情况下，紧密关注市场风向以及国际关于减排机制的制定方针，要循序渐进，不断调整和完善征税体系。

3. 设立适当的税收优惠

我国现有税种有四大类28个子类，依据税收中性原则，一旦开征碳税，势必会造成新的税收负担。所以，首先应建立现存的资源税、燃油附加费等的抵扣机制。而税收优惠作为常规的税制调节手段，通常包括税收减征、税收免征及税收返还等。参考国际经验，由于各国参与国际竞争的压力不同，国家间的优惠举措差别较大。基于征收效率的考量，多数国家会在税收减免方面倾向于对能源密集型行业进行减免。税收返还主要是针对减排积极（比如大幅增加节能环保设施、引进节能减排技术）及减排效果显著（如能源利用效率明显提高）的企业。我国的碳税立法也应该基于公平性和税收效率原则，建立恰当的税收优惠体系，既要体现行业差别也要关注不同阶层的收入水平。对于减排态度积极的企业和消极应对企业采取不同的激励措施。在保证碳税的公平性和合理性的同时，让税收的调节功能达到最优。

参 考 文 献

[1]范允奇，李晓钟. 碳税最优税率模型设计与实证研究——基于中国省级面板数据的测算[J].

财经论丛，2013，（1）：27-32.

[2] Hammar H，Sjostrom M. Accounting for behavioral effects of increases in the carbon dioxide（CO_2）tax in revenue estimation in Sweden[J]. Energy Policy，2011，39（10）：6672-6676.

[3]Pyon C U，Woo J Y，Park S C. Service improvement by business process management using customer complaints in financial service industry[J]. Expert Systems with Applications，2011，（38）：2215-2221.

[4]Koetter M，Wedow M. Finance and growth in a bank-based economy：is it quantity or quality that matters[J]. Journal of International Money and Finance，2010，（29）：356-362.

[5]李传轩，肖磊，邓炜，等. 气候变化与环境法理论与实践[M]. 北京：法律出版社，2011.

[6]刘鸿渊，孙丽丽. 跨区域低碳经济发展模式与机制研究[J]. 软科学，2011，25（8）：45-48.

[7]Benz E，Truck S. Modeling the price dynamics of CO_2 emission allowances[J]. Energy Economics，2009，31（1）：4-15.

[8]麦肯锡. 中国的绿色革命——实现能源与环境可持续发展的技术选择[R]. 麦肯锡，2008.

[9]杨志，陈波，杨志，等. 中国建立区域碳交易市场势在必行[J]. 学术月刊，2010，42（7）：65-69，77.

[10]Cason T，Gandgadharan L. Transactions cost in tradable permit markets：an experimental study of pollution market designs[J]. Journal of Regulation Economics，2003，（23）：1145-1152.

[11]叶耀明，朱雅崴. 碳金融对上海国际金融中心建设的影响分析[J]. 上海经济研究，2011，（6）：107-112，117.

[12]Pyon C U，Woo J Y，Park S C. Service improvement by business process management using customer complaints in financial service industry[J]. Expert Systems with Applications，2011，（38）：112-123.

[13]Koetter M，Wedow M. Finance and growth in a bank-based economy：is it quantity or quality that matters[J]. Journal of International Money and Finance，2010，（29）：235-244.

[14]Modiglianni F，Miller M H. The cost of capital，corporate finance and the theory of investment：comment[J]. American Economic Review，1958，（7）：1123-1236.

[15]余慧超，王礼茂. 基于清洁发展机制的中国碳市场潜力分析[J]. 资源科学，2006，（4）：125-130.

[16]潘家华，张丽峰. 我国碳生产率区域差异性研究[J]. 中国工业经济，2011，（5）：47-57.

[17]范允奇. 我国碳税效应、最优税率和配置机制研究[D]. 首都经济贸易大学博士学位论文，2012.

[18]Zhang Y，Liu D. 森林碳汇市场下的最优碳税的计量研究[C]//Intelligent Information Technology Application Association. Proceedings of 2010 International Conference on Remote Sensing（ICRS 2010）Volume 4. 智能信息技术应用学会，2011：527-530.

[19]曹静. 走低碳发展之路：中国碳税政策的设计及 CGE 模型分析[J]. 金融研究，2009，（12）：19-29.

[20]杨超，王锋，门明. 征收碳税对二氧化碳减排及宏观经济的影响分析[J]. 统计研究，2011，（7）：45-54.

[21]方国昌，田立新，傅敏. 一类新型碳税约束下的节能减排系统的分析和应用[J]. 能源技术与管理，2013，38（1）：163-165.

[22]张明文，张金良，谭忠富，等. 碳税对经济增长、能源消费与收入分配的影响分析[J]. 技术经济，2009，28（6）：48-51，95.

[23]王文举，向其凤. 中国产业结构调整及其节能减排潜力评估[J]. 中国工业经济，2014，（1）：44-56.

[24]范允奇，王文举. 欧洲碳税政策实践对比研究与启示[J]. 经济学家，2012（7）：96-104.

[25]赵爱文，李东. 中国碳排放灰色预测[J]. 数学的实践与认识，2012，（4）：61-69.

第 10 章　基于 MFCA 微观视角下城市物质流优化机制研究

10.1　文　献　综　述

10.1.1　MFCA 产生背景

低碳城市要想践行绿色发展目标，除了依托国家宏观层面的政策手段，还必须回归于微观层面的企业和个体中，才能准确高效地落实低碳建设工作。2016 年底，国务院印发《"十三五"生态环境保护规划》，明确提出要建立环保信息强制性披露机制，并对未履行披露义务的企业予以处罚。企业是以营利为目的的社会个体，在传统经济发展模式下，由于环境保护的外部效应，企业为了追逐自己的"超额利润"，会尽可能地降低成本，从而忽视了企业生产经营活动对环境的破坏作用。但是在生态文明建设与经济建设双发展的宏观背景下，需承担更多的环境责任和社会责任，迫切需要加强环境管理，从而适应新的经济形势和市场需求，进而更好地处理企业经济效益、环境效益和社会效益的关系并获得更长远的发展。因此，如何促使企业主动承担环境保护责任，积极履行减排义务成为建设绿色中国的关键一环。

MFCA 是从宏观的物质流分析的基础上发展而来的，旨在对企业每一个生产流程和作业中心的材料流动进行分析，并从数量和金额两个角度去阐述原材料等在生产流程中的流转及损失情况[1]。它主要通过对企业的整个内部生产流程进行追踪管理，并对流程中的不同生产经营环节进行成本核算及分配，进行不同环节成本损失的分析。该方法将企业看作一个整体系统，对企业的输入（资源消耗）、输出（污染物排放）进行及时、准确的核算，有利于企业提升环境管理水平。将MFCA 与企业环境绩效评价相结合进行研究，有利于当前企业环境绩效指标体系的完善。MFCA 将"物质流代谢理论"引入企业环境绩效评价中，将企业视为一个动态的"输入、输出、存储"系统，为企业承担环境责任提供了一个良好的自我检测手段。通过对自身的企业环境绩效进行评估，企业可以及时发现生产流程中存在的关键问题，有利于为企业提供可操作性强的防范措施。

10.1.2　国内外研究现状

作为当前世界环境管理会计的重要手段，MFCA 在企业环境管理中的应用逐步受到重视。经过多年的企业生产实践应用，国际上对 MFCA 的应用已经取得了一定的成果，尤其是 MFCA 在日本企业中的应用日趋成熟并逐步得到推广，日本经济产业省在 1999 年颁布了《环保企业促进发展等调查研究：强化内部管理的环境管理会计方法的构建》，标志着日本开始对 MFCA 进行研究。日本于 2000 年和 2002 年分别在日东电工株式会社、佳能、田边制药、他喜龙进行试点，截至 2010 年，采用 MFCA 的日本企业数已经达到了 79 家[2]。德国奥格斯堡管理和环境研究所（Institute für Management and Umwelt，IMU）首次开发了 MFCA 这一方法，将其作为一项新的环境管理会计手段[3]。新加坡 Congnitive 公司通过和德国 IMU 学院的合作，首次将 MFCA 引入东南亚。在东亚的韩国也出现了推广和发展 MFCA 的趋势。过去的几年间，许多欧美企业（如 Dr. Grandel GmbH、PCI Augsburg GmbH、Lucent Technolog ies Network Systems GmbH 等）投入大量资金研发完善 MFCA，并且成功地实施了 MFCA。随后联合国《环境管理会计业务手册》[4]（2001）、德国《企业环境成本管理指南》[5]（2003）和国际会计师联合会《环境管理会计的国际指南》[6]（2005）逐步开展研究 MFCA 技术。2007 年由日本产业技术环保局、环境联合产业推进室和环境政策司发布了第一份 MFCA 指南 *Guide for Material Flow Cost Accounting（Ver.1）*[7]。经过日本的努力，MFCA 被纳入了 ISO 国际标准系列标准中。

综上，国际环境管理会计领域里围绕着 MFCA 取得的研究成果已经比较成熟，在实际企业中的应用也得到了大力推广，这与政府、研究部门、大学和企业的共同努力是分不开的，但是许多企业只是在为完成某一项目而引进 MFCA，并没有在整个企业中实施 MFCA，这是在今后研究中需要注意的问题[8]。我国目前对于 MFCA 的研究还很少，处在刚刚开始的阶段，在理论上和实践上都不完善。部分学者对 MFCA 的研究多借鉴国外研究成果，对其进行介绍而已，但也有一些个别的创新，如资源价值流转会计的构建。总的来说，我国对于 MFCA 缺乏深入研究[8]。

10.2　MFCA 核算体系及运行机理

10.2.1　MFCA 的核算体系

MFCA 可以改变公司的实物运动是个"黑箱"的传统，使实物流及其成本细致和透明化，目的在于提高物料、能源使用数据的质量，从而达到使物质流透明化，识别低效的生产线和流程，减少浪费的目的。为了合理计量投入和产出的实物数量，公司应该追踪所有原料及能源等的投入与产出，以确保没有重要的能源、水或其他的原料漏掉计算，掌握所有投入（物质投入及系统投入）、产出（产品产出及负荷产出）的信息。MFCA 需要分析每个生产步骤的实物投入和产出。

物质流成本分析按照最终是否成为企业目标产品将物质分成"产品"（positive product）和"负产品"（negative product），其包含的成本分别称为"正产品成本"（positive product cost）和"负产品成本"（negative product cost），其分析对象是流入企业生产流程的全部物质，包括流动的和储存的。

以制造业企业为例。废弃物产生和资源浪费分布在生产流程的各个环节，主要包括以下环节：①副产品和残次产品中包含的材料成本；②物料流转过程及机器设备中的残留材料；③易挥发的材料等辅助材料的消耗；④在生产过程中或者是产品储存过程中腐烂变质或者其他原因导致的不可用原材料[9]。制造过程中"负产品"的产生如图 10-1 所示。

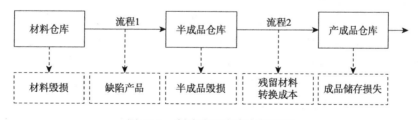

图 10-1　制造流程中废弃物种类

物质流成本核算首先要对生产过程中产生的次品、废弃物等输出物的质量和价值进行核算，确认为材料成本损失；在此基础上，伴随材料成本损失流失的已经投入的人工成本、折旧、能源等成本也应计入损失；在废弃物进入末端处理环节以后发生的相关处理成本或者企业为了将废弃物输出企业外部而发生的运输和治理费用也是伴随着材料的损失而产生的，也应计入损失成本。MFCA 核算原理见图 10-2。

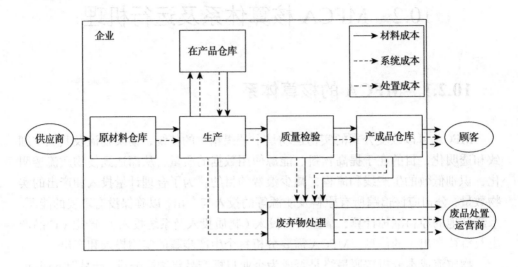

图 10-2　MFCA 核算原理

10.2.2　MFCA 的运行机理

采用 MFCA 首先要设立实物流模型，需要对每个生产线的生产活动进行分析和分解，把整个生产流程分解为若干个物量中心，针对每个物量中心进行物质平衡分析，计量投入和产出。把投入分解为产品中包含的部分和形成非产品产出的部分，这样就可以得到废弃物和排放物等浪费的投入数量。

物质流模型是最重要的结果形式，可以反映物质的实际流动，还包含数量、成本和价值信息，全面地提供了 MFCA 的信息。对物质流模型全部信息进行分析可以采用物质流成本矩阵，从中可以区分出材料损失和各部分的成本信息，同时也可以用在效率分析上，在公司不同年度或不同公司之间进行比较，MFCA 与企业内部生产流程及环境绩效评价的融合如图 10-3 所示。

日本环境经济学家国部克彦曾对 MFCA 的计算过程进行系统的阐述。MFCA 将产品制造过程中的各个检测点视为物量中心，从理论层面来讲，需要首先对各个物量中心的投入和产出的数量、成本等信息进行记录，对上级工序转到下级工序的产品产出和废弃物核算进行区分。假设在某个产品的生产流程需要投入 200 千克的原料，原料价值为 1 000 元，还需消耗 500 元的加工成本，最终获得产成品重量为 150 千克。图 10-4 为 MFCA 与传统成本会计核算的比较。

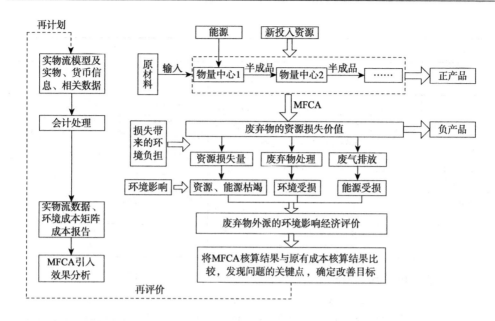

图 10-3　MFCA 与企业内部生产流程及环境绩效评价的融合

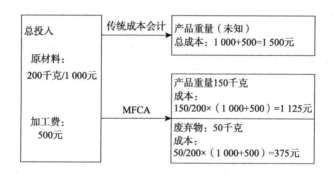

图 10-4　MFCA 和传统成本会计核算的比较

　　显而易见，在生产过程中有 50 千克废弃物产生，然而在传统成本会计核算下，并未将该部分纳入成本，而是直接作为投入阶段的成本，因此传统成本会计核算方法未将废弃物的成本考虑在内，使得该部分费用被遗漏，MFCA 与传统成本会计的比较如表 10-1 所示。

表10-1　MFCA与传统成本会计的比较

类别	传统成本会计	MFCA
计算原理	即使废弃物是能看得到的，其成本也可以忽略，它自动地包含在完工产品成本里	遵循质量保存法则，废弃物被视为"负产品"，需要核算废弃物的成本

续表

类别	传统成本会计	MFCA
资源损失成本	包含于完工产品之中，处于隐形状态	从数量和成本两方面使流程中各环节的材料损失与其他成本可视化
资源损失结构	一般仅从流程和机器设备层面对生产流程的材料损失、损失材料应负担的采购成本、材料损失的废弃物处理成本加以控制	增加有用废弃物出售给外部企业的差额损失成本、投入损失材料中的间接成本、损失材料的再循环加工成本控制，细化资源损失结构，并与相应的技术、工艺、管理对象相匹配
成本的计算准确度	笼统地把由于物料、人力等在生产过程中的浪费及损失计入产品价值当中	分为"正产品"和"负产品"
对废弃物处理成本的核算	作为企业的一项费用，并不计入产品的成本当中	该项支出与生产过程中产生的废弃物有关，应当计入产品的负成本中
管理的角度	对环境的影响及资源浪费的数据不充分，不利于管理层制订新计划	生产过程的环境成本定量化，有利于更清晰、准确地决策

　　由上述分析可知，MFCA 与传统成本会计的主要区别在于，前者将企业生产流程中的各个物量中心的成本分为"正产品"和"负产品"进行核算，将在各个物量中心中产生的废弃物损失作为原材料损失、系统资源成本及处置成本分别核算，MFCA 的核算有利于降低环境影响，提高企业环境管理水平。企业 MFCA 核算体系如图 10-5 所示。

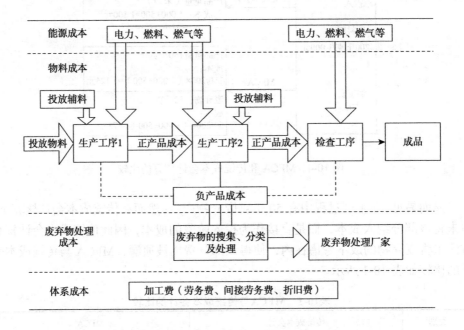

图 10-5　企业 MFCA 核算体系

10.3　基于 MFCA 的环境绩效评价方法

10.3.1　物质流成本管理环境绩效评价

环境效益评价的直接对象是由多个物量中心组成的生产流程，根据定义，物量中心是生产过程中选定的一个或多个环节，以对生产过程的输入输出物料以实物单位和货币单位进行量化。在 MFCA 成本管理中，以物量中心为数据收集的最小单位，首先对各个物量中心的物质流转与能源使用进行实物量化；其次对物量中心物质成本、能源成本、系统成本和废弃物处置成本进行货币量化，进而在上述数量统计的基础上进行相关成本分析。

结合世界可持续发展工商理事会的环境指标和 MFCA 特点，在整个物量中心的管理过程中涉及资源利用、废弃物排放和废弃物处理等问题[10]，这三个要素构成物量中心环境效益的主因素。以企业为主要利益相关者进行考虑，从"能耗及利用率指标"、"废物排放指标"、"生态效率指标"和"环境管理改善指标"四个方面进行指标构建的说明，如表 10-2 所示。

表10-2　MFCA视角下企业环境绩效评价指标

评价目标	评价层面	评价指标
企业环境绩效 A	能耗及利用率指标 B_1	单位产品原材料消耗量 C_{11}
		单位产品耗水量 C_{12}
		单位产品综合能耗 C_{13}
		原材料综合利用率 C_{14}
		固体废物综合利用率 C_{15}
		重复用水率 C_{16}
		可燃气回收利用率 C_{17}
	废物排放指标 B_2	单位产品废水排放量 C_{21}
		单位产品废气排放量 C_{22}
		单位产品烟尘排放量 C_{23}

续表

评价目标	评价层面	评价指标
企业环境绩效 A	生态效率指标 B_3	环境成本与增加值比值 C_{31}
		能源成本与增加值比值 C_{32}
		水成本与增加值比值 C_{33}
		CO_2 与增加值比值 C_{34}
		废弃物与增加值比值 C_{35}
		臭氧层损害成本与增加值比值 C_{36}
	环境管理改善指标 B_4	环境事故影响 C_{41}
		公众环境投诉 C_{42}
		居民满意度 C_{43}
		环境责任履行情况 C_{44}

1. 能耗及利用率指标

企业实施 MFCA 核算方法，增加了对整个生产流程原材料消耗、能源消耗、废弃物等损失核算、废物回收情况的准确核算，主要包括如下指标：

（1）单位产品原材料消耗量。

在某一期间内企业生产流程中，原材料消耗总量与产品总产量的比率。

$$单位产品原材料消耗量 = \frac{原材料消耗总量}{总产量} \tag{10-1}$$

（2）单位产品耗水量。

在某一期间内企业生产流程中，总耗水量与产品总产量的比值。

$$单位产品耗水量 = \frac{总耗水量}{总产量} \tag{10-2}$$

（3）单位产品综合能耗。

在某一期间内企业各个生产流程中，能源消耗总量与产品总产量的比值。

$$单位产品综合能耗 = \frac{能源消耗总量}{总产量} \tag{10-3}$$

（4）原材料综合利用率。

在某一期间内企业各个生产流程中，综合利用的原材料总量与原材料消耗总量的比值。

$$原材料综合利用率 = \frac{综合利用的原材料总量}{原材料消耗总量} \times 100\% \tag{10-4}$$

（5）固体废物综合利用率。

在某一期间内企业生产流程中，固体废物综合利用量与产生的固体废物总量的比值。

$$固体废物综合利用率 = \frac{固体废物综合利用量}{固体废物总量} \times 100\% \qquad （10\text{-}5）$$

（6）重复用水率。

$$重复用水率 = \frac{重复用水量}{耗水总量} \times 100\% \qquad （10\text{-}6）$$

（7）可燃气回收利用率。

在某一期间内企业生产流程中的可燃气回收利用量与可燃气总量的比值。

$$可燃气回收利用率 = \frac{可燃气回收利用量}{可燃气总量} \times 100\% \qquad （10\text{-}7）$$

2. 废物排放指标

结合 MFCA 核算特征，企业各个生产流程中与废物排放相关的指标如下：

（1）单位产品废水排放量。

在某一期间内企业生产流程所排放的废水量与产品总产量的比值。

$$单位产品废水排放量 = \frac{废水排放量}{产品总产量} \times 100\% \qquad （10\text{-}8）$$

（2）单位产品废气排放量。

在某一期间内企业生产流程所产生的废气总量与产品总产量的比值。

$$单位产品废气排放量 = \frac{废气排放量}{产品总产量} \times 100\% \qquad （10\text{-}9）$$

（3）单位产品烟尘排放量。

在某一期间内企业生产流程所产生的烟尘排放量与产品总产量的比值。

$$单位产品烟尘排放量 = \frac{烟尘排放量}{产品总产量} \times 100\% \qquad （10\text{-}10）$$

测算出的该指标越大，表明对当前雾霾现象的影响越大，应引起足够的重视。

3. 生态效率指标

结合 MFCA 核算特征，本章共选定环境成本与增加值比值、能源成本与增加值比值、水成本与增加值比值、CO_2 与增加值比值、废弃物与增加值比值及臭氧层损害成本与增加值比值六个指标。

（1）环境成本与增加值比值。

$$环境成本与增加值比值 = \frac{环境成本合计}{经济增加值} \times 100\% \qquad （10\text{-}11）$$

　　经济增加值代表企业在特定会计期间内，税后净利润与资本总投入的差额，环境成本合计是总量指标，指各项环境成本的总和。

　　（2）能源成本与增加值比值。

$$能源成本与增加值比值 = \frac{能源购买}{经济增加值} \times 100\% \qquad （10-12）$$

能源成本指能源消耗的总成本，包括购买成本等。

　　（3）水成本与增加值比值。

$$水成本与增加值比值 = \frac{水成本}{经济增加值} \times 100\% \qquad （10-13）$$

水成本是购买水成本和水处理成本。

　　（4）CO_2 与增加值比值。

$$CO_2 与增加值比值 = \frac{CO_2 成本}{经济增加值} \times 100\% \qquad （10-14）$$

CO_2 成本是指与 CO_2 排放相关的成本，包括处置成本、碳信贷成本等。

　　（5）废弃物与增加值比值。

$$废弃物与增加值比值 = \frac{废弃物成本}{经济增加值} \times 100\% \qquad （10-15）$$

废弃物成本，包括固体、液体和除 CO_2 之外的气体排放相关的处置成本和预防成本。

　　（6）臭氧层损害成本与增加值比值。

$$臭氧层损害成本与增加值比值 = \frac{臭氧层损害成本}{经济增加值} \times 100\% \qquad （10-16）$$

臭氧层损害成本是指与氟利昂相关的成本。

4. 环境管理改善指标

　　基于社会公众的视角来考虑，社会公众更关注企业在整个生产流程中对人民的生活环境造成的损害程度有多大，能否导致较为严重的环境事故或环境安全隐患，以及企业自身是否具备及时、高效地处理环境安全风险的资金和能力。综合考虑指标体系中的环境管理改善选取如下 4 大指标：

　　（1）环境事故影响。

　　该指标为定性指标，主要根据企业在整个生产流程过程中是否会给社会环境及人民的生活环境造成严重损害，包括重要的废水、废气或者固体废弃物等重大环境污染事件，以及给人们的日常生活造成的经济损失等。该指标可以根据环保部门对企业环境事故的评价及相关媒体报道的该环境事故产生的社会影响等进行判断。

（2）公众环境投诉。

该指标为定性指标，主要用来衡量由于企业的生产流程给周边人民群众带来的环境影响程度足够严重，以至于公众针对该环境影响采取环境投诉的手段予以解决。该指标可以根据环保部门收到的公众环境投诉的资料及频率来获得。

（3）居民满意度。

该指标为定性指标，主要用来衡量企业周围居民对企业由于生产流程造成的环境影响的满意程度。该指标可以通过对周边居民进行问卷调查等手段进行获取。

（4）环境责任履行情况。

该指标为定性指标，该指标主要评论当由于企业生产流程造成的环境污染事件发生之后，企业采取措施承担环境责任的速度、效率及态度。企业在日常工作流程中对潜在环境影响的重视程度，也是对该指标进行评估的一个重要因素。

将上述几个层面的指标综合起来，就得到了基于 MFCA 的企业环境绩效指标体系，其中包括 4 个层面：能耗及利用率指标、废物排放指标、生态效率指标及环境管理改善指标，共 20 个指标，其中有 16 个定量指标，4 个定性指标，如表 10-2 所示。

10.3.2　AHP-模糊综合评价法确定指标权重

1. AHP

AHP 是美国匹兹堡大学教授撒泰（A. L. Saaty）于 20 世纪 70 年代提出的一种系统分析方法。AHP 首先根据提出问题的性质及事件应达到的目标将研究问题分解为不同的组成部分，并按照不同影响因素之间的互相影响及隶属度关系，构建一个多层次的综合评价结构模型，最后根据排序进行优化决策[11]。AHP 使得对复杂经济问题进行定量分析成为可能[12]，它综合定量分析和定性分析，模拟人的决策思维过程，利于对多因素指标的复杂系统，尤其是难以定量描述的社会系统进行分析。它在服务绩效评价[13]、创新性评价[14]、循环经济评价[15]、投资绩效评价[16]、环境保护状况[17]等方面得到了广泛的应用。

AHP 确定权重的基本步骤如下：

（1）建立树状层次结构模型，在本章中是指各个评价指标体系。

在构建清晰的各级评价指标体系之前，首先应对各个评价对象进行不同层级的分析，主要包括 4 层指标体系，即目标层 A、准则层 B、子准则层 C 和具体指标 D，确定各评价对象的因素集和子因素集，如图 10-6 所示。

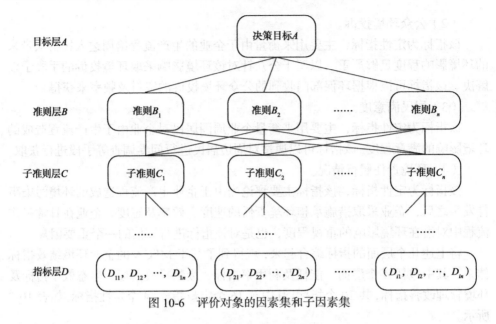

图 10-6　评价对象的因素集和子因素集

因素集 $A = \{B_1, B_2, \cdots, B_n\}$，子因素集 $B_i = \{C_{i1}, C_{i2}, \cdots, C_{in}\}$。

（2）确定各个层级因素指标的标度值，一般采用问卷调查法，让专家根据自身的经验和判断对各个指标之间的重要性进行判断，一般采用 9 分制的标度法，各个标度的定义如表 10-3 所示。

表10-3　标度及其定义

标度 a_{ij}	定义
1	因素 i 与因素 j 相同重要
3	因素 i 比因素 j 稍微重要
5	因素 i 比因素 j 较为重要
7	因素 i 比因素 j 非常重要
9	因素 i 比因素 j 绝对重要
2，4，6，8	为两个判断之间的中间状态对应的标度值
倒数	若因素 i 与因素 j 比较，得到的判断值为 a_{ij}，则 $a_{ij} = \dfrac{1}{a_{ji}}$

根据问卷调查获得的数据构建各个层级指标的判断矩阵，以 $A\!-\!B$ 判断矩阵为例，a_{12} 代表了因素 B_1 相对因素 B_2 的重要性程度，$a_{ij} = \dfrac{1}{a_{ji}}$，对角线上的指标为 1（表 10-4）。

表10-4　*A—B*判断矩阵

A	B_1	B_2	B_3	$\cdots$	B_N
B_1	1	a_{12}	a_{13}	$\cdots$	a_{1N}
B_2	a_{21}	1	a_{23}	$\cdots$	a_{2N}
B_3	a_{31}	a_{32}	1	$\cdots$	a_{3N}
$\vdots$	$\vdots$	$\vdots$	$\vdots$	$\vdots$	$\vdots$
B_N	a_{51}	a_{52}	a_{53}	$\cdots$	1

（3）权重计算。

在构建企业环境绩效各个层级因素指标判断矩阵的基础上，测算出其最大特征值 $\lambda_{\max}$，即符合 $\boldsymbol{B_W} = \lambda_{\max}\boldsymbol{W}$ 的特征根。再根据该特征根，测算相对应的特征向量，即权向量，也就是对应各级指标的排序权重。可以采用和积法或方根法对矩阵进行测算，当然也可以采用 Matlab 软件计算。方根法的计算原理如表 10-5 所示。

表10-5　AHP的权重运算结果

测评指标	相乘	开方	权重
B_1	$b_{11} \times b_{12} \times \cdots \times b_{1i} \times \cdots \times b_{1n}$	$W_1 - \sqrt[n]{b_{11} \times b_{12} \times \cdots \times b_{1n}}$	$W_1 = W_1/W_P$
B_2	$b_{21} \times b_{22} \times \cdots \times b_{2i} \times \cdots \times b_{2n}$	$W_2 - \sqrt[n]{b_{21} \times b_{22} \times \cdots \times b_{2n}}$	$W_2 = W_2/W_P$
$\vdots$	$\vdots$	$\vdots$	$\vdots$
B_n	$b_{n1} \times b_{n2} \times \cdots \times b_{ni} \times \cdots \times b_{nn}$	$W_n - \sqrt[n]{b_{n1} \times b_{n2} \times \cdots \times b_{nn}}$	$W_n = W_n/W_P$
合计		$W_P = \sum_{i=1}^{n} W_i$	$\sum_{i=1}^{n} W_i = 1$

（4）一致性检验。

为了检验矩阵的一致性，需要首先计算一致性指标 CI，前提是测算出最大特征根和 n 值。CI 的计算公式如下：

$$\text{CI} = \frac{\lambda_{\max} - n}{n-1} \tag{10-17}$$

式中，$\lambda_{\max}$ 是企业环境绩效各个层次判断矩阵的最大特征根，计算公式为

$$\lambda_{\max} = \sum_{i=1}^{n} \frac{(AW_i)_i}{nW_i} \tag{10-18}$$

公式中，以 *A—B* 判断矩阵为例，*A* 为该判断矩阵，CI 值的大小与判断矩阵的一致性呈现负相关性，当 CI 值为 0 时，判断矩阵呈现完全一致性。最大特征根 $\lambda_{\max}$ 可以用 Matlab 软件计算。

然而，欲检验判断矩阵是否具有满意的一致性，仅依据 CI 的值来判断是不够

的，AHP 中常常采用 RI 指标来辅助检验判断矩阵的一致性。RI 又叫平均随机一致性指标，是经过反复对随机的判断矩阵进行特征值测算后再进行平均求得的。具体数值见表 10-6。

表10-6　RI指标的取值

阶数	1	2	3	4	5	6	7	8	9	10	11	12
RI	0.00	0.00	0.58	0.90	1.12	1.24	1.32	1.41	1.45	1.49	1.51	1.48

$$CR = \frac{CI}{RI} \qquad\qquad (10\text{-}19)$$

由式（10-19）可得知，CR 为 CI 与 RI 的比值，即企业环境绩效的各个层级的判断矩阵的一致性指标与平均随机一致性指标的比率。通常情况下，当 CR < 0.1 时，可以得出该判断矩阵具有一致性，反之，需要对判断矩阵做出相应的调整。

2. 模糊综合评价法

模糊综合评价的结果是一个模糊向量，而非一个特定的点值，故而比其他方法提供的信息更为丰富[18]。模糊综合评价法是在模糊数学理论的基础上发展起来的，其原理在于将需要研究的模糊因素及那些能够充分反映模糊因素的概念看作一个整体的模糊集，并在此基础上创建一个反映隶属度的数学函数，再将模糊集合论的一些算法应用到其中，对需要考察的模糊因素进行定量分析。该方法存在构建数学模型容易、易于掌握、适用于多种因素和多个层次的复杂因素的综合评判等特点，得到了广大科研工作者的好评。模糊综合评价的基本原理如下：

首先选定基于 MFCA 的企业环境绩效评价对象的因素集 $C = (c_1, c_2, \cdots, c_n)$，评语集 $V = (v_1, v_2, \cdots, v_m)$，其中，$c_i$ 为企业环境绩效评价中各个因素指标，v_j 为对 c_i 的各类评级级别，一般情况下该级别包括四个层级：优、良、中、差。其次，对基于 MFCA 的企业环境绩效的各个指标的权重 W 及各因素之间的隶属度向量经过一系列的模糊变换运算得出模糊评价矩阵 R。最后，将企业环境绩效模糊综合评价矩阵与各个因素指标的权重向量分别进行模糊变换运算并做归一化处理，最终得出模糊综合评价结果 S，$S = W \times R$，于是 (C, V, R, W) 构成企业环境绩效模糊综合评价模型。

基于 MFCA 的企业环境绩效模糊综合评价步骤如下：

（1）确定企业环境绩效的各个评价指标因素集 C。

假设企业环境绩效评价存在 n 个评价指标，$C = (c_1, c_2, \cdots, c_n)$。

（2）确定企业环境绩效评语集 V。

$V = (v_1, v_2, \cdots, v_m)$，每一个等级可对应一个模糊子集。

（3）构建企业环境绩效模糊隶属度矩阵。

在构建了企业环境绩效模糊因素集之后，需要对基于 MFCA 的企业环境绩效的各个因素指标量化处理，也就是从单个企业环境绩效因素指标的角度来评判事件对各个层次模糊因素集的隶属度，进而得出模糊关系矩阵。

$$R = \begin{bmatrix} r_{11} & r_{12} & \cdots & r_{1m} \\ r_{21} & r_{22} & \cdots & r_{2m} \\ \vdots & \vdots & & \vdots \\ r_{n1} & r_{n2} & \cdots & r_{nm} \end{bmatrix}$$

矩阵 R 中第 i 行第 j 列元素 r_{ij}，表示某一个企业环境绩效评价因素指标 c_i 对 v_j 等级模糊因素集的隶属度，因此 R 也可以叫作隶属度矩阵。MFCA 视角下的企业环境绩效在某个因素指标 c_i 方面的表现，是通过模糊隶属度矩阵 R 来体现的，而其他评价方法大多是用一个指标的实际值来体现，从这个方面看企业环境绩效模糊综合评价需要更多的信息支撑。

（4）确定评价因素的权向量 W。

在模糊综合评价中，使用 AHP 确定评价因素的权向量：$W = (w_1, w_2, w_n)$。AHP 确定因素之间相对重要性，从而确定权系数，并且在合成之前归一化。

（5）模糊综合评价结果矩阵 S。

经常使用的最大隶属度原则，存在信息损失多、在某些情形下使用勉强及可能得不到合理的评价结果等缺陷。而将加权平均的理念应用到隶属等级的划分上面，可以对基于 MFCA 的企业环境绩效评价进行等级位置排序，因此本章研究拟采用"加权平均模型"，选取适当的算子将 W 与 R 合成，得到企业环境绩效模糊综合评价结果矩阵 S，即

$$S = W \times R = \{w_1, w_2, \cdots, w_n\} \times \begin{bmatrix} r_{11} & r_{12} & \cdots & r_{1m} \\ r_{21} & r_{22} & \cdots & r_{2m} \\ \vdots & \vdots & & \vdots \\ r_{n1} & r_{n2} & \cdots & r_{nm} \end{bmatrix} \tag{10-20}$$

式中，s_i 表示被评事物从整体上看对 v_j 等级模糊子集的隶属程度。

（6）指标得分。

各级指标的最后评价得分为 E：

$$E = S \times V^{\mathrm{T}} \tag{10-21}$$

根据各级指标的得分情况，可以判断该指标处于哪一层评估等级。

10.4　工业部门物质流优化体系实证分析

钢铁行业是典型的高污染、高排放的行业，在当前节能减排的大环境下承担着重要的节能减排压力，这种压力也逐渐成为公司成本上升的重要来源。M 公司具备行业较为先进的生产流程和技术，为从原材料到高炉、转炉、连铸、热轧工序配套齐全、装备先进的大型现代化钢铁联合企业。公司位于 M 市中心，有着交通便利、物流配送体系完善的优点。M 公司实行一级核算、一级管理。由公司财务部的成本组负责全公司的成本核算、预算、分析、控制等管理工作。各分厂设专职（兼职）成本驻厂人员，负责本厂及该厂所管辖的成本中心相关的成本核算管理工作。

公司成本核算按照权责发生制原则，按月计算产品实际成本。为准确核算产品实际发生的成本，各个成本中心如果使用公司物资采购部门供给的物资，一律按照实际市场价格（市场采购价+相关费用）进行结算，上下工序之间结转的半成品及消耗的燃料动力等，按公司统一制定的标准价格进行结算，其中产生的价格差异由公司进行统一分配，调整为当期实际成本。M 公司现行成本核算模式如图 10-7 所示。

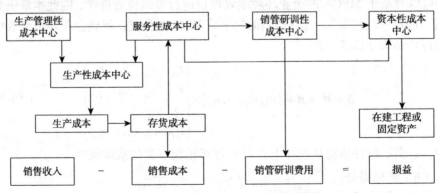

图 10-7　M 公司现行成本核算模式

公司以责任会计为基础，建立成本中心。按相关部门、作业区及工序的责任范围，结合成本核算的需要，确定责任范围并收集成本资料，建立相应的成本中心。成本中心作为会计上成本划分与费用归集的基础，是企业成本管理的最小责任单位。成本按成本中心类型进行成本结转，具体如图 10-7 所示。现以 M 公司为分析对象，运用 MFCA 对钢铁生产流程中的输入输出等阶段进行分析，并通过构建企业环境绩效评价指标体系，满足环境绩效评估要求，更好地履行企业社会责任。

钢铁企业生产流程如图 10-8 所示。

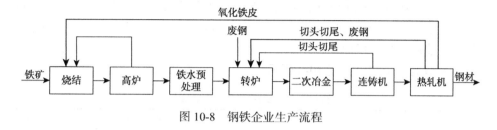

图 10-8　钢铁企业生产流程

10.4.1　MFCA 的应用

1. 成本分配

1）根据生产环节的六个主要环节分别介绍其成本分配规则

（1）炼焦环节的分配规则。

a. 将外购的煤炭等原材料与使用的能源同时看作能源进行分配。

b. 能耗的先进水平为 150，实际能耗为 200，差额 50 为能源消耗，即实际消耗 200 的能源，先进水平只需要 150。总投入为 1 600（为能源投入合计），能源损失率为 3.125%，即投入能源的 3.125%为没有充分利用的损耗。

其中：

$$能源损失率 = \frac{能源损耗}{总能源投入} = \frac{实际能耗 - 先进水平能耗}{能源投入合计} = \frac{50}{1600} = 3.125\% \quad （10-22）$$

c. 有效能源部分按照热值分摊到产品中，包括冶金焦、粗焦、荒煤气、焦油、CDQ 粉、粗苯、干熄焦蒸汽，分摊标准如表 10-7 所示。

表10-7　炼焦环节分摊标准

类别	荒煤气	冶金焦	粗焦	CDQ 粉	焦油	粗苯	干熄焦蒸汽
产量/吨	700 000	75 000	20 000	5 000	4 000	1 000	50 000
单位产品热值/标煤	34.12	0.97	0.841		1.29	1.43	0.118 9
热值/标煤	23 884	72 855	21 025		5 143	1 429	5 945
分摊比例	18.33%	55.92%	16.14%		3.95%	1.1%	4.56%

资料来源：根据自有资料整理

d. 处置费用和辅料作为无效投入。

e. 由于作业率 100%，系统费用没有无效率损失，全部按照热值分摊到产品中，包括冶金焦、粗焦、荒煤气、焦油、粗苯等。

f. 冶金焦是主要产品，粗焦和荒煤气也作为产品结转，焦油、粗苯作为产品计算成本，按照标准成本结转，硫胺、硫膏按照标准成本计算并结转。标准成本与计算成本之差直接计入当期损失，出于统计的要求，这一差额按照比例分配到原材料、能源和系统里面。

本环节的分析结果如表 10-8 所示。

表10-8　炼焦环节成本分摊结果

类别	荒煤气	冶金焦	粗焦	CDQ 粉	焦油	粗苯	硫胺	硫膏	合计
产量/吨	700 000	75 000	20 000	5 000	4 000	1 000	1 000	200	50 000
分摊成本/万元	4 280.33	13 056.57	3 767.96	0	921.66	2 560.24	60	0.2	1 065.42
分摊单位成本/（元/吨）	61.15	1 741	1 507	1 507	2 304	2 560	600	10	213
结转单位成本/（元/吨）	61.15	1 741	1 507	1 507	2 500	4 400	600	10	40
结转成本/万元	4 280.33	13 056.57	3 767.96	0	1 000	440	60	0.2	200

资料来源：根据自有资料整理

（2）烧结环节的计算规则。

a. 原材料分为三类：外购、自产和回收。自产部分按照烧结环节的成本进行结转，回收的部分则依据铁品位的值折合为外购矿石测算，结果如表 10-9 所示。

表10-9　烧结回收部分折合价格

类别	折合价/（元/吨）	铁品位
矿石	1 100	61.67%
高炉瓦斯灰	562	31.5%
高炉返矿	562	31.5%
OG 泥	972	54.5%
氧化铁皮	1 284	72%
粉尘	713	40%
小粒烧	1 016	56.98%

资料来源：根据自有资料整理

在计算烧结环节的回收时按照回收的数量与瓦斯灰的折合价格计算结转成本，回收类生产消耗按照加权平均计算。

b. 产品有三种：烧结矿、粉尘、小粒烧；按照重量分配原材料成本，具体分配标准见表 10-10 所示。都按照成本结转，烧结矿的结转金额包含能源成本和系统成本，粉尘、小粒烧只包含原材料成本。

表10-10　烧结环节材料分配标准

类别	烧结矿	粉尘	小粒烧	落地烧
产量/吨	484 950	50	15 000	0
分配率	96.99%	0.01%	3%	0

资料来源：根据自有资料整理

c. 粉尘、小粒烧作为回收项，回收种类仅考虑了烧结环节发生的原材料成本，而能源和系统成本直接计入当期损失，其中成本和回收金额的差也直接计入当期损失。

d. 处置费用和辅料作为无效投入。

e. 能耗的先进水平为 47，实际能耗为 50，差额 3 为能源损耗，即实际消耗 50 的能源，先进水平只需要 47，能源损失率为 6%，即投入能源的 6%为没有充分利用的损耗。

其中：

$$能源损失率 = \frac{能源损耗}{总能源投入} = \frac{实际能耗 - 先进水平能耗}{能源投入合计} = \frac{3}{50} = 6\% \quad （10-23）$$

f. 有效能源部分按照重量分摊到产品中，包括烧结矿、粉尘、小粒烧。

g. 由于作业率 97%，系统费用有 3%的效率损失，有效系统费用部分按照重量分摊到产品中，包括烧结矿、粉尘、小粒烧。

本环节的分析结果如表 10-11 所示。

表10-11　烧结环节成本分摊结果

类别	烧结矿	粉尘	小粒烧	落地烧
产量/吨	484 950	50	15 000	0
分摊成本/元	556 828 910	48 918	14 675 488	0
单位成本/（元/吨）	1 148	978	978	0

资料来源：根据自有资料整理

（3）高炉环节的计算规则。

a. 铁损为 1.08%，全部包含在高炉环节，没有分摊到烧结环节。根据投入铁矿石的铁品位和产出铁水与高炉瓦斯灰的铁品位计算得到。

b. 高炉环节产生的铁水和高炉瓦斯灰，具体分配标准如表 10-12 所示。高炉瓦斯灰的回收按照铁品位和外购矿的价格计算得到，为 613 元/吨，成本超过回收的部分计入当期损失。

表10-12　高炉环节材料分配标准

类别	铁水	水渣	高炉瓦斯灰	高炉荒煤气	TRT 发电
产量/吨	180 000	60 000	2 000	900 000	5 000 000
铁品位	94.2%	0	31.5%	0	0
含铁量	169 560	0	630	0	0
分摊比例	98.55%	0	1.45%	0	0

资料来源：根据自有资料整理

c. 原材料分为三类：外购、自产和回收。自产的按照成本结转，回收杂料计算了平均成本。

d. 处置费用和辅料作为无效投入。

e. 能耗的先进水平为380，实际能耗为420，差额40为能源消耗，投入能源为600的情况下，实际消耗420的能源，先进水平只需要380，能源损失率为6.67%，即投入能源的 6.67%为没有充分利用的损耗。同时考虑铁损的能量消耗，能源的有效利用率为92.33%。

f. 有效能源部分，即全部投入 600 扣除能源损耗 40 之后的 560 分为两个部分：一是 380 的能耗属于正常能源消耗，计入产品成本，即 67.86%（=380/560）的能源按照含铁量分配计入铁水和高炉瓦斯灰，其中 98.55%的能源分配计入铁水；二是 180 的能耗属于回收能源，分配计入高炉荒煤气和 TRT 发电，分配标准为折合标煤的系数，即 32.14%的能源分配计入高炉荒煤气，具体分配数据如表 10-13 所示。

表10-13　高炉环节能源分配标准

类别	高炉荒煤气	TRT 发电
产量/吨	900 000	5 000 000
折标煤系数	32.14	0.122 9
标煤	30 708 000	614 500
分配比例	98.04%	1.96%

资料来源：根据自有资料整理

g. 高炉荒煤气和 TRT 发电按照标准成本结转。高炉荒煤气为 35，TRT 发电为 0.58。

h. 由于作业率 97%，系统费用有 3%的效率损失，有效系统费用部分按照含铁量分摊到产品中，包括铁水和高炉瓦斯灰。

本环节的分析结果如表 10-14 所示。

表10-14　高炉环节成本分摊结果

类别	铁水	水渣	高炉瓦斯灰	高炉荒煤气	TRT 发电
产量/吨	180 000	60 000	2 000	900 000	5 000 000
铁品位	94.2%		31.5%		
分摊成本/元	466 926 614	6 000 000	1 158 000	31 500 000	2 891 928
单位成本/（元/吨）	2 594.04	100	579	35	0.58

资料来源：根据自有资料整理

（4）转炉环节的计算规则。

a. 按照 M 公司的产成品的含铁量与相应铁坯的含铁量之间的差额计算铁损，铁损为 2.77%。

b. 转炉环节产生的钢水和钢渣，具体分配数据如表 10-15 所示。钢渣等的回收按照铁品位和铁水或矿石的价格计算得到，成本超过回收的部分计入当期损失。

表10-15　转炉环节材料分配标准

类别	数量/吨	铁品位	含铁量/吨	比例
钢水	416 000	100%	416 000	95.58%
混合渣粒	5 000	75%	3 750	0.86%
OG 泥	6 000	54.5%	3 270	0.75%
中包铸余回收废钢	2 000	98%	1 960	0.45%
转炉回收渣钢	8 000	85%	6 800	1.56%
转炉回收粒子钢	2 000	88%	1 760	0.4%
转炉回收脱硫渣铁	2 000	85%	1 700	0.39%
合计	441 000	—	435 240	100%

资料来源：根据自有资料整理

c. 处置费用和辅料作为无效投入。

d. 能耗的先进水平为-20，实际能耗为-10，差额 10 为能源损耗，投入能源 20 的情况下，应该回收能源 40，实际产生能源 30，少产生了 10，相当于能源少回收了 25%，即应该回收的能源中 25% 为没有充分利用的损耗。同时考虑铁损的能量消耗，能源的有效利用率为 72.29%。

e. 有效能源部分，即实际回收的能源 30 可以分为两部分：一是 10 的能源消耗属于正常能源消耗，即 33.33% 的有效能源计入产品成本，按照含铁量分配计入钢水和钢渣；二是 20 的能耗属于回收能源，即 66.67% 的有效能源分配计入转炉煤气和发电，分配标准为折合标煤的系数，具体分配标准见表10-16。

表10-16　转炉环节能源分配标准

类别	转炉荒煤气	转炉蒸汽
产量/吨	300 000	50 000
折合系数	34.12	0.095 2
折合标煤	10 236 000	4 760
分配比例	99.95%	0.05%

资料来源：根据自有资料整理

f. 转炉煤气和发电按照标准成本结转。

g. 由于作业率 60%，考虑铁损的影响，系统费用有 42.17%的效率损失。有效系统费用部分按照含铁量分摊到产品中，包括钢水和钢渣。

本环节的分析结果如表 10-17 所示。

表10-17　转炉环节成本分配结果

类别	钢水	混合渣粒	OG 泥	中包铸余回收废钢	转炉回收渣钢	转炉回收粒子钢	转炉回收脱硫渣铁	转炉荒煤气	转炉蒸汽
产量/吨	416 000	5 000	6 000	2 000	8 000	2 000	2 000	300 000	50 000
铁品位	100%	75%	54.5%	98%	85%	88%	85%		
分摊成本/万元	121 054.61	1 197	921	549.2	1 915.2	501.2	478.8	1 350	200
单位成本/（元/吨）	2 909.97	2 394	1 535	2 746	2 394	2 506	2 394	45	40

资料来源：根据自有资料整理

（5）连铸环节的计算规则。

a. 按照 M 公司的产成品的含铁量与相应铁坯的含铁量之间的差额计算铁损，铁损为 0.93%。投入钢水含铁为 416 000 吨，产出含铁如表 10-18 所示，差额产生铁损 5 886 吨，即投入的钢水中有 0.93%没有形成产出。

表10-18　连铸环节产出含铁情况

产品	回收氧化铁皮	铜镍板坯头尾料	板坯头尾料	连铸坯
产量/吨	1 500	50	1 000	410 000
铁品位	72%	0	0	0
含铁量/吨	1 080	50	1 000	410 000
分摊比例	0.26%	0.01%	0.24%	99.48%

资料来源：根据自有资料整理

b. 按照钢水、矿石的市场价格对连铸环节产生的连铸坯和其他首尾料进行计算，计算所得成本超过回收的额度直接计入当期损失。

c. 处置费用和辅料作为无效投入。

d. 实际能耗为 4.5，假设能耗的先进水平为 3.5，差额 1 为能源损耗，相当于能源多消耗了 22.22%，即应该投入的能源中 22.22%为没有充分利用的损耗。同时考虑铁损的能量消耗，能源的有效利用率为 77.78%。

e. 有效能源部分，按照含铁量分配计入连铸坯和首尾料，首尾料按照外购价格结转，成本超过回收的部分计入当期损失。

f. 由于作业率 80%，考虑铁损的影响，系统费用有 20.74%的效率损失，有效系统费用按照铁含量分摊到产品中，包括连铸坯和首尾料。首尾料回收只计算了原材料，能源和系统费用直接计入当期损失。

本环节的分析结果如表 10-19 所示。

表10-19　连铸环节成本分配结果

产品	回收氧化铁皮	铜镍板坯头尾料	板坯头尾料	连铸坯
产量/吨	1 500	50	1 000	410 000
铁品位	72%			
分摊成本/元	1 984 515	148 071	2 961 414	1 199 197 256
单位成本/（元/吨）	1 323.01	2 961.41	2 961.41	2 924.87

资料来源：根据自有资料整理

（6）热轧环节的计算规则。

a. 按照 M 公司的产成品的含铁量与相应铁坯的含铁量之间的差额计算铁损，铁损为 0.62%。投入板坯为 410 000 吨，产出含铁 407 475 吨。

b. 按照钢水、矿石的市场价格对热轧环节产生的首尾料进行计算，计算所得成本超过回收的额度直接计入当期损失。

c. 处置费用和辅料作为无效投入。

d. 实际能耗为 40，假设能耗的先进水平为 35，差额 5 为能源消耗，相当于能源多消耗了 12.5%，即投入的能源中 12.5%为没有充分利用的损耗，同时考虑铁损的能量消耗，能源的有效利用率为 86.96。

e. 有效能源部分，按照含铁量分配计入热轧板和首尾料，首尾料按照外购价格结转，成本超过回收的部分计入当期损失。蒸汽作为回收项，按照标准成本结转。

f. 由于作业率 80%，考虑铁损的影响，系统费用有 20.49%的效率损失，有效系统费用部分按照含铁量分摊到产品中，包括热轧和首尾料。首尾料回收只计算了原材料，能源和系统费用直接计入当期损失。本环节的分析结果如表 10-20 所示。

表10-20 热轧环节成本分配结果

产品	氧化铁皮	OG泥	热轧板坯	铜镍连轧头尾料	热轧废次材	连轧头尾料	杂级品热轧卷	次级品热轧卷	杂级品热轧板	连轧蒸汽
产量/吨	5 000	1 000	40 000	500	1 000	1 000	0	200	1 000	20 000
铁品位	72%	54.5%	0	0	0	0	0	0	0	0
分摊成本/万元	661	100	126 225	146.5	346	293	0	73.78	368.4	60
单位成本/（元/吨）	1 323	1 001	3 156	2 930	3 461	2 930	3 548	3 689	3 684	30

资料来源：根据自有资料整理

2）根据投入的种类分别介绍成本分配规则

（1）原材料分配规则。

烧结、高炉、转炉、连铸及热轧物量中心各自按照外购、自产和回购等三个情形对各自环节中发生的原材料、能源及系统成本进行分配，其中将回收物的金额与损失成本的差额记作"负产品"。而炼焦物量中心则将能源与原材料放在一起进行分配。烧结环节的成本分配中需要将生产过程中产生的粉尘、小粒烧等考虑在内，而高炉、转炉、连铸和热轧则需要将铁损和铁品位考虑在内。

$$烧结原材料负产品率 = \frac{15\,050}{484\,950 + 15\,050} \times 100\% = 3.01\% \qquad （10\text{-}24）$$

$$炼铁原材料负产品率 = \frac{2\,000 \times 31.5\%}{180\,000 \times 94.2\% + 2\,000 \times 31.5\%} \times 100\% = 0.37\% \qquad （10\text{-}25）$$

$$炼钢原材料负产品率 = 1 - \frac{416\,000 \times 100\%}{441\,000 \times 98.69\%} \times 100\% = 4.4\% \qquad （10\text{-}26）$$

$$连铸原材料负产品率 = \frac{1\,500 \times 72\% + 50 + 1\,000}{47\,124} \times 100\% = 4.52\% \qquad （10\text{-}27）$$

$$轧钢原材料负产品率 = 1 - \frac{400\,000 \times 100\%}{407\,845} \times 100\% = 1.92\% \qquad （10\text{-}28）$$

（2）能源成本分配。

各环节能源损失率计算如下：

$$炼焦能源损失率 = \frac{200 - 150}{1\,600} \times 100\% = 3.125\% \qquad （10\text{-}29）$$

$$烧结能源损失率 = \frac{50 - 47}{50} \times 100\% = 6\% \qquad （10\text{-}30）$$

$$炼铁能源损失率 = \frac{420 - 380}{600} \times 100\% = 6.67\%$$ （10-31）

$$炼钢能源损失率 = \frac{-10 - (-20)}{20} \times 100\% = 50\%$$ （10-32）

$$连铸能源损失率 = \frac{4.5 - 3.5}{4.5} \times 100\% = 22.22\%$$ （10-33）

$$轧钢能源损失率 = \frac{40 - 35}{40} \times 100\% = 12.5\%$$ （10-34）

（3）系统成本和处置成本。

按照作业率的情况对企业生产流程中各个物量中心发生的成本进行分配，计入相关的"负产品"的成本。能源成本按照含铁量以及热值的不同分别在"正产品"和"负产品"之间分配。而各个物量中心发生的材料、能源、系统成本及处置成本流转图如图 10-9 所示。

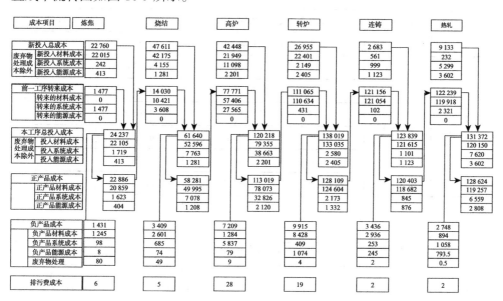

图 10-9　物质流成本分析图

10.4.2　企业环境绩效评价实际应用

结合 MFCA 核算特征，在对 M 公司企业环境绩效指标体系构建的基础上，采取问卷调查的方式对企业环境绩效指标体系的各层级指标进行打分，调查对象主要是企业里有着丰富的与环境相关工作经验的主管或负责人。对收到的问卷进行数据处理,并采用 AHP 对环境绩效指标的各个层级进行权重确定,见表 10-21。

表10-21 环境绩效指标的综合权重

评价层面	一级权重	评价指标	二级权重	综合权重
能耗及利用率指标 B_1	0.327 4	单位产品原材料消耗量 C_{11}	0.164 3	0.053 8
		单位产品耗水量 C_{12}	0.164 3	0.053 8
		单位产品综合能耗 C_{13}	0.128 0	0.041 9
		原材料综合利用率 C_{14}	0.128 0	0.041 9
		固体废物综合利用率 C_{15}	0.104 8	0.034 3
		重复用水率 C_{16}	0.131 2	0.043 0
		可燃气回收利用率 C_{17}	0.099 7	0.032 6
废物排放指标 B_2	0.255 0	单位产品废水排放量 C_{21}	0.354 8	0.090 5
		单位产品废气排放量 C_{22}	0.290 5	0.074 1
		单位产品烟尘排放量 C_{23}	0.354 8	0.090 5
生态效率指标 B_3	0.255 0	环境成本与增加值比值 C_{31}	0.203 2	0.052 0
		能源成本与增加值比值 C_{32}	0.146 0	0.037 2
		水成本与增加值比值 C_{33}	0.108 2	0.027 6
		CO_2 与增加值比值 C_{34}	0.232 9	0.059 4
		废弃物与增加值比值 C_{35}	0.172 5	0.044 0
		臭氧层损害成本与增加值比值 C_{36}	0.136 6	0.034 8
环境管理改善指标 B_4	0.162 6	环境事故影响 C_{41}	0.265 5	0.043 2
		公众环境投诉 C_{42}	0.358 4	0.058 3
		居民满意度 C_{43}	0.169 3	0.027 5
		环境责任履行情况 C_{44}	0.206 8	0.033 6

企业环境绩效评价问题本身就是一类多层级的决策问题,存在较强的模糊性。在采用 AHP 对企业环境绩效的三级指标的单个权重和综合权重确定的前提下,基于模糊综合评价的理念对上述各级指标进行综合评判。首先应将较高层级的因素集视作子问题,其次对上述子问题各自进行综合评级,最后归纳为对总的决策问题的综合评价,即采取由低层级向高层级逐步综合评价的思路。

由于所构建的评价指标具有较高的模糊性,根据定量及定性等不同的企业环境绩效指标,有针对性地设置不同的评价等级和评语。MFCA 视阈下企业环境绩效评价指标的标准分值如表 10-22 所示。

表10-22　MFCA视阈下企业环境绩效评价指标的标准分值

水平等级	定量指标	定性指标	评语集
L1	7.0	7.0	优
L2	5.0	5.0	良
L3	3.0	3.0	中
L4	1.0	1.0	差

在构建了企业环境绩效模糊因素集之后，需要对基于 MFCA 的企业环境绩效的各个因素指标量化处理，也就是从单个企业环境绩效因素指标的角度来评判事件对各个层次模糊因素集的隶属度，进而得出模糊关系矩阵。

M 公司环境绩效指标的隶属度如表 10-23 所示。

表10-23　M公司环境绩效指标的隶属度

评价层面	评价指标	评语等级			
		优	良	中	差
能耗及利用率指标 B_1	单位产品原材料消耗量 C_{11}	0.6	0.2	0.2	0
	单位产品耗水量 C_{12}	0.2	0.5	0.3	0
	单位产品综合能耗 C_{13}	0.5	0.3	0.2	0
	原材料综合利用率 C_{14}	0.2	0.5	0.2	0.1
	固体废物综合利用率 C_{15}	0.3	0.3	0.3	0.1
	重复用水率 C_{16}	0.2	0.4	0.3	0.1
	可燃气回收利用率 C_{17}	0.1	0.6	0.2	0.1
废物排放指标 B_2	单位产品废水排放量 C_{21}	0.2	0.5	0.3	0
	单位产品废气排放量 C_{22}	0.1	0.4	0.4	0.1
	单位产品烟尘排放量 C_{23}	0.2	0.5	0.3	0
生态效率指标 B_3	环境成本与增加值比值 C_{31}	0.2	0.3	0.5	0
	能源成本与增加值比值 C_{32}	0.1	0.3	0.4	0.2
	水成本与增加值比值 C_{33}	0.2	0.2	0.4	0.2
	CO_2 与增加值比值 C_{34}	0.3	0.4	0.2	0.1
	废弃物与增加值比值 C_{35}	0.3	0.4	0.2	0.1
	臭氧层损害成本与增加值比值 C_{36}	0.2	0.2	0.4	0.1
环境管理改善指标 B_4	环境事故影响 C_{41}	0.6	0.3	0.1	0
	公众环境投诉 C_{42}	0.5	0.4	0.1	0
	居民满意度 C_{43}	0.6	0.3	0.1	0
	环境责任履行情况 C_{44}	0.4	0.4	0.2	0

在模糊综合评价中，使用 AHP 确定评价因素的权重向量：$W = (w_1, w_2, \cdots, w_n)$。AHP 确定因素之间相对重要性，从而确定权系数，并且在合成之前归一化。

$$W_{B_1} = \left(0.164\,3, 0.216\,43, 0.128, 0.128, 0.104\,8, 0.131\,2, 0.099\,7\right)$$

$$W_{B_2} = \left(0.354\,8, 0.290\,5, 0.354\,8\right)$$

$$W_{B_3} = \left(0.164\,3, 0.216\,43, 0.128, 0.128, 0.104\,8, 0.131\,2, 0.099\,7\right)$$

$$W_{B_4} = \left(0.164\,3, 0.216\,43, 0.128, 0.128, 0.104\,8, 0.131\,2, 0.099\,7\right)$$

"能耗及利用率 B_1" 的权重向量 W_{B_1} 与评语隶属度 R_{B_1} 分别如下：

$$W_{B_1} = \left(0.164\,3, 0.216\,43, 0.128, 0.128, 0.104\,8, 0.131\,2, 0.099\,7\right)^{\mathrm{T}}$$

$$R_{B_1} = \begin{bmatrix} 0.6 & 0.2 & 0.2 & 0 \\ 0.2 & 0.5 & 0.3 & 0 \\ 0.5 & 0.3 & 0.2 & 0 \\ 0.2 & 0.5 & 0.2 & 0.1 \\ 0.3 & 0.3 & 0.3 & 0.1 \\ 0.2 & 0.4 & 0.3 & 0.1 \\ 0.1 & 0.6 & 0.2 & 0.1 \end{bmatrix}$$

$$S_1 = W_{B_1} R_{B_1} = \left(0.206\,0, 0.360\,1, 0.225\,1, 0.054\,3\right)$$

根据最大隶属度原则，M 公司的"能耗及利用率指标 B_1"按照标准分值表计算，能源及利用率指标 B_1 的得分为

$$E_1 = 0.206\,0 \times 7 + 0.360\,1 \times 5 + 0.225\,1 \times 3 + 0.054\,3 \times 1 = 3.97$$

其综合评价结果为"良"。

同理可知，我们可以求出废物排放 B_2、生态效率 B_3 和环境管理改善 B_4 的评价结果向量，均通过归一化处理后得

$$S_2 = W_{B_2} R_{B_2} = \left(0.171\,0, 0.471\,0, 0.329\,1, 0.029\,1\right)$$

废物排放 B_2 得分为

$$E_2 = 0.171\,0 \times 7 + 0.471\,0 \times 5 + 0.329\,1 \times 3 + 0.029\,1 \times 1 = 4.57$$

$$S_3 = W_{B_3} R_{B_3} = \left(0.225\,9, 0.316\,1, 0.339\,3, 0.118\,7\right)$$

生态效率 B_3 得分为

$$E_3 = 0.225\,9 \times 7 + 0.316\,1 \times 5 + 0.339\,3 \times 3 + 0.118\,7 \times 1 = 4.3$$

$$S_4 = W_{B_4} R_{B_4} = \left(0.522\,8, 0.356\,5, 0.120\,7, 0.000\,0\right)$$

环境管理改善 B_4 得分为

$$E_4 = 0.522\,8 \times 7 + 0.356\,5 \times 5 + 0.120\,7 \times 3 + 0.000\,0 \times 1 = 5.8$$

一级权重：

$$W_A = \left(0.327\,4, 0.255\,0, 0.255\,0, 0.162\,6\right)$$

$$R_A = \begin{bmatrix} 0.246\,6 & 0.431\,0 & 0.257\,4 & 0.065\,0 \\ 0.171\,0 & 0.471\,0 & 0.329\,1 & 0.029\,1 \\ 0.266\,7 & 0.343\,4 & 0.284\,9 & 0.105\,0 \\ 0.522\,8 & 0.356\,5 & 0.120\,7 & 0.000\,0 \end{bmatrix}$$

评语隶属度向量为

$$S = W_A R_A = (0.266\,9, 0.399\,8, 0.274\,3, 0.059\,0)$$

M 公司环境绩效总得分

$$E = 0.266\,9 \times 7 + 0.399\,8 \times 5 + 0.274\,3 \times 3 + 0.059\,0 \times 1 = 4.75$$

结合上述各类指标的得分情况，并根据最大隶属度原理，可以得知 M 公司的总体企业环境绩效评价结果的得分处在"中"和"良"之间，其中得分最低的是能耗及利用率指标，生态效率指标和废物排放指标得分也相对较低，环境管理改善指标得分相对较高。

上述评价结果表明，M 公司的单位产品原材料消耗、耗水量、综合能源消耗较高，原材料和固废综合利用率较低。生态效率指标得分较低，表明单位收入或单位利润等盈利指标增长的同时，伴随着较高的环境成本的产生，包括废弃物、CO_2 的高额排放以及高强度的能源消耗。废物排放指标得分也较低，表明 M 公司的废水、废弃物及烟尘排放量也相对较高，对外界环境造成了较大的压力。虽然环境管理改善指标得分相对较高，但与"优"的标准相差较大，因此在环境管理改善方面要积极履行环境义务，及时、完整地披露环境信息，接受社会公众的监督以树立企业可持续发展的良好形象。

在上述结果分析的基础上，M 公司应及时追踪各个物量中心的损失及环境成本产生情况，根据 MFCA 的核算结果，M 公司应积极进行高炉和转炉节能减排技术的创新，以及更加准确地测算各类环境成本，包括能源成本、水成本、废弃物成本、CO_2 成本等内容，随时监控企业环境绩效的各个指标。与此同时，企业应该不断改善 MFCA 核算流程，尤其是 CO_2 排放成本的合理计量，增加企业生产流程中环境成本信息数据库的设置，使企业能够及时准确地记录、掌握环境成本信息，最终使得资源损耗和废弃物排放透明化、定量化，从而为进一步提出改进措施提供翔实、可靠的依据，通过提出可操作性强的措施达到生态文明建设的目标和要求。

参 考 文 献

[1]Enzler S，Krcmar H，Pfenning R，et al. Eco-efficient controlling of material flows with flow cost

accounting：erp-based solutions of the eco rapid project[C]//Hilty L M, Seifert E K, Treibert R. Information Systems for Sustainable Development. New York：Idea Group Inc., 2005：62-75.

[2]张本越, 宫赫阳. 日本 MFCA 的新进展及对我国的启示[J]. 会计之友, 2014,（12）：27-31.

[3]Strobel M, Redmann C. Flow accounting：an accounting approach based on the actual flows of materials[C]//Bennett M, Bouma J J, Wolters T. Environmental Management Accounting：Information and Institutional Developments. Dordrecht：Kluwer Academic Publishers, 2002：67-82.

[4]UNDSD. Environmental management accounting procedures and principles[R]. New York, 2001.

[5]Federal Environmental Ministry, Federal Environmental Agency. Guide to corporate environmental management cost[R]. Federal Ministry for the Environment, Nature Conservation and Nuclear Safety（BMU）, 2003.

[6]IFAC. International guideline document environmental management accounting[EB/OL]. http://www. institutopharos org/home/ema.pdf[2005-10-21].

[7]METI. Guide for material flow cost accounting（Ver. 1）[R]. 2007.

[8]崔伟宏. 基于资源流成本会计的资源环境成本计量与控制研究[D]. 哈尔滨商业大学硕士学位论文, 2013.

[9]王军, 周燕, 刘金华, 等. 物质流分析方法的理论及其应用研究[J]. 中国人口·资源与环境, 2006,（4）：60-64.

[10] Robert G. Environmental costs at a Canadian paper mill：a case study of environmental management accounting（EMA）[J]. Journal of Cleaner Production, 2006,（4）：112-133.

[11]陈起雄, 丁宗银, 高磊. 基于 AHP-模糊综合评价法的高校高层次人才评价[J]. 福州大学学报（哲学社会科学版）, 2012, 26（4）：21-25.

[12]武玉洁, 袁家凤. 基于 AHP-模糊综合评价法的广东省技术创新服务体系评价[J]. 广东工业大学学报, 2011, 28（2）：85-87, 94.

[13]梁冬莹, 周庆梅, 王克奇. 基于层次分析法的数字资源服务绩效评价体系构建[J]. 情报科学, 2013,（1）：78-81, 128.

[14]杨柳, 何波. 基于层次分析法的电影产品创新性评价研究[J]. 当代电影, 2013,（7）：165-168.

[15]肖萍. 石化工业园循环经济评价模型构建——基于层次分析法[J]. 北京行政学院学报, 2013,（1）：79-83.

[16]肖铁辉, 张敏. 基于 AHP 和模糊综合评价的荒山绿化投资绩效研究——以新疆雅玛里克山为例[J]. 财经问题研究, 2013,（5）：71-77.

[17]万力, 王振. 贵州省环境保护状况的层次分析[J]. 贵州社会科学, 2013,（8）：135-138.

[18]刘春凤, 董建军, 郑飞云, 等. 模糊综合评价法在啤酒口感协调性品评中的应用[J]. 西北农林科技大学学报（自然科学版）, 2008,（3）：213-222.

第11章 建设低碳城市的机制对策

11.1 引 言

全球气候变暖问题是人类迄今面临的最重大也是最具挑战性的环境问题。它甚至已经潜移默化地影响了世界经济秩序和政治格局。目前，中国 CO_2 排放总量位居世界第一，在国际舞台上所面临的减排压力之大不言而喻。2014 年，国务院公布《2014-2015 年节能减排低碳发展行动方案》，该方案指出，2011~2013 年，中国部分指标完成情况落后于官方设定时间进度，形势严峻；要求 2014~2015 年，中国单位 GDP CO_2 排放量两年分别下降 4%和 3.5%以上。2016 年 11 月，国务院发布《"十三五"控制温室气体排放工作方案的通知》，明确提出到 2020 年，单位 GDP CO_2 排放比 2015 年下降 18%。2017 年，国家发改委发布《关于开展第三批国家低碳城市试点工作的通知》，确定在内蒙古自治区乌海市等 45 个市（区、县）开展第三批低碳城市试点。至此，国家低碳试点城市已经超过 100 个。

作为低碳试点城市，应该承担更多的节能减排责任，积极配合国家的宏观政策，分部门行动，践行各自的低碳减排目标。工业、建筑业、交通运输业为国民经济的支柱性产业，低碳城市的发展需要它们进行通力合作。本章拟从科技支撑、激励与考核、监督与控制、环境信息共享、公众参与、市场化运作几个方面进行设计，以求高效地达到低碳发展目标。

11.2 工业低碳优化机制

11.2.1 科技支撑机制

工业是国民经济的命脉，做好工业部门的低碳节能工作是重中之重。工业的低碳化生产离不开科技创新的支撑，同时，科技创新需要一定的资金保障，需要有完善的金融体系作为支撑。本节将从碳回收技术、工业企业采用节能设备推动新能源产业发展等方面论述工业企业如何实现低碳生产，最后对科技创新的金融保障体系进行阐述，保障科技创新无资金方面的忧虑。科技创新支撑体系如图 11-1 所示。

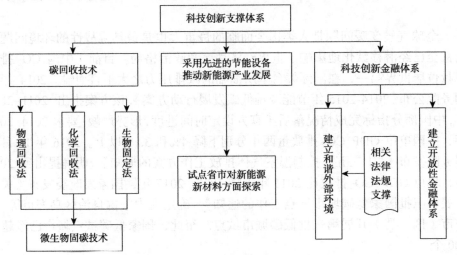

图 11-1 科技创新支撑体系

1. 择优选择碳回收技术

工业中对于 CO_2 的回收方法主要有物理回收法、化学回收法及生物固定法三种[1]。其中，物理回收法又包括物理溶剂吸收法和物理吸附法。化学回收法主要有 CO_2 固定化技术、CO_2 化学吸收技术、CO_2 薄膜分离技术、CO_2 化学吸附技术、CO_2 重组技术。当前主要的重组技术是触媒重组和电化学重组，考虑到电化学重组法产物难以控制，且一般会产生有毒的一氧化碳等气体，所以行业推荐采用触媒重组技术。而目前新兴前沿的生物固定法是运用微生物回收 CO_2，如利用微细藻类、光合菌类、球石藻类等固定 CO_2，其对 CO_2 的固定转化率更高，同时还可以产生高附加值产品。

综上，物理、化学方法只是将 CO_2 回收，暂时性储藏起来，却不能将 CO_2 转化成别的有用物质。虽然采用部分化学方法可以将 CO_2 转化成甲酸甲酯、甲醇等物质，但是转化的成本很高，不利于大规模回收利用。且化学回收法中采用重组技术会产生一氧化碳等有毒气体。因此，生物固定法有物理、化学回收法所不能比拟的优势，而且生物固定法可以产生高附加值产品。

2. 采用先进的节能设备，推动新能源产业发展

我国的工业企业中，很多设备都出现老化的问题，处于产业价值链中低端，产品资源能耗高，工业增加值率低[2]。为此，企业应引进先进的生产节能设备，并加快传统生产设备大型化、智能化改造，推进以节能减排为核心的企业技术改造。同时应加大对材料的回收利用，推动新能源产业发展，以风能、太阳能、生物质能利用为重点，加快发展可再生能源。

近年来，天津、广东、湖北、辽宁、陕西、云南等省市深入开展新能源实践，其中陕西以太阳能光伏、风电设备等为重点，构建起了技术领先，体系完备的产业链①，云南在"十三五"规划中规定了能源建设重点项目，大力推进了澜沧江中下游、金沙江中下游水电建设，新建了澜沧江糯扎渡、里底、苗尾、黄登、金沙江阿海、龙开口等一批水电站。在杨梅山、李子箐、罗平山、郎目山、马英山等地建立了一批风电场②。

3. 科技创新金融体系

习近平同志在十九大报告中指出，加快建设创新型国家。同时，科技创新也是低碳城市建设的未来保证。为此，我们应该保证科技创新的金融体系实现完美构建，在此提出以下建议。首先，建立和谐的外部环境。和谐的外部环境主要包括政策环境、法制环境和信用环境[3]。建立多层次的政策性担保体系，鼓励更多的投资者将资金投入创新型领域中，特别是节能减排创新型企业中[4]，发展政策性科技保险，完善科技金融体系法律法规[5]，对科技创新过程中的风险进行有效的控制。政府还应该设立专门的机构，主要管辖科技创新活动，通过各种财政手段（如直接贷款、税收减免、财政补贴等）引导金融体系的建设稳步前进[6]。同时加大科技创新的信用环境建设，从而吸引更多的资本投向科技创新行业。

其次，建立开放性金融机构。开放性金融机构在进行投资时通常情况下会面临下列几种技术选择：①国外先进技术的引进与吸收；②扩大引进技术的用途；

---

①http://govinfo.nlc.gov.cn/shanxsfz/xxgk/sxirmzf/201207/t20120720_2282581.shtml?classid=373.

②http://district.ce.cn/zt/zlk/bg/201206/11/t20120611_23397049.shtml.

③鼓励企业对引进技术的进一步开发[7]。我国企业完全依靠自主创新来寻求低碳生产技术进步并不现实。因此，技术引进和国际技术转移是我国多数企业寻求低碳生产技术进步的一种不可回避的选择。开放性金融机构在对投资目标进行选择时往往会参照国家低碳科技政策的方向，对符合政策的科技创新企业进行选择投资，同时还考虑企业的科技创新项目是否可行，然后对企业内部的低碳生产创新过程进行支持，对想向外扩展并且具有这种实力的企业提供支持。最后得出的结果，在企业层面上不仅可以提高企业低碳生产科技创新能力，而且可以分担企业的资金风险，使得企业资金得到合理的分配。

11.2.2　激励机制与考核机制

激励与考核有助于企业不断进行低碳生产的创新，同时有助于环保部门掌握企业低碳生产情况，为制定更加规范的考核体系提供依据。本节拟从激励机制与考核内容两方面进行分析，如图 11-2 所示。

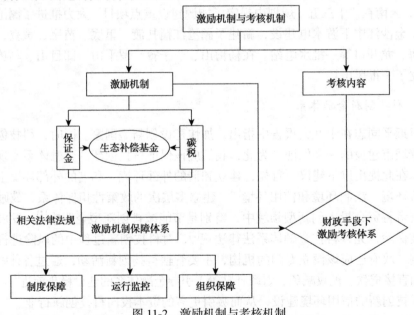

图 11-2　激励机制与考核机制

激励机制的制定应该具备公共产品的性质，在机制制定与提供方面，政府必须发挥主导作用，政府是主要推动力，但相应的机制运作必须建立在政府调控与市场相结合的基础上，政府有必要提供相应的经费。在实施激励的时候应该建立激励机制保障体系，包括组织保障、运行监控、制度保障等[8]。具体体系如图 11-3

所示。

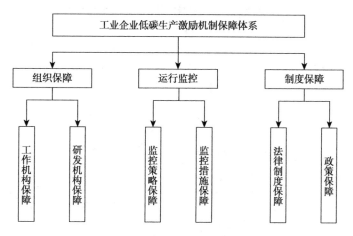

图 11-3　工业企业低碳生产激励机制保障体系

首先，要有组织上的保障，即能采取激励的工作机构，具体的激励实施部门及能研发出科学合理的激励机制的科研部门是激励机制的基础。其次，运行监控，不仅要有监控的策略，还要有如何实施监控的保障。最后，制度保障，这其中包括要在法律上对工业低碳生产的激励做出明确规定，让激励在法律上生效，同时政府还要制定出相应的关于低碳生产的政策，如对低碳生产的企业予以税收减免等。

对工业企业进行激励后，只有对其生产结果进行考核才能决定其是否实行了低碳生产，从而进一步制定奖惩措施。考核评价主要内容可以是企业节能减排化管理、计量器具等的配置、数据采集、数据分析报表、节能减排达标情况等。将企业的节能情况进行量化处理是考核的前提[9]，包括对企业一次能源和二次能源的量化。然后政府部门依据相关的标准对企业的废弃物排放达标情况、节能减排管理水平、节能减排计量器具配置数量情况等指标进行考核。

综上所述，对工业企业低碳生产进行激励才能保证企业进行低碳生产的热情，考核能检验企业低碳生产的实施结果，对考核不过关的企业进行处罚能调动企业的积极性。图 11-4 为财政手段下的激励考核体系。

图 11-4 中实线表示的是事权，虚线表示的是财权，对于企业的激励是先向企业收取一定的环境保证金，与企业签订节能减排责任书，严格实行问责制和"一票否决制"；对未完成节能减排指标的企业，扣罚经营者奖金，迫使企业利用国家节能技术改造财政奖励政策和鼓励先进技术设备进口政策，加快采用信息化等新技术、新工艺、新设备进行节能减排技术改造，目的是促使企业在生产过程中能降低碳排放，在政府等部门对企业进行考核，并且考核合格后，会将事先收取的保证金退还给企业，并且可以在税收上对企业给予优惠。

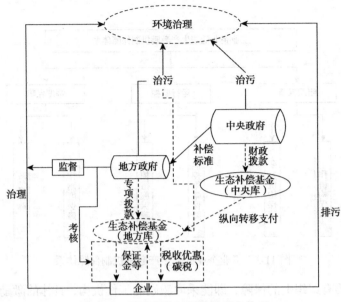

图 11-4　财政手段下的激励考核体系

11.2.3　监督与控制机制

对工业企业的生产过程进行监督与控制才能保证其生产过程始终按照低碳发展的宗旨进行。同时，监督与控制为对企业采取奖惩措施提供参考。本节拟从外部监督与控制和内部监督与控制两方面进行分析。工业企业监督与控制机制如图 11-5 所示。

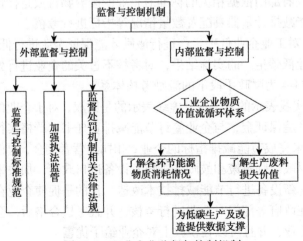

图 11-5　工业企业监督与控制机制

1. 外部监督与控制

外部监督与控制机制主要指执法部门根据相关排放规范对破坏低碳城市的行为和举措进行监督并依据相应的法律法规严肃处理。表 11-1 为我国监督与控制所依据的标准，当企业排放的"三废"达不到规定的标准时，监管部门就会依据表 11-2 的法律规范对企业进行处罚。

表11-1　我国监督与控制标准规范

分类	具体规范
环境质量标准	《环境空气质量标准》《地表水环境质量标准》
污染物排放标准	《水污染物排放标准》《淀粉工业水污染物排放标准》《酵母工业水污染物排放标准》《镁、钛工业污染物排放标准》《铅、锌工业污染物排放标准》《铝工业污染物排放标准》《陶工业污染物排放标准》《油墨工业水污染物排放标准》《铜、镍、钴工业污染物排放标准》
污染控制技术规范	《关于征求〈钢铁工业污染防治技术政策（征求意见稿）〉意见的函》
现场环境监察指南	《电解金属锰企业环境监察工作指南》《铅蓄电池行业现场环境监察指南（试行）》《污染源自动监控设施现场监督监察技术规范》《焦化行业现场环境监察指南（试行）》

表11-2　我国有关监督处罚机制相关法律规范

分类	具体法律规范
综合性环境法律法规	《中华人民共和国循环经济促进法》《中华人民共和国清洁生产促进法》《环境污染治理设施运营资质许可管理办法》《环境监察办法》
水污染防治	《中华人民共和国水污染防治法》《关于执行〈水污染防治法〉第五十九条有关问题的复函》《关于执行〈水污染防治法〉第七十三条和第七十四条"应缴纳排污费数额"规定有关问题的通知》《关于〈水污染防治法〉第二十二条有关"其他规避监管的方式排放水污染物"及相关法律责任适用问题的复函》
大气污染防治	《中华人民共和国大气污染防治法》
固体废物管理	《关于污（废）水处理设施产生污泥危险特性鉴别有关意见的函》《关于实行强制性环境信息公开的企业范围有关问题的复函》
环境监察执法	《环境行政执法后督察办法》《关于城镇污水集中处理设施直接排放污水征收排污费有关问题的复函》《关于向公共污水处理系统排放废水执行标准问题的复函》
环保法	《中华人民共和国环境保护法》

资料来源：http://www.12369.gov.cn

2. 内部监督与控制

企业内部的监督与控制可以从源头上解决企业的低碳生产问题，而且可以提高资源和能源的转化效率[10]。因此，在工业企业内部建立物质价值流循环体系具有重要的意义，能够了解企业在生产制造过程中每一环节所需的原材料与能量，同时还能够清楚地了解生产过程中产生的边角料等损失的价值，为企业进行低碳生产及改造提供数据支撑。本章拟建立如图 11-6 所示的工业企业物质价值流循环体系[11]。

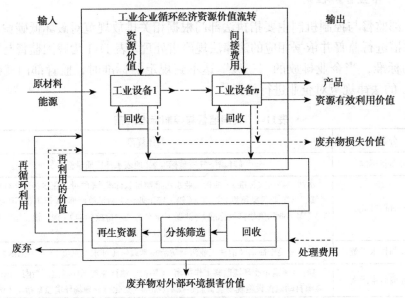

图 11-6　工业企业物质价值流循环体系

　　图 11-6 中的虚线表示价值流方向，实线表示物质流方向。在开始生产时对投入的原材料与能源进行记录，在每一步生产过程中计算投入的资源价值，并通过废弃物回收系统进行回收，然后生产再生资源，继续投入生产过程中，对回收所产生的处理费用也进行记录，最终对废弃物排放价值损失进行记录，让企业了解每一过程中的资源利用情况，从而为制定科学合理的低碳减排策略找准落脚点。

11.2.4　环境信息共享机制

　　建立环境信息共享机制，可以满足公众或企业及相关政府部门对企业生产的环境信息的需求，有利于环保部门对重污染企业进行跟踪调查。同时，也有利于企业间进行互相借鉴与参考。本节拟从构建环境信息共享平台方面进行分析。环境信息共享机制如图 11-7 所示。

　　目前，在我国低碳城市建设中，工业企业环境信息存在数据收集困难、收集标准不统一、环境信息共享流程不统一等诸多问题。因此，需要建立一个提供统一数据口径、统一数据库技术架构、统一技术平台、统一门户、统一对外环境信息交流的环境信息共享平台（图 11-8）。

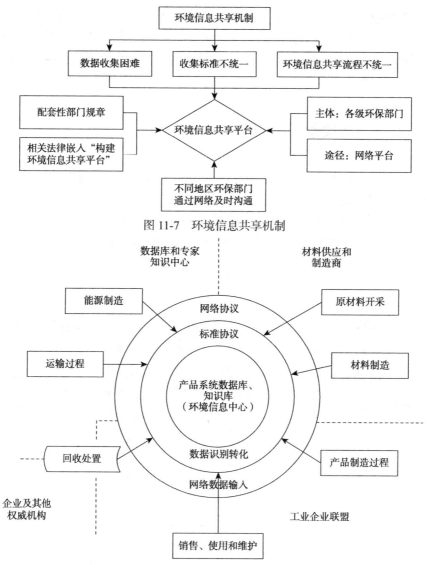

图 11-7 环境信息共享机制

图 11-8 环境信息共享平台

环境信息共享平台建立在网络基础之上，共享平台分为 4 个部分，分别是工业企业联盟提供产品制造过程，销售、使用和维护产品回收处置的部分环境信息；数据库和专家知识中心提供运输过程和与能源制造相关的环境信息；企业及其他权威机构联同数据库和专家知识中心共同提供有关回收处置的环境信息；材料供应和制造商提供原材料开采、材料制造相关的环境信息。各部分按照事先约定好的网络协议按照统一数据路径将信息数据输入，然后经过数据识别转化，最后形成可获取的环境信息中心数据库。环境信息的使用者可以通过付费的方式获得自已需要的环境信息，这样也能为环境信息平台的构建者提供资金方面的保证，从而能更好地保障平台的运行和完善。我国各地的市场化程度不同，从而导致环境信息质量也不同。不同地区的环保部门应该通过网络平台及时进行沟通[12]，努力构建统一的环境信息共享平台。

11.2.5　公众参与机制

工业企业的低碳生产是一项系统工程，涉及企业生产经营的各个方面，由于低碳生产具有外部性，可能会存在市场失灵和政府失灵。这就为公众参与机制提供了契机。本节拟从公众参与动因、公众参与对工业企业低碳生产的影响、健全公众参与机制三方面进行分析。公众参与机制如图 11-9 所示。

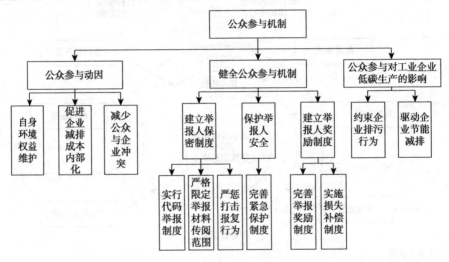

图 11-9　公众参与机制

1. 公众参与动因及对工业企业低碳生产的影响

公众参与可以约束企业排污行为。实施节能减排的前期需要投入大量的资本，这与企业的宗旨不相符，加之没有良好的制度环境和法律环境加以约束，企业就会忽视其生产活动给外部带来的损害，缺乏节能减排的动力。在公众参与监督企业行为的压力下，企业需要考虑如何节能、减排、推行低碳生产。为了提高自身的竞争力，企业会向公众披露自身的环境信息。此外，公众参与会驱动企业节能减排。企业是绝大多数产品的供给者，公众作为生产链条的末端，是主要的产品消费者。公众通过对企业产品的选择来驱动企业节能减排。美国学者霍尔提出的 $E=D\times H$ 可以反映出驱动理论的基本观点。E 表示从事某项活动的意愿，D 表示驱动力，*H* 表示习惯性。因此，企业进行节能减排的意愿程度取决于公众参与给企业带来的压力及企业节能减排所形成的习惯。在公众都提倡节能减排的时候，势必会带动企业进行节能减排。

2. 健全公众参与机制

由于我国对举报人合法权的实际保护还没有形成一个可行的制度性保障，公众担心在举报后会遭受打击报复。建议从以下几方面对公众参与机制进行改进。首先，建立举报人保密制度，如实行代码举报制度、严格限定举报材料传阅范围、严惩打击报复陷害行为等。其次，保护举报人安全。举报人及其亲友的安全得到保护，才能免除其后顾之忧，才有利于更多的公众参与到举报企业环境污染中来。最后，对举报人进行奖励，主要从主动奖励和损失补偿两方面进行。

举报人能够因为举报而获得奖励是调动举报人积极性的一项重要措施。应针对目前奖励规定的缺陷进行完善。首先，制定举报奖励的实施细则，对奖励的形式、时间程序等问题做出具体规定。其次，需要将举报人提供的线索与产生的社会效益衔接，确定具体的奖励数额。最后，对不愿公开领奖的公众采取代码形式发放，保护举报人。总之，检察机关应制定具体、透明的办法，按举报人的具体情况予以支付。

3. 试点省市公众参与机制

2013 年 7 月天津市下发《关于进一步加强 12369 环保热线值班受理工作的通知》，要求确保 12369 环保热线 24 小时畅通，对市民举报的环境污染问题实行属地管理，执法人员要及时赶赴现场进行妥善处理。让公众成为监督者，不仅极大地震慑了那些污染严重的企业，也加强了其自身严格控制污染物排放的意识。

湖北省出台《湖北省水污染防治条例（草案）》提交湖北省十二届人大二次会议表决。行政首长负责制是该条例的最大亮点。该条例规定，各级人民政府未完成水污染防治目标责任制的，由上一级政府或者监察机关，对其主要负责人进行诫勉谈话或者通报批评；不能尽职尽责，使辖区内水环境质量恶化，造成严重后果或者恶劣影响的，主要负责人应当引咎辞职。与此同时，针对企业排污"守法成本高，违法成本低"的现状，对拒不整改的违法单位、个人，可依法按天数每天进行处罚。

广东省清洁生产规划中强调，要发挥市场机制和鼓励公众参与的积极性，并颁布了《关于加快推进清洁生产工作的意见》《广东省清洁生产审核及验收办法》《广东省清洁生产推行规划（2010-2020）》等一系列的规范性文件。同其余试点省市相比，广东省在公众参与方面应加强力度。

辽宁省在《辽宁省应对气候变化实施方案》中提出提高公众环境意识，利用社会各界力量来实现低碳建设。另外，陕西省举办"生态文明推动力"推选活动，鼓励公众参与选举出"贡献企业",旨在增加企业和社会公众低碳意识[①],并启动了大气污染治理行动"全民监督""全民随手拍"活动等,鼓励社会公众对污染大气的企业等部门实行拍照取证,并向环保部门进行曝光投诉[②]。

11.2.6 市场化运作机制

用市场化手段代替行政手段解决资源环境问题已经达成共识[13]。本节拟从碳排放权交易、低碳产品推广两方面进行分析。市场化运作机制如图 11-10 所示。

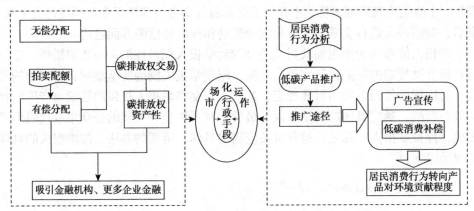

图 11-10 市场化运作机制

1. 碳排放权交易

发展碳排放权交易是推动低碳经济的重要途径,并且可以推动相关领域的金融创新[14]。专门机构的专家预测,在未来几年内,全球碳交易市场总交易额将达到 1 000 亿美元以上[15]。中国没有碳排放交易的定价权,议价能力也相对较弱。同时,碳交易法规体系也不健全,在中国碳排放权初始分配的时候也不合理。但是,根据中国碳排放交易网消息,中国将用三年时间建成全国性的碳交易市场,将成为继欧盟之后的第二大碳交易市场[15]。

最初,金融机构在碳排放权交易中只是担当着中介的角色。但是后来金融机构逐渐意识到碳排放权交易的潜力而参与到碳排放权交易中来。金融机构的参与进一步扩大了碳排放交易市场[16]。交易市场的成熟起到了促进作用,而一个成熟的交易市场反过来又可以吸引更多的企业参与进来,这样就有利于促进企业进行减排低碳生产。

---

① http://www.chinanews.com/df/2013/08-01/5113195.shtml.

② http://www.gesep.com/news/show_1_339187.html.

2. 低碳产品推广

在对工业低碳产品进行推广之前，应对居民低碳消费行为进行研究，找准切入点才能有效地实施低碳产品推广。

（1）居民低碳消费行为。

计划行为理论分析了个体心理因素通过行为意愿作用于行为的路径，居民的个人心理因素在很大程度上会影响低碳产品消费行为[17]。产品在满足消费者基本使用功能的同时，还具有在生产、消费和消费后的处置过程中碳排放量比较低的特征。根据可持续发展理论，低碳消费必将是未来的发展方向，消费者也会从完全注重产品的使用价值转向产品对环境的贡献程度。

（2）低碳产品推广途径。

可以通过以下方式对低碳产品进行推广。第一，进行低碳公益广告宣传，广告宣传可以让公众消费者认识到低碳产品的环境附加价值，当通过广告宣传知道低碳产品的重要性后，消费者就会倾向于选择低碳产品[18]。第二，对低碳产品消费进行补偿，政府部门可以通过税收和财政补贴的形式来降低公众消费者购买低碳产品的成本，同时还可以激励公众消费者购买低碳产品[19]。

11.3　建筑业低碳优化机制

11.3.1　科技支撑机制

低碳城市建筑业物质流优化机制中的科技支撑机制从两方面入手进行科技创新技术的推广：一方面从硬技术入手；另一方面从软技术入手。

（一）硬技术支撑

1. 发布行业标准，建立统一规范

（1）"节能建材"的行业标准。

通过发布并实施有关节能建材建筑工业行业产品标准，建立建材统一规范，推广建筑行业对节能建材的使用技术。

（2）"技术规范"的行业标准。

规范建筑行业各项技术，逐步向低碳城市建筑业进行推广。《工程施工废弃物再生利用技术规范》力推高性能绿色节能建材及其先进制造技术和支撑战略性产业发展的新材料技术。

（3）召开建筑科学技术推广会议。

政府及各相关部门可以通过召开会议推广建筑科学技术，鼓励企业生产绿色建筑材料、房地产开发商开发绿色建筑楼盘、施工单位进行绿色建筑设计与施工。

（4）通过财政补贴推广建筑科学技术产品。

为推广某项节能材料技术的应用开展，鼓励企业生产节能建筑材料，政府可以委托其他方采用公开招标的形式推广技术，确定推广企业及供货价格并以财政补贴的形式使消费者受益。

（5）推行绿色建筑、装配式建筑。

2017 年 3 月 23 日，住房和城乡建设部印发《"十三五"装配式建筑行动方案》，明确提出到 2020 年，全国装配式建筑占新建建筑的比例达到 15%以上，其中重点推进地区达到 20%以上，积极推进地区达到 15%以上，鼓励推进地区达到 10%以上。

2. 设立科技专项基金，建立科技项目

（1）住房和城乡建设部组织实施的世界银行/全球环境基金"中国供热改革与建筑节能项目"，旨在运用科技手段提高中国寒冷地区的城市住宅及集中供热系统的能效，提高能源利用率。

（2）住房和城乡建设部建筑节能与科技司发布了有关水专项"城市污水厂污泥处理处置设备装备产业化"等 13 个课题申报指南的通知，该项目的设立有利于促进国内自主研发污水污泥处理设备、建立污水污泥处理处置装备的标准规范[①]。

（二）软技术支撑

1. 劳动者素质

对施工单位的管理者及基层人员进行低碳施工概念的普及，提升工作人员的环保素质、环保意识及环保知识，以便更快更有效地实现建筑业低碳化；对我国建筑业实行绿色监督、检测、考核的专家进行培训，普及有关绿色建筑方面的国家标准，熟悉掌握绿色建筑评价方法流程。

2. 经营管理水平的改进

经营管理水平是否低碳化、绿色化是这一部分需要考虑的内容，建筑业企业为了实现施工项目的节能减排，需要改进企业的经营管理决策水平。

---

①http://www.chinaeeb.com.cn.

11.3.2　激励机制与考核机制

对建筑业企业进行激励与考核是加快推动建筑企业落实低碳发展的重要方式。激励机制与考核机制框架图如图 11-11 所示。

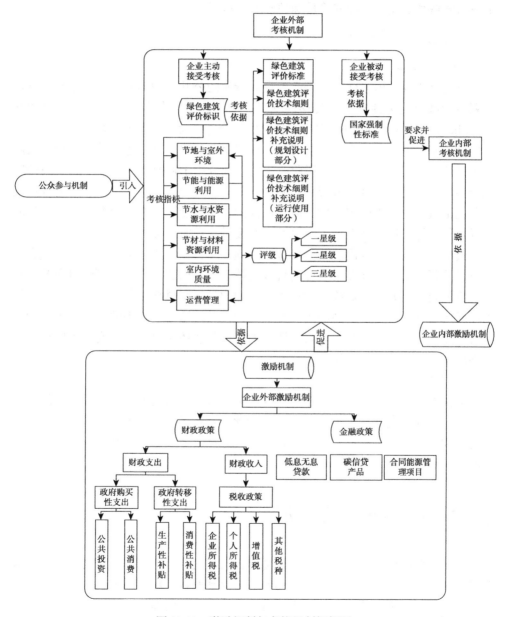

图 11-11　激励机制与考核机制框架图

1. 企业外部考核机制

企业外部考核分为企业主动接受考核和企业被动接受考核，企业被动接受考核是指建筑业企业需按照国家颁布的有关节能建材、技术规范的强制性标准进行项目的施工，企业主动接受考核是指企业向相关部门提出申报绿色标识的要求，由住房和城乡建设部主导并管理绿色建筑评审工作。

2. 企业外部激励机制

1）财政政策

首先是财政支出方面，它是政府及其所属的公共机构的开支。根据其经济性质划分为政府购买性支出和转移性支出。对于购买性支出，政府可以采用 PPP（public-private partnership，政府和社会资本合作）投资的形式进行绿色基础设施（包括道路、桥梁、公园等）的建设，根据企业的绿色方案进行筛选招标。而政府转移性支出实际上是政府将税收收入的一部分用于财政补贴。对于生产性补贴，政府为了鼓励建筑业企业进行绿色施工、低碳生产建造，根据建筑评价的等级及企业施工过程中产生的碳排放量制定不同的补贴制度。而对于消费性补贴，政府可以每年或每几年为低碳城市建筑类企业拨付一定的资金。

其次是财政收入方面。政府可以比较施工项目在资源、能源利用及环境方面的技术差距，灵活设计多种多样的税收支持方式，构建一个复合型建筑业节能减排税收体制。例如，企业施工过程中采用的均是运用科技手段进行绿色生产的绿色环保建筑材料，可实行高的进项税额抵扣税率；施工过程中的环保型生产设备实行加速折旧；对于一些企业自行研发的建筑节能环保材料，政府也可以在原有税制的基础上给予一定的税收优惠。

2）金融政策

最快捷的途径是制定激发性补贴等政策，鼓励银行为低碳建筑项目、绿色建材生产企业等提供低息、无息贷款[20]。为此，银行可以针对低碳建筑项目设置快速的贷款审批流程，支持其融资，将温室气体排放等级与贷款利率挂钩，设置不同的贷款利率。

11.3.3　监督与控制机制

监督与控制机制主要分为企业外部监督与控制和企业内部监督与控制，外部监督主要包括建筑材料产品监督、建筑节能标准监督、施工质量监督、节能工程财政资金监督、绿色项目评价标识监督、公共建筑节能监管、检测认证机构监督和舆论监督。内部监督与控制按照施工项目流程分为三个环节：建筑设计环节、建筑施工环节和建筑竣工环节。监督与控制机制框架图如图 11-12 所示。

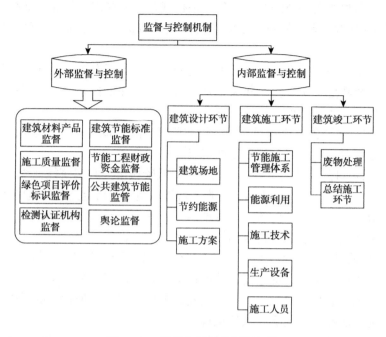

图 11-12　监督与控制机制框架图

构建低碳城市建筑业物质流优化监督与控制机制可以实现对施工项目从投入到产出一系列过程的环境监测，对环境污染行为及时采取措施加以遏制，对环境污染结果可以及时进行补救，对资源利用情况能够准确了解并为政府及企业内部制定监督控制决策提供依据。借鉴《北京市"十三五"时期民用建筑节能发展规划》及住房和城乡建设部建筑节能与科技司的有关规定，将低碳城市建筑业物质流优化监督与控制机制分为外部监督与控制和内部监督与控制，外部监督与控制的主体主要是环保部门及住房和城乡建设部等相关部门，其所要监督和控制的主要内容如下：

（1）加强对建筑材料和产品的监督。相关主管部门加强对与建筑节能有关的材料、产品、设备的质量监督，对违法销售、采购、使用假冒伪劣材料设备者依法查处，公开曝光，将违法者清退出建筑市场。另外，低碳城市通过颁布相关材料推广、禁止使用的目录淘汰落后建材设备。

（2）加强对建筑标准执行情况的监督。为保证建筑施工项目从设计到施工再到验收环节每一个部分都严格按照建筑标准执行，主管部门需要对项目的施工图纸文件进行审查，要求建筑节能专项进行备案，对违反建筑节能规定和强制性标准的行为依法查处，公开曝光，直至清退出建设市场。

（3）加强对建筑节能项目的施工质量监督。进一步加强对建筑节能工程施工质量验收工作和薄弱环节的监督管理，根据现行有关规定、行业标准技术规范及相关主管部门的职责，建立施工质量监督体系，创新建筑节能项目施工质量监督方式。

（4）加强对建筑节能项目财政性资金的监督。对于有关绿色建筑项目标识的奖励性补贴及其他补贴资金，相关主管部门需按条件审核立项，按规定程序审核后拨付并组织审计和考评。

（5）加强对绿色建筑项目评价标识的监督。相关部门可以设置监督施工图审查机构来进行对绿色建筑设计的专项审查。

（6）加强对公共建筑节能的监督。开展低碳城市公共建筑能耗统计、能源审计及能效公示工作，扩大能耗动态监测平台试点范围。制定公共建筑的能耗定额、用能系统节能运行规程和建筑节能管理制度，健全建筑节能管理机构，建立健全节能岗位责任制，加强公共建筑和供热企业的节能管理。

（7）加强对检测、认证机构的监督。建立和完善建筑节能检测、认证机构能力与诚信信息记录平台，促进建筑节能检测、认证市场的公平竞争，建立建筑节能检测、认证行业自律机制。严厉查处建筑节能检测、认证领域的弄虚作假、商业贿赂行为，取缔违法检测、认证机构。

（8）加强舆论监督。对于质量好的工程项目及相关企业，加大宣传的力度；对于一些新闻报道有关工程质量问题的施工项目，当地主管部门需要及时核实，若情况属实，要依法处理，若情况与报道有所出入，需要向社会公众说明实际情况。并且，加快推进建筑行业的环境信息披露制度，建立有效的监督方式，促使企业进行低碳减排。

11.3.4　环境信息共享机制

构建低碳城市建筑业环境信息共享系统，一方面有助于政府及时了解建筑业的各种资源消耗信息、环境污染信息，以便及时制定相关政策，维护生态环境；另一方面社会公众也可以通过环境信息共享系统获取自己身处的环境是否安全、建筑施工行业的运营是否对其健康和安全造成了威胁、国家是否对环境污染行为进行了有效遏制等信息。

1. 环境信息共享机制概念设计

环境信息共享机制主要是通过互联网服务器，架构起企业和用户之间信息交流的桥梁。企业将环境信息数据录入综合数据库中，通过网络服务器的传输，外部用户可进行信息查询，从而达到环境信息共享的目的。

低碳城市建筑业环境信息系统主要由三部分组成：第一部分是数据库信息系统，主要包括属性数据和空间数据。属性数据的环境信息主要包括施工单位的基本情况，施工单位在施工前、中、后为预防出现环境污染问题制定了哪些环保策略及出现问题时的补救措施，施工所产生的资源消耗信息包括能源消耗和水资源消耗，环境污染信息如废水、废气、固体废弃物及其他污染（如噪声污染）的信息，施工单位在环保方面所产生的正面效果包括施工单位环境污染的治理情况、取得的环境绩效指标有哪些，运用科学技术手段减少污染物的排放以及提高的能源利用率，企业在环保方面取得了哪些认证以及企业通过实施环保行为得到的政府的表彰和荣誉；空间数据主要是低碳省市的地图概况。第二部分是网络服务器：低碳城市建筑业环境信息共享系统，它是连接数据库和客户端的枢纽，提供数据的存储和管理功能，当客户端的用户做出请求时，完成各种信息处理的任务，将处理好的用户需求的信息反馈给客户。第三部分是客户端，客户端是由政府用户界面和公众（个人）用户界面组成的，完成环境信息共享系统与用户之间的交互对话[21]。

2. 环境信息共享机制流程及 XBRL 输出文档

如图 11-13 所示，内部用户通过互联网或者是内部局域网将数据库中的信息录入系统，并对数据及时进行更新。但内部用户在录入环境信息数据前需要通过用户认证以确保信息来源真实可靠；数据输出模式以 XBRL 文档形式输出，以便用户查阅；内部用户需提供专职人员为政府提供在线服务，以便政府及时与该公司取得联系，进行资料审核、监督管理，并提出针对性的政策措施。客户端的界面主要是为外部用户而服务的，外部用户可以通过互联网直接进入，对所有公众开放，用户在网络浏览器上可以进行用户注册、登录、查询及反馈；在用户界面还设置了政府登录窗口，对政府相关人员提供在线服务，政府工作人员的反馈系统主要是发布一些政策信息。内部用户通过数据库平台接受外部用户的监督考核，外部用户接收环境信息后通过该平台做出信息反馈。

XBRL 用于处理非结构化的财务数据，将国际会计准则与计算机语言结合在一起，通过在商业报告中添加特定的分类标签，将财务报告分成不同的数据元，经过信息技术规则用唯一的数据进行标记以形成标准化规范，使计算机能够读懂并处理财务报告。我国财政部可以与环保部门合作，根据 XBRL 技术规范制定相应的《低碳城市建筑业环境信息通用分类标准》《低碳城市建筑业环境信息通用分类标准指南》《低碳城市建筑业环境信息通用分类标准清单》，编制方建筑业企业及金融机构可以根据分类标准及技术规范的要求，利用相应的软件制作生成 XBRL 实例文档，利用展示转换工具将实例文档中保护的财务或环境报告书的发

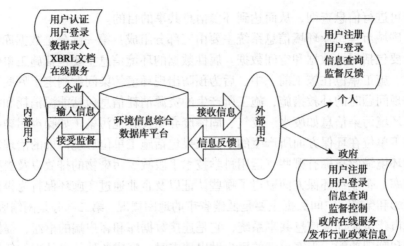

图 11-13　环境信息共享机制信息传递图

布格式进行编排生成各种格式的报表，供使用者阅读理解；监管方根据一定的技术规范和分类标准对编制方制定的环境信息进行监管，对分类标准开发的有效性进行验证；使用方可以从实例文档中提取所需要的数据，利用分析处理工具进行处理分析，形成分析结果。

11.3.5　公众参与机制

公众参与机制是将社会公众纳入低碳城市建筑业优化中，根据已有的法律支撑体系设计适合低碳城市建筑业的工作参与机制。从宏观（法律法规方针政策）、微观（企业项目生命周期）两方面，分三大阶段进行工作参与机制的设计。最后通过机制设计以期在立法、公众环保意识、企业监督机制的贯彻落实上及环境信息共享机制的建立等方面得到完善。

建立低碳城市建筑业物质流优化公众参与机制，一方面可以通过公众的加入监督施工单位是否进行节能优化，并及时采取措施；另一方面也可以使公民了解自己所处环境是否健康安全，及时反馈以便政府制定相关政策或及时通过法律手段遏制施工单位的高污染高排放的"粗放型"经济行为。

低碳城市建筑业公众参与机制分为三大部分，分别是预案参与（即事前参与）、过程参与（即事中参与）、末端参与（即事后参与）。从政府角度出发，主要就是推进相关立法，强制企业进行环境信息的披露，通过宣传来加强公众环保意识和知识等。微观角度就是站在公众的立场行事。首先是公共参与信息立法，参与项目每个运营设计阶段，从全局视角考察项目的技术可行性、可能存在的环境问题及企业的解决方案，然后提出反馈意见，企业以此进一步修改、整合方案。在项目终结之后，监督项目的废物处理情况[22]。

11.3.6　市场化运作机制

市场化运作机制主要是以政府部门作为主导，从三大方面将低碳城市的建筑业物质流优化纳入市场运作中，以建筑业的节能减排为根本目标。通过制定规则、市场准入和监督协调进行计划指导，制定规则职能中的法规方针可以引导企业进行低碳施工并积极贯彻落实，为消费者制定的政策方针一方面可以使企业了解消费者的绿色建筑需求，另一方面促使消费者细化其对绿色建筑的需求。市场准入职能中提出的政策可以为建筑业企业进行项目设计提供依据，监督协调职能中推出的四大机制可以使企业进行市场化运作以便更好地为消费者服务。

11.4　交通运输业低碳优化机制

11.4.1　科技支撑机制

推动交通运输业的可持续发展，需要建立完善的科技创新机制。完善的科技创新机制需要创新环境做支撑，需要创新组织、机制、政策等予以支持，还需要不断丰富的创新活动，如对节能车辆、节能枢纽、绿色能源、智能交通系统的大量推广及技术改进，来促进不断发展。节能交通运输科技创新机制如图 11-14 所示。

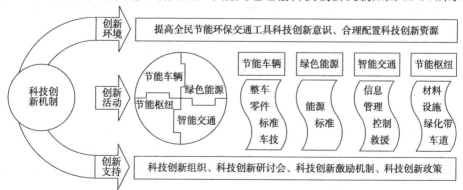

图 11-14　节能交通运输科技创新机制

1. 节能车辆

节能车辆在节能交通运输中起着至关重要的作用，所以需要我国通过不断推广节能交通工具、提高车辆准入门槛、更新车辆零部件的技术等创新举措来促进节能运输。

1）推广节能交通工具

推广节能交通工具可通过以下几种方式：

（1）推进交通模式转变，在大城市中大力发展轨道交通，如地铁、轻轨等。

（2）将汽车的零部件逐步更换为节油、节能汽车零部件如低排放节能型发动机，引入能源管理系统，采用相关节能工艺技术等。

（3）采取划定区域禁行、经济补偿等方式，逐步淘汰高耗能及老旧车辆。

（4）推广新能源汽车，如电动公交车、电动轿车、太阳能电动车、电动升降车等。公交、环卫等行业和政府机关率先使用新能源汽车，采取直接上牌、财政补贴等措施鼓励个人购买。

2）提高车辆准入门槛

在提升燃油品质至国Ⅳ或粤Ⅴ的同时，加紧更换车辆排放技术，使之达到车辆排放标准。很多地区已经先后按照《道路运输车辆燃料消耗量达标车型车辆参数及配置核查工作规范》进行核查，逐步提高当地机动车准入门槛，从源头上减少高耗能车辆的使用。

3）更新与开发轮胎技术

延长轮胎使用寿命，有学者证明随着在用车使用时间增长，轮胎的磨损程度也随之增大，轮胎磨损后导致轮胎与路面间摩擦力显著降低，影响到车辆的动力性、经济性和牵引性能，对汽车的排放有直接的影响，所以，要继续研究轮胎耐磨技术，降低轮胎在汽车排放上的影响。

4）保持车辆良好的技术状况

做好日常养护，确保汽车在最佳状态下行驶，特别要经常检查轮胎气压和机油，尽量减轻车辆的无谓承载；强化对车辆二级维护执行情况的检查，保证车辆处于良好状况，减少车辆磨损，降低油耗；提高维修质量，建立健全维修救援网络，扶持维修企业上规模、上档次，组织开展从业人员技能培训，提高维修水平。

2. 绿色能源

车辆的尾气是大气污染的主要来源之一，虽然车辆的排放标准、节能技术等逐渐受到重视和严格的控制，但能源的不充分燃烧及能源品质低下的现状造成的问题并没有受到高度重视，所以我国需要通过推广绿色能源、提升柴汽油油品的各种创新活动进一步促进节能运输。

1）推广绿色能源

我国交通运输业能源消耗多以柴汽油为主，车辆尾气污染物含量较大。为了进一步治理大气污染，需要改善能源使用结构，加大对天然气、电力等能源的使用范围；使用环保型的柴汽油以清洁汽车的引擎，减少引擎的摩擦力，提高汽车的性能。

2）提升柴汽油油品

目前我国燃油品质不高，导致车辆燃油不充分，排放尾气污染更严重。因此，迫切需要提升我国燃油品质，提升能源使用过程中的燃烧率。

3. 智能交通系统

智能交通系统结构图如图 11-15 所示。目前世界上应用该系统最为广泛的地区是日本，如日本道路交通信息通信系统（vehicle information and communication system，VICS）相当完善和成熟，美国、欧洲等地区也普遍应用。在中国，北京、上海等地也已广泛使用。

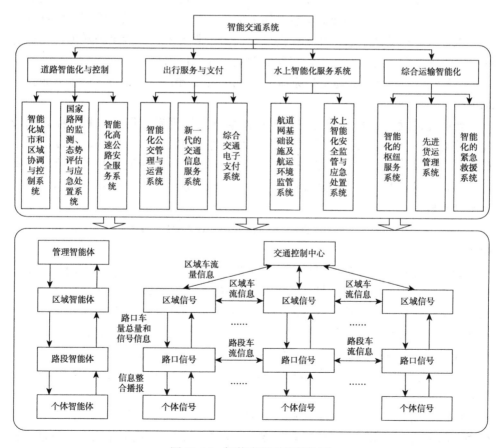

图 11-15　智能交通系统结构图

（1）扩大电子不停车收费（electronic toll collection，ETC）系统的覆盖面。

近几年机动车辆迅猛增加，公路网交通流量急剧增加，部分公路因停车收费造成交通拥堵的现象时有发生。ETC 的规模使用会在大幅提升服务水平的同时实现节能减排、节约土地和节省费用，形成绿色的公路交通运输服务体系。2017 年交通运输部发布数据称，"十二五"时期，全国高速公路 ETC 平均覆盖率达到了60%，ETC 车道数达到 6 000 条以上，ETC 用户量超过 500 万个。"十三五"时期，全国高速公路 ETC 平均覆盖率达到 85%，实现全国高速公路 ETC 联网运行，ETC 用户量超过 8 000 万个。

（2）进一步推广交通信息服务系统（automatic terminal information system，ATIS）。

现阶段交通阻断事故及交通拥堵等造成车辆机器损耗、环境污染、能源问题等日趋严重，公众在出行过程中对及时、准确的日常道路状况及突发事件等信息的需求日益旺盛。因此，我国须进一步开发应用交通信息服务系统，向公众实时发布道路交通信息、公共交通信息、换乘信息、交通气象信息、停车场信息及与出行相关的各种其他信息，在不断提升交通出行服务质量以满足公众出行要求的同时，为出行者节约出行成本，实现节能减排和绿色出行。

（3）进一步推广交通管理系统（automatic terminal management system，ATMS）。

智能化的交通管理系统首先可以提供给交通管理者，用于检测、控制和管理公路交通，在道路、车辆和驾驶员之间提供通信联系，有效管理路段信息、车辆等。另外还可以推广该系统在车辆上的使用，使车辆能避开拥堵路段，根据系统提供的信息沿着最快的路线到达目的地，提高工作效率并减少燃油消耗和尾气排放。

（4）进一步推广公共交通系统（automatic public transportation system，APTS）。

公共交通作为一种绿色出行方式，迫切需要对其进行改革。一方面是使用新能源电动公交，另一方面就是采用公共交通系统，使公共交通越来越便捷。该系统通过个人计算机、闭路电视等向公众就出行方式和事件、路线及车次选择等提供咨询，在公交车站通过显示器向候车者提供车辆的实时运行信息，促进居民出行方式格局的改变以降低私家车的使用从而减少尾气排放量。

（5）进一步开发和应用车辆控制系统（automatic vehicle control systems，AVCS）。

可以增加公路的通行能力、减少道路阻塞、减轻环境污染的系统还有智能化车辆控制系统。该系统包括安全预警系统、防撞系统、视觉强化系统、救难呼救系统、车辆行驶自动导向系统、环保系统。其中对交通运输业节能环保最重要的一环就是环保系统的使用。该环保系统可以由电脑检测控制燃油、燃烧、排放等情况，以取得最佳排放效果；同时还可以控制汽车的噪声以减少噪声污染。

（6）进一步开发和推广货运管理（commercial vehicle operations，CVO）系统。

由于现代物流的高速发展，各运输企业为节省成本采用高耗能车辆及高排放能源，货物超载的现象时有发生，其大气污染及噪声污染不断加大，这就要求进一步开发和推广货运管理系统。综合利用卫星定位、地理信息系统、物流信息及网络技术有效组织货物运输，提高货运效率。

（7）进一步开发和应用紧急救援系统（emergency management system，EMS）。

一直以来，危险化学品的泄漏引起的交通事故时有发生，不仅给人身健康安全带来隐患，也对环境造成较大影响。同样，我国现有处理紧急事件的时间还较长，造成交通拥堵同样使车辆对环境污染的影响加大。这就要求我们进一步开发和应用紧急救援系统。该系统基础是 ATIS、ATMS 与有关的救援机构和设施，为道路使用者提供车辆故障现场紧急处置、拖车、现场救护、排除事故车辆等服务，降低交通事件紧急救援延误时间，从而减少人员伤亡和环境损失。

4. 节能枢纽

随着交通运输业的不断发展，交通场站枢纽及线路通道规模不断扩大，其能源消耗量也随之增大，我国需要通过建设线路通道材料及配套设施等创新活动促进节能运输。

1）使用低碳材料建设线路通道

我国的高速路干线越来越多，利用率越来越高，高速路的建设对环境有较大的影响。我国应该在不断建设过程中开发使用既能满足道路要求，又可以节能环保的低碳材料。

2）交通场站枢纽及线路通道使用节能配套设施

近几年随着交通运输业发展壮大，各交通场站枢纽规模越建越大，交通场站的配套设施消耗大量的能源应该受到重视。我国应对交通场站枢纽及各配套设施积极推广太阳能设施，如节能灯。高速公路服务区建设中，建筑物选用保温隔热材料，机电、照明等结构选用节能材料，并采用太阳能热水系统、地源热泵等技术。

3）在交通基础设施周边建设绿化带

道路交通营运会显著影响沿途周边环境。机动车尾气排放、机动车噪声、机油和燃油泄漏、路面磨蚀和货物抛撒等都是道路污染的主要污染源。因此我国在发展道路交通的同时，要在周边建造绿化带，降低机动车尾气排放、噪声等对道路的污染。

4）推广快速公交

快速公交和自行车是较好的绿色出行工具，为了促进居民出行方式的变革，就要做好快速公交及自行车的道路支持。我国应在人口量及流动量较大的城市，积极建设快速公交专用车道，推广快速公交；同时也可以建立慢行交通道路，推广自行车，真正做到促进节能减排。

11.4.2　激励机制与考核机制

为了促进交通运输业的节能减排政策、项目的有效推行，我国需要完善制定相应的激励与考核机制（图 11-16）以调整交通运输业耗能结构，促进高能耗、高污染交通运输企业转向低耗能和低污染交通运输企业，加大对节能环保技术应用的支持力度。

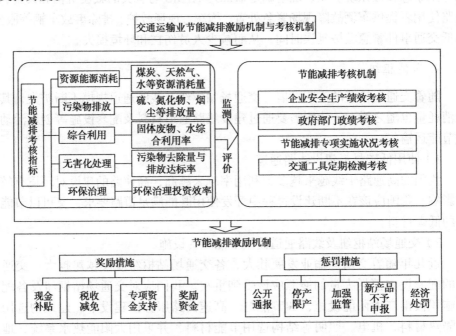

图 11-16　交通运输业节能减排激励机制与考核机制

1. 完善我国交通运输业节能减排考核机制

为了继续加强能源管理，减少资源浪费，降低尾气污染物排放，需要继续完善我国的交通运输业考核机制，通过建立一系列节能减排指标，赋予权重系数，对企业安全生产绩效进行考核；将指标加入政府部门政绩进行考核；对通过的节能减排项目的实施进展情况及环境影响状况进行评估考核；对交通工具进行定期检测考核。在考核完成后，还需建立相应的激励机制，对符合考核标准的企业、政府部门、项目等给予一定的奖励，而对不符合标准的要给予惩罚。

2. 对交通运输企业扩大节能减排专项基金的覆盖面，加大资金支持力度

2011 年我国财政部颁布《交通运输节能减排专项资金管理暂行办法》，交通运输节能减排专项资金第一批支持项目从 2012 年开始，共 89 个项目，总补助额 1.5 亿元。各行各业的节能减排工作需要消耗大量的资金，所以国家各省区市需要设计配套的财税政策以支撑和保障各部门的节能减排工作。我国的配套税收政策还在研究过程中，但是各省区市财政支持力度越来越大。

3. 对严重不满足标准的企业进行经济惩罚

为了交通运输业节能减排政策更好地推广、实施，我国需要奖惩并进，所以除了对积极响应节能减排的交通运输企业给予奖励外，还需对严重不满足标准的企业给予一定的惩罚，以起到震慑效果。

11.4.3　监督与控制机制

交通运输部门设有专门的节能减排工作领导小组并下设节能减排与应对气候变化工作办公室对交通运输业的节能减排进行严格的监督与控制。我国需要该工作小组继续完善加强节能减排计划与工作，通过完善交通运输业节能减排指标体系、继续完善机动车排气污染物防治实施方案等手段加强监督与控制。

1. 完善交通运输业节能减排标准体系

交通运输部门的节能减排监督与控制需要一个确定的标准体系作指导，具体如图 11-17 所示。

2. 继续强化交通运输节能减排统计监测

节能减排统计监测有助于节能减排工作领导小组掌握节能效果，根据检测数据分析编制进一步工作计划。监测信息主要包括对全国及各地区节能降耗进展情况的监测、对地区单位 GDP 能耗及其降低率数据质量的监测等。

3. 完善机动车排气污染物防治实施方案

机动车排气污染物已经对各行各业及人身健康等产生了较大的不利影响，我

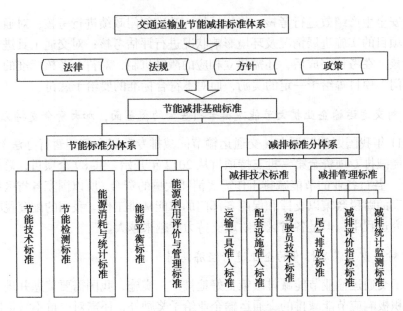

图 11-17　交通运输业节能减排标准体系

国迫切需要加紧完善机动车排气污染物防治实施方案以挽回环境污染越发严重的态势。需要设置专门的机动车节能减排定期检验的机构，实施统一的机动车环境保护定期检验和标志分类管理。

4. 继续推进低碳交通运输体系建设城市试点

2011 年，交通运输部确定了第一批交通运输体系建设低碳试点城市，即天津、重庆、深圳、厦门、杭州、南昌、贵阳、保定、无锡、武汉 10 个城市，2012 年 2 月，交通运输部发布《关于开展低碳交通运输体系建设第二批城市试点工作的通知》（厅政法字〔2012〕19 号），开始对试点城市进行工作总结。本书第 5 章已经对天津、湖北交通运输业数据做了分析，发现近几年这些低碳试点省市交通运输业节能减排工作已经初有成效，所以我国需要继续推进低碳交通运输体系建设城市试点。

5. 对交通基础设施生产企业建立统一的低碳产品认证制度

交通运输业基础设施需要使用节能产品，所以我国需要对这些生产企业建立统一的低碳产品认证制度，对符合低碳环保标准的产品，在税收及市场准入方面给予优惠，而不符合的应尽快淘汰。另外，我国在建立统一的低碳产品认证制度时应实行统一的低碳产品目录，统一的国家标准、认证技术规范和认证规则，统一的认证证书和认证标志，产品生产者或者销售者可以委托认证机构进行低碳产品认证。

11.4.4　环境信息共享机制

建立交通运输业环境信息共享机制（图 11-18），发布交通运输业节能减排信息，使环境数据在所有用户中实现共享，实现各类数据的及时关联。这是交通运输业环境管理工作发展的必然趋势，将为环境管理提供强有力的技术支撑。

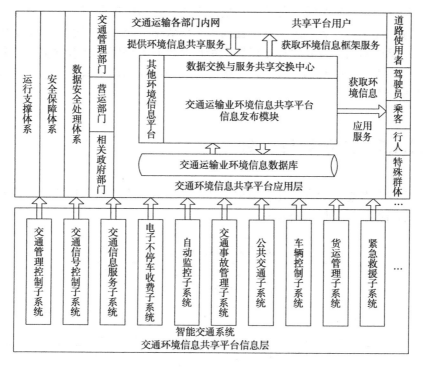

图 11-18　交通运输业环境信息共享机制

1. 完善交通运输业环境信息共享政策

部门颁布的共享政策应继续完善以下几方面：各排污单位向社会公开其环境信息，环境信息包括主要污染物的名称、排放方式、排放浓度和总量、超标情况，以及污染防治设施的建设和运行情况；承担的相应法律义务与责任；公布环境信息的时间；环境信息共享程度；促进环境信息共享的奖励与惩罚措施。

2. 完善交通运输业环境信息共享管理机制

为了保障环境信息开发利用和资源共享，我国需要建立完善的环境信息管理制度，以服务于环境保护管理。通过国家颁布的各项环境政策指导、统筹开展环境信息化工作，制定符合环境保护特点的总体规划，监督信息化规划和项目实施；在公共基础数据无偿使用的同时，放开搞活公益性数据的有偿使用，逐步提高环境信息共享程度。

3. 开发更新交通运输业环境信息共享服务系统

在交通运输业环境信息共享服务系统建设和信息资源开发利用方面，我国还需要进一步开发更新。根据环境管理开发的需求，我国已先后建立了办公自动化系统、建设项目管理系统、环境统计信息系统、排污申报登记系统、卫星遥感应用系统等，优化了业务管理流程，提高了工作效率。今后我国还需要建立交通运输业环境保护网站，及时将环境保护决策程序、服务程序、办事方法、结果等向社会公开，为社会公众提供权威性、综合性、规范性的环境信息服务，逐步推动环境信息共享。

11.4.5 公众参与机制

公众参与节能环保有着比较重要的作用，尤其是在交通运输业，公众参与机制（图 11-19）是一种长效机制。

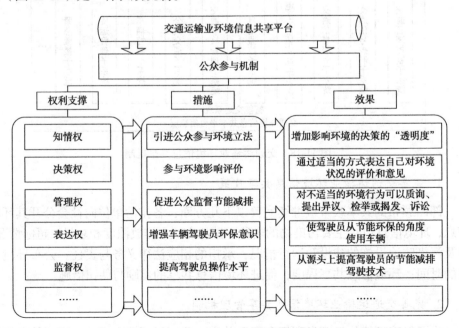

图 11-19 交通运输业节能减排公众参与机制

1. 引进公众参与环境立法

交通运输业环境法律政策影响着公众的切身利益，所以我国需要在环境立法的过程中收集公众的意见，并把其中切实可行的意见着实反馈在法律政策制定中。由于公众分为交通运输部门、交通运输设备生产企业等，具有不同的利益需求，所以在立法时需要权衡各项因素，以环境保护为主体方向，使立法反映大多数人的最大利益。

2. 参与环境影响评价

在交通运输部门及政府部门对各企业、车辆、项目等考核的过程中，以及还未实施项目之前，都需要引进公众参与环境影响评价机制，切实将最真实的状况反映出来，以做出公平合理的决策。因此，我国要继续提高公众参与环境影响评价的参与度，促进国家或各部门做出合理的决策。

3. 促进公众监督节能减排

公众监督提供了政府及交通运输部门无法直接获取的环境问题状况和环境管理实践状况的信息，不仅降低了这些部门的监督管理成本，也增强了管理部门在监测环境问题及环境管理方面的能力，是政府及交通运输部门环境管理行为的有益补充，提高了环境管理的有效性。

4. 增强车辆驾驶员环保意识

为促进机动车驾驶员自觉响应节能减排，使驾驶员从节能环保的角度使用车辆，提高社会责任感，我国可以通过采取以下措施来增强驾驶员的环保意识：促进驾驶员安装智能交通系统，及时了解当地环境信息；组织驾驶员学习汽车尾气排放影响因素知识，提高驾驶技术，尽量降低尾气排放造成的污染；通过给予补贴，促使驾驶员更换节能尾气排放装置。

5. 提高驾驶员操作水平

我国汽车驾驶员培训仅使学员掌握安全驾驶车辆方面的基本操作技能，不涉及节油驾驶操作等技术训练。运输企业首先要对新驾驶员进行培训，加强对从业人员的节能教育和节能技术节能产品使用等方面知识的培训，推广节油驾驶、节能操作经验，使他们了解车辆的日常保养和维护工作。

6. 激励驾驶员参与节能减排

通过组织节能减排评比和节能减排先进表彰等活动，发挥先进典型的带动作用，营造节能减排光荣的氛围，激发全员参与节能减排的积极性，提高对节能减排重要性的认识，增强资源意识和节约意识，变被动应付为主动自觉。

11.4.6 市场化运作机制

在环境治理方面，我国已经在强化政府管理、部门监督、技术引进等举措的同时，将市场化运作的手段提到很重要的位置。党的十八届三中全会通过的《中共中央关于全面深化改革若干重大问题的决定》提出，发展环保市场，推行节能量、碳排放权、排污权、水权交易制度，建立吸引社会资本投入生态环境保护的市场化机制，推行环境污染第三方治理。因此，交通运输业节能减排市场化运作机制（图 11-20）对进一步促进环境保护与改善具有重要的作用。

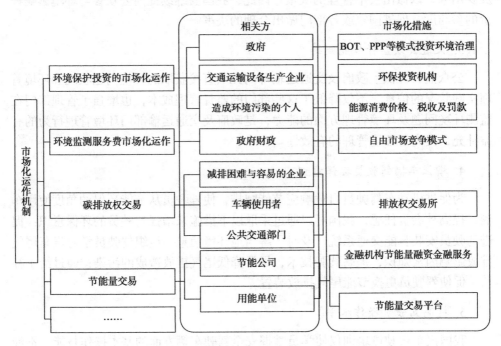

图 11-20 交通运输业节能减排市场化运作机制

1. 环境保护投资的市场化运作

由于环保投资来源于政府、企业和个人三方面。来源于企业的环保投资基本上已实现投资过程的市场化；个人的环保投资通过税收、收费或募捐的形式转化为政府的环保投资；而政府的环保投资市场化水平还较低，应继续充分利用 BOT（build-operate-transfer，建设-经营-转让）、BLT（build-lease-transfer，建设-租赁-转让）等模式对交通运输业环境保护投资（如对环境基础设施建设实施的投资）

进行市场化。

2. 环境监测服务费市场化运作

2010 年我国已经拥有各级环境监测站 2 300 多个，从事环境监测的人员约有 7 万多人，主要承担环保执法监测任务，为各级环境保护管理部门提供技术依据。这样庞大的机构和众多的人员，其所需经费都由各级政府财政提供，所以我国需要对环境监测服务费进行市场化，以降低政府财政负担。进行市场化运作之后，环境监测机构不再无偿为政府提供数据服务，政府需要监测数据时则通过商业采购模式获取。因此，环境监测机构可作为独立经营的主体来进行经济事项的核算，并充分考虑项目的投入产出比，自觉避免资源浪费，从而显著降低交通运输业环境监测成本。

3. 碳排放权交易

交通运输业造成的污染物排放占有较大比重，所以我国迫切需要对车辆、各交通运输设备生产企业等进行排放权的市场化交易。作为全国碳排放权交易试点的七个省市之一的深圳要将公共交通纳入碳排放权交易，设立交通板块，待机制成熟后，私家车也有望纳入碳排放管控。在试点过程中各地区加大对履约的监督和执法力度，2014 年和 2015 年履约率分别达到 96% 和 98% 以上。通过试点省市的积极探索，目前已基本形成了具有一定约束力的、由强度目标转换成绝对总量控制目标的、覆盖部分经济部门的交易和政策体系。在试点省市成功试行后，要进一步在更广范围内进行碳排放权交易。

4. 节能量交易

在交通运输领域，节能量作为一种资产，对商业和个人用户均具有潜在收益，可为交通运输设备生产用能单位、车辆个人用户、交通运输节能服务公司、高技术节能产品厂家导入新的利益开发和分配机制。金融机构可向交通运输设施建造项目提供节能量融资服务，从资金支持方面不断促进节能量的市场化运作。另外，交通运输用能单位与节能单位可以通过节能量交易平台进行交易，从能源分配方面节能减排。

政府部门在市场化运作机制中执行三大职能：一是制定规则。首先，政府需要建立健全有关建筑业节能减排的法律法规，明确建筑业企业承担的社会责任、明确企业与公民的权利与义务。其次，针对施工单位制定节能政策。例如，为将建筑类企业引入低碳市场，政府如何实施激励机制、在市场化运作机制中如何进行有效的监督与考核、为支持企业进行节能减排优化如何提供科学技术支撑等政策。最后，需要通过消费者的需求来完成整个市场化机制的运作。应针对消费者制定宣传政策、加强消费者对建筑业的节能减排的认识，如图 11-21 所示。

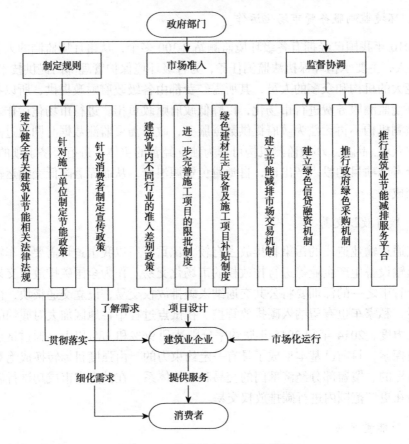

图 11-21　节能量市场化运作机制

　　二是要建立市场准入机制。建筑业生产部门的产品多种多样，有矿井、铁路、桥梁、道路、住宅及公共设施的建筑物等，不同的建筑业项目产品其工作原理不同，因而其资源消耗量、废物排放量也不同，需针对不同的建筑类项目实行差别的市场准入政策；对于节能环保的绿色建筑项目，政府可以在不同的方面（如税收、财政、金融机制）支持其进入低碳市场。

　　三是建立节能减排市场监督与协调机制。首先是建立节能减排市场交易机制，如现存的碳排放权市场交易机制（目前主要还停留在工业行业的交易中，有待进一步设计推广政策）、排污权交易机制（设计排污权定价机制，规避交易风险，防范厂商之间的合谋从而产生市场干预）。其次是建立绿色信贷融资机制，即设置各类针对建筑类企业的绿色信贷产品如给予低碳建筑施工项目较低的贷款利率，而对于高能耗高污染的高碳金融的建筑类企业实行较高的贷款利率，限制其项目进入市场，实现资金的绿色优化配置。再次是推行政府绿色采购机制。政府与私营企业在合作建造公共设施、道路、桥梁等建筑产品时，通过协议进行效益分担、风险分担，鼓励低碳建筑企业进入市场。最后是推行建筑业节能减排服务平台。一方面，进一步推广合同能源管理服务公司的设立；另一方面，通过计算机网络，构建以政府、公众为客户，以企业环境信息为主体的环境信息共享服务系统。

参 考 文 献

[1]陆诗建，杨向平，李清方，等. 烟道气二氧化碳分离回收技术进展[J]. 应用化工，2009，（8）：1207-1209.

[2]陈妍. 工业绿色低碳节能发展战略——我国基本实现工业化的战略选择研究之五[J]. 经济研究参考，2013，（68）：41-43.

[3]邵伟红. 探讨科技创新金融支撑体系的构建[J]. 财经界（学术版），2014，（3）：8，49.

[4]杨奇松. 转型升级视角下贵州省金融支持科技创新问题研究[J]. 时代金融，2014，（8）：98-99，101.

[5]周昌发. 科技金融发展的保障机制[J]. 中国软科学，2011，（3）：72-81.

[6]雷海波，孙可娜，刘娜. 发达国家科技创新金融支撑体系的运作模式与有益借鉴[J]. 北方经济，2011，（7）：70-71.

[7]买忆媛，聂鸣. 开发性金融机构在企业技术创新过程中的作用[J]. 研究与发展管理，2005，（4）：79-82.

[8]付丽苹. 我国发展低碳经济的行为主体激励机制研究[D]. 中南大学博士学位论文，2012.

[9]杨志荣，周伏秋. 企业能耗与节能减排的量化方法[J]. 电力需求侧管理，2008，（4）：6-12.

[10] 王军锋，李慧明，孟祥怡. 代谢视角的物质经济代谢通量分析框架之构建[J]. 现代财经，2009，（6）：76-80.

[11]谢志明. 燃煤发电企业循环经济资源价值流研究[D]. 中南大学博士学位论文，2012.

[12]丁霖.《环境保护法修正案》二审稿环境信息共享机制如何完善？——我国空气质量监测信息公开实践分析[J]. 环境经济，2013，（10）：26-29.

[13]孙毅扬. 碳交易：市场化治霾的"灵丹"[J]. 决策，2014，（1）：84-85.

[14]万荃，杜斌. 稳步推动碳排放权交易市场发展[N]. 金融时报，2014（03）.

[15]刘自俊，贾爱玲，罗时燕. 欧盟碳排放权交易与其他国家碳交易衔接经验[J]. 世界农业，2014，（2）：21-26，179.

[16]孙毅扬. 碳交易：市场化治霾的"灵丹"[J]. 决策，2014，（1）：84-85.

[17]顾鹏. 城市居民低碳消费行为实证研究[J]. 当代经济，2013，（16）：61-63.

[18]庞晶，李文东. 低碳消费偏好与低碳产品需求分析[J]. 中国人口·资源与环境，2011，（9）：76-80.

[19]刘春玲. 中国低碳产品消费障碍的经济学分析[J]. 商业研究，2011，（7）：165-169.

[20]张爱美，李文瑜，吴卫红，等. 我国工业企业节能减排激励与约束机制研究[J]. 生态经济，

2013，（12）：107-110，129.

[21]张永军，曾维华，彭斯震. 中国主要污染行业资源环境信息共享系统开发研究[J]. 中国人口·资源与环境，2005，（1）：64-68.

[22]余晓泓. 日本环境管理中的公众参与机制[J]. 现代日本经济，2002，（6）：11-14.